“十二五”国家重点图书
新能源与建筑一体化技术丛书

热泵与建筑一体化应用技术

Application technology of Building-Integrated Heat Pump

范　新　主　编
李德英　副主编

中国建筑工业出版社

图书在版编目（CIP）数据

热泵与建筑一体化应用技术/范新主编. —北京：中国建筑工业出版社，2016.5
（“十二五”国家重点图书新能源与建筑一体化技术丛书）
ISBN 978-7-112-19094-2

Ⅰ.①热…　Ⅱ.①范…　Ⅲ.①房屋建筑设备-热泵系统-建筑设计　Ⅳ.①TU822

中国版本图书馆CIP数据核字（2016）第030519号

本书简要介绍了热泵技术原理，重点在于热泵系统与建筑的一体化应用技术。主要包括水源热泵（包括地下水源和地表水源）系统、地源热泵系统、空气源热泵系统、工业余热热泵系统、吸收式热泵系统与建筑一体化技术。书中没有对热泵及其系统原理做过多介绍，而是从应用的角度，向读者详细介绍了热泵系统怎样与建筑和谐、统一地结合，并且给出了典型的工程实例。本书的出版可以使读者借鉴相关工程经验，快速掌握热泵系统与建筑物相结合的实用技术。

*　　*　　*

责任编辑：张文胜　姚荣华
责任校对：陈晶晶　刘　钰

“十二五”国家重点图书
新能源与建筑一体化技术丛书
热泵与建筑一体化应用技术
范　新　主　编
李德英　副主编
*
中国建筑工业出版社出版、发行（北京西郊百万庄）
各地新华书店、建筑书店经销
霸州市顺浩图文科技发展有限公司制版
北京中科印刷有限公司印刷
*
开本：787×1092毫米　1/16　印张：13¾　字数：335千字
2016年6月第一版　2016年6月第一次印刷
定价：**45.00**元
ISBN 978-7-112-19094-2
(28260)

本书编委会

主　编： 范　新

副主编： 李德英

编　委： 朱　能　于卫平　赵建康　陈学谦　刘兴原

高　冲　陈红兵　张群力　王朝霞

出版说明

能源是我国经济社会发展的基础。“十二五”期间我国经济结构战略性调整将迈出更大步伐，迈向更宽广的领域。作为重要基础的能源产业在其中无疑会扮演举足轻重的角色。而当前能源需求快速增长和节能减排指标的迅速提高不仅是经济社会发展的双重压力，更是新能源发展的巨大动力。建筑能源消耗在全社会能源消耗中占有很大比重，新能源与建筑的结合是建设领域实施节能减排战略的重要手段，是落实科学发展观的具体体现，也是实现建设领域可持续发展的必由之路。

“十二五”期间，国家将加大对新能源领域的支持力度。为贯彻落实国家“十二五”能源发展规划和“新兴能源产业发展规划”，实现建设领域“十二五”节能减排目标，并对今后的建设领域节能减排工作提供技术支持，特组织编写了“新能源与建筑一体化技术丛书”。本丛书由业内众多知名专家编写，内容既涵盖了低碳城市的区域建筑能源规划等宏观技术，又包括太阳能、风能、地热能、水能等新能源与建筑一体化的单项技术，体现了新能源与建筑一体化的最新研究成果和实践经验。

本套丛书注重理论与实践的结合，突出实用性，强调可读性。书中首先介绍新能源技术，以便读者更好地理解、掌握相关理论知识；然后详细论述新能源技术与建筑物的结合，并用典型的工程实例加以说明，以便读者借鉴相关工程经验，快速掌握新能源技术与建筑物相结合的实用技术。

本套丛书可供能源领域、建筑领域的工程技术研究人员、设计工程师、施工技术人员等参考，也可作为高等学校能源专业、土木建筑专业的教材。

中国建筑工业出版社

前　言

众所周知，改革开放以来，我国经济实现了高速发展，取得了巨大成就。同时我们也看到，中国正成为能源消耗和污染排放大国，其中建筑能耗占全国总能耗的30%以上，与工业、交通并列为三大用能领域。能源的短缺、气候的变化，特别是不时发生在我们身边的雾霾污染，严重影响到我国经济社会的可持续发展和人们的身体健康。因此，建筑节能不仅要为解决能源短缺作贡献，还将作为治理空气环境、应对气候变化、与自然和谐相处的重要途径。大力推进可再生能源利用，走可持续发展路线，可谓势在必行。

在全球大气公约框架下，世界各国都在推动节能减排的发展，先后提出节能建筑、绿色建筑、生态建筑、低能耗建筑、超低能耗建筑、零能耗建筑、产能建筑等诸多概念。单位面积建筑能耗也在逐步下降，一大批优秀示范项目不断涌现。从这些节能示范项目中，我们看到正是可再生能源的利用，使得这些建筑具有了“低能耗、高能效、微排放”的特点。这对于推进我国超低能耗绿色建筑发展具有重要的现实意义。

根据我国建筑能耗的特点，并结合我国南北地区冬季供暖方式、城乡建筑形式和生活方式以及建筑使用性质的差别，可将我国的建筑用能分为北方城镇供暖用能、城镇居住建筑能耗、公共建筑能耗以及农村住宅用能四大类，而这些建筑用能必然排放大量的污染物，造成大气环境污染。另据我国建筑能效提升路线图，到2020年我国人均建筑能耗基本维持在现有水平，为此，我国必须借力可再生能源，走出一条真正的可持续发展道路，而不是以巨大的资源消耗和环境破坏为代价的粗放式发展，同时我们也要为世界其他发展中国家的节能事业做出典范。

热泵是一种以消耗部分能量作为补偿条件，使热量从低温物体转移到高温物体的能量利用装置，能够把空气、土壤、水中所含的不能直接利用的低品位热能、太阳能、工业废热等转换为可利用的热能。在建筑用能系统暖通空调工程中可以用热泵作为冷/热源来提供能源。

20世纪50年代开始，中国就研究热泵技术，从20世纪60年代开始生产应用，且早期大多数是空气源热泵机组。我国大部分地区的气候条件适宜使用空气源热泵，应用越来越广泛，目前已是全球空气源热泵应用最广泛的地区之一。现在已形成空气-空气家用分体式、整体式和户式中央空调三大类别热泵空调系列。随着科技的进步，空气源热泵机组的性能得到不断改进，其效率逐渐提高，用空气源热泵作为空调系统的冷热源逐渐被国内业主和设计部门所接受，尤其在华中、华东和华南地区逐渐成为中小型项目的设计主流，目前应用范围从长江流域逐渐向黄河流域延伸，应用前景广泛。

直到20世纪90年代末，我国才开始地源热泵空调系统的应用，热泵生产厂家也逐渐增多。由于地源热泵在国内还是一项新技术，而且也缺乏地源热泵机组的相关生产标准。所以急需对地源热泵系统的性能进行研究，为地源热泵机组的生产和选型提供理论基础。在工程应用上，水源热泵逐渐得到越来越多的重视，国家和地方城市都出台了相关政策，鼓励使用水源热泵空调系统，并逐渐形成了一批国家和地方级的示范项目。水源热泵的研究和应用虽然有了初步的成果，但与国外相比在热泵机组的优化设计和工程应用上还存在较大差距，还需要业内专业人士深入研究。

编著《热泵与建筑一体化应用技术》一书，旨在引导我国建筑节能的技术进步，探讨和交流科研成果及实践经验，共同推动我国建筑节能、绿色建筑及相关行业的发展，为我国实现节能减排目标做出更大贡献。

目　录

第 1 章　绪论

1.1　我国建筑能耗现状及节能潜力

1.1.1　我国的建筑及建筑能耗

我国人口众多，随着城镇化的快速进行，人们对建筑的刚性需求日益突出。自 1985 年起近 30 年来，我国房屋建筑面积呈指数形式增长，施工面积增加了 950 亿 m^2，竣工面积增加了 340 亿 m^2，图 1-1 所示为 1985～2012 年我国房屋建筑面积增长值。截至 2012 年，我国城乡房屋建筑面积为 611 亿 m^2，其中城市面积为 269 亿 m^2。按照现有房屋建筑面积增长速度，预计到 2030 年底，我国房屋建筑面积将达 2800 亿 m^2，其中城市建筑面积将达到 1233 亿 m^2。

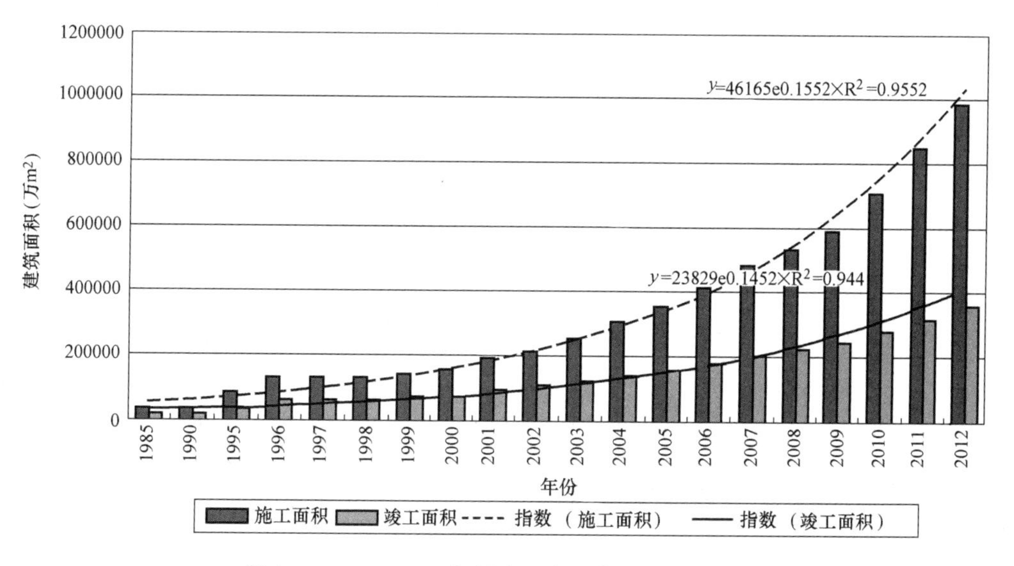

图 1-1　1985～2012 年间我国房屋建筑面积增长值

资料来源：中国统计年鉴。

庞大的建筑面积，对应着庞大的建筑能耗。现行的建筑能耗有两种定义方法，分别为广义建筑能耗和狭义建筑能耗。广义建筑能耗即为宏观建筑全生命期能耗，指从原材料获取、设计、加工制造、包装运输、流通销售、使用维护，一直到报废、回收处理、处置的整个过程。建筑项目全生命期一般分为决策（规划与设计）、实施（施工建造）和运营三个阶段，即广义建筑能耗是指从建筑材料制造、建筑施工，一直到建筑使用的全过程能耗。宏观建筑全生命期能耗是相对于单体建筑生命期能耗而言的，宏观建筑生命期能耗反映的是一定时间一个地区所有建筑物在其所处的生命期阶段发生的能耗总和。广义建筑能耗中的相关概念口径见图 1-2。

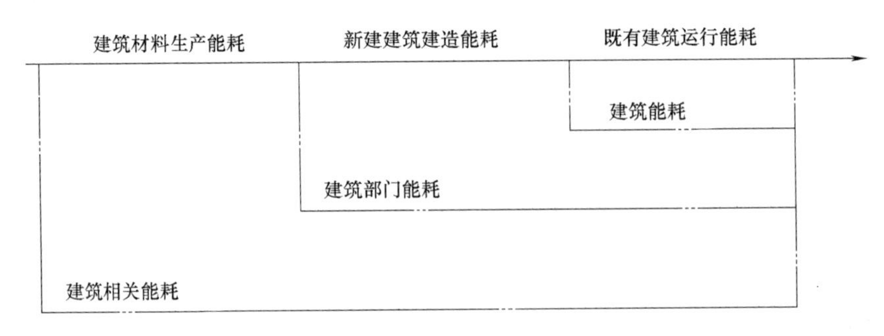

图 1-2　广义建筑能耗相关概念口径示意图

建筑材料设计产品种类众多，主要产品有钢材、铝材、水泥、平板玻璃、建筑陶瓷、砖瓦和各类新型建筑材料和装修装饰材料。钢材是金属材料中消耗量最大的材料，建筑用钢主要包括钢结构用钢和混凝土结构用钢，随着建筑面积的不断增长，我国建筑用钢比例不断提高，特别是我国正在积极推广绿色环保型钢结构住宅，对钢材的需求量十分巨大，2005 年我国建筑用钢消费 1.73 亿 t，占全国钢材总产量的 46％，相应的钢材总能耗为 1.24 亿 tce，到 2009 年我国建筑用钢消费达到 3.19 亿 t，相当于全国钢产量需同比增加一倍才能供应所有行业对钢材的需求。目前我国已成为世界上最大的建材生产国和消费国，水泥、平板玻璃、建筑卫生陶瓷等主要产量均位于世界第一。2009 年，我国水泥产量高达 16 亿 t，占全球水泥产量的 50％以上；浮法玻璃产量 5.86 亿重量箱，占全球玻璃产量的 46％；建筑陶瓷产量为 1.76 亿件，占全球的 50％。当年建材工业部门能源消耗 2.12 亿 tce，约占当年工业部门能源消耗总量的 11.6％，占全国能源消耗总量的 8.3％。

进入 21 世纪以来，我国建筑业能耗增长尤其明显，新建建筑的建造能耗由 2000 年的 2179 万 tce 增长到 2011 年的 5872 万 tce，年均增长 16.95％。与重工业相比，建筑业属于资金和劳动密集型产业，能源消费比重不高，2011 年建筑业能源消耗约占全国能源消耗的 1.85％，同年建筑业总产值为 137217.86 亿元人民币，占到了国内生产总值的 30％。良好的经济效益进一步推动建筑行业的发展，必将产生更多的建筑能耗。

狭义的建筑能耗，即建筑的运行能耗，指人们日常用能，如供暖、空调、照明、炊事、洗衣等的能耗，对应图 1-2 中的“既有建筑运行能耗”，这是建筑能耗中的主导部分。随着人们经济收入的增长和生活质量的提高，建筑消费的重点将从“硬件（装修和耐用的消费品）消费转向软件”（功能和环境品质）消费，因此保障室内空气品质所需的能耗（空调、通风、供暖、热水供应）迅速上升。而在建筑能耗中，空调能耗又占有主要比例，约为 2/3 左右。建筑能耗与工业能耗、农业能耗及交通运输能耗共称为民生能耗，我国空调能耗占有总能耗的 22％左右。

有研究指出，2009 年我国宏观建筑全生命期能耗总量约为 12 亿 tce，其中建筑材料生产能耗约为 4.5 亿 tce，新建建筑生产能耗约 0.5 亿 tce，既有建筑运行能耗约 7 亿 tce，各口径的比重见表 1-1。纵观 30 年来中国宏观能耗构成，建筑材料生产能耗、新建建筑建造能耗和既有建筑运行能耗三者比重相对稳定，其中，既有建筑运行能耗是宏观建筑能耗中的最大组成部分，所占比重在 60％～65％之间，建筑材料生产能耗次之，在 35％左右，新建建筑建造能耗比重最小，在5%左右。图1-3为1980～2010年中国宏观建筑能耗组成。

2009年不同口径下建筑能耗比重　　表1-1

建筑能耗口径	占全国能源消费总量比重(%)	占全社会终端能源消费总量比重(%)
建筑材料生产能耗	23.39	24.54
新建建筑建造能耗	24.88	26.10
既有建筑运行能耗	39.50	41.44

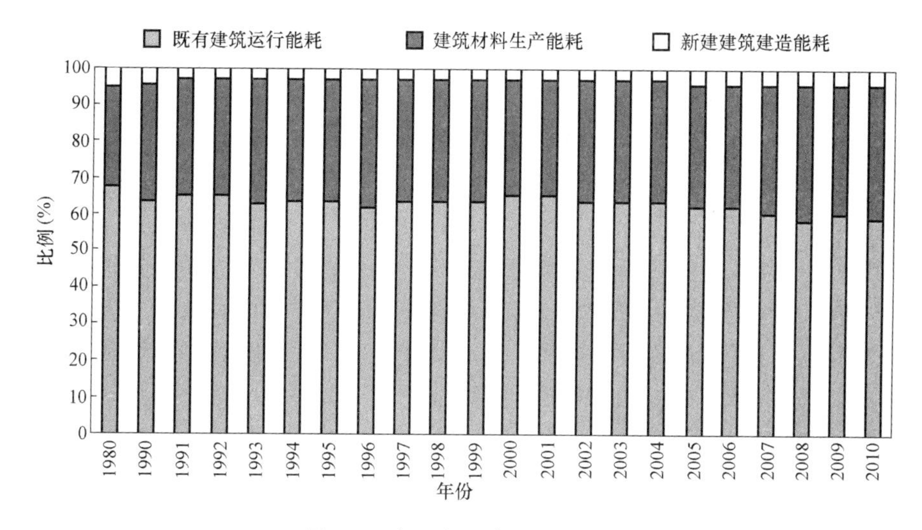

图1-3　中国宏观建筑能耗组成

在我国的《民用建筑节能条例》中，民用建筑能耗是指狭义建筑能耗，本书沿用其指代范围，在本书中的建筑能耗指的是民用建筑（包括居住建筑、公共建筑和服务业）在使用过程中产生的能耗，主要包括供暖、空调、通风、热水供应、照明、炊事、家用电器、电梯等方面的能耗。我国目前的建筑能耗存在以下特点：

（1）南方和北方地区气候差异大，仅北方地区采用全面的冬季供暖。我国处于北半球的中低纬度，地域广阔，南北跨越严寒、寒冷、夏热冬冷、夏热冬暖及温和等多个气候带。夏季最热月大部分地区室外平均温度超过26℃，需要空调；冬季气候地区差异很大，夏热冬暖地区的冬季平均气温高于10℃，而严寒地区冬季室内外温差可高达50℃，全年5个月需要供暖。目前我国北方地区的城镇约70%的建筑面积冬季采用了集中供暖方式，而南方大部分地区冬季无供暖措施，或只是使用了空调器、小型锅炉等分散在楼内的供暖方式。

（2）城乡住宅能耗用量差异大。一方面，我国城乡住宅使用的能源种类不同，城市以煤、电、燃气为主，而农村除部分煤、电等商品能源外，在许多地区秸秆、薪柴等生物质能仍为农民的主要能源。另外，目前我国城乡居民平均每年消费性支出差异大于3倍，城乡居民各类电器保有量和使用时间也差异较大。

（3）不同规模的公共建筑除供暖外的单位建筑面积能耗差别很大。当单栋面积超过2万m^2，采用中央空调时，其单位建筑面积能耗是小规模不采用中央空调的公共建筑能耗的3～8倍，并且其用能特点和主要问题也与小规模公共建筑不同。

根据以上建筑能耗特点，同时考虑到我国南北地区冬季供暖方式的差别、城乡建筑形式和生活方式的差别，以及建筑使用性质的差别，将我国的建筑用能分为北方城镇供暖用能、城镇居住建筑能耗（不包括北方城镇供暖能耗）、公共建筑能耗（不包括供暖部分）以及农村住宅用能4大类。

（1）北方城镇供暖用能指的是采取集中供热方式的省、自治区、直辖市的冬季供暖能耗，包括各种形式的集中供暖和分散供暖。北方城镇地区的供暖多为集中供暖，包括大量的城市级别热网和小区级别热网。目前的供暖系统按热源形式分为燃煤锅炉、燃气锅炉、空调分散供暖、热电联产供暖等供暖方式，使用的能源种类分别为煤、燃气和电。按照规模可分为户式、小区、区域、小规模和大中规模。这里所说的“供暖能耗”指的是供暖系统的一次能耗，即热源处产生的总能耗，包括热源与换热站处的热损失、输配能耗及管网热损失、终端得热量。与其他建筑用能以楼栋或者以户为单位不同，这部分供暖用能在很大程度上与供热系统的结构形式和运行方式有关，并且其实际用能数值也是按照供热系统来统一统计核算。

（2）城镇居住建筑能耗指的是城镇住宅的所有能耗，除去北方住宅建筑中的供暖部分后的所有能耗。从终端类型上来看，此部分能耗包括空调、照明、家电、生活热水及炊事等能耗。这部分能耗受设计、设备选择、运行和使用、使用者的使用习惯和使用意愿等影响很大。居住建筑中所使用的能源形式以电为主，配有天然气、液化石油气、煤等，还有部分太阳能、地热能等的使用。

（3）公共建筑能耗指除居住建筑、工业厂房类建筑能耗外的不包括北方地区供暖能耗的全部公共建筑能耗。尽管公共建筑与住宅建筑的用能方式不同，但终端类型和所使用能源基本相同。公共建筑由于建筑规模、形式、功能等方面的原因，使得其能耗远远高出居住建筑能耗。

（4）农村住宅用能指农村家庭生活所消耗的能源，包括供暖、降温、照明、热水、家电、炊事等。由于农村地区建筑密集度低，建筑规模一般较小，且有大量农田产物，因而在农村地区，除应用电能外，更容易利用可再生能源，如太阳能、生物质能等。

2011年四类建筑能耗的情况 **表1-2**

建筑用能	能耗总量(亿吨标煤)	建筑面积(亿 m^2)	单位面积能耗(kgce/m^2)
北方城镇供暖	1.66	102	16.27
城镇居住建筑	1.53	151	10.13
公共建筑	1.71	80	21.38
农村住宅	1.97	238	8.28

表1-2所示为清华大学对2011年四类建筑用能的研究结果，表中的能耗指的是电、煤、天然气等能源转换成标准煤的数据，不包括太阳能、生物质能等可再生能源，如农村住宅用能中，还有1.27亿tce的生物质能未计入统计。从能耗总量来看，以上四类建筑能耗约均分全部建筑能耗，各占25%左右。从能耗强度来看，公共建筑能耗（不含北方供暖）最高，达21.38kgce/m^2，接近城镇居住建筑（不含北方供暖）的2倍，而农村住宅的商品能耗强度最低，仅为8.28kgce/m^2。从面积来看，农村住宅是最大的分类，占全

国建筑面积的51%。城镇居住建筑面积约占2/3，是公共建筑面积的2倍。在城镇建筑中，北方供暖建筑面积约占44%，使得供暖能耗成为总能耗的重要组成部分。

1.1.2 我国各类建筑节能潜力预测

2012年5月，住房和城乡建设部颁布《“十二五”建筑节能专项规划》（建科［2012］72号），从发展现状和面临形势出发，提出“十二五”期间建筑节能工作的主要目标、指导思想和发展路径，并根据目标明确了九个重点任务和实现目标的事项保障措施以及组织实施方式。

“十一五”期间，建筑节能实现了1.1亿tce的节能潜力，《“十二五”建筑节能专项规划》在总结“十一五”期间建筑节能发展成就的基础上，提出了新的目标，预计到2015年，建筑节能新增1.16亿tce节能潜力，新建建筑节能、北方既有建筑供热计量与节能改造、公共建筑节能监管体系建设和节能运行管理，以及可再生能源与建筑一体化应用被列为实现建筑节能量目标的四个方面。

2012年8月，国务院出台《节能减排“十二五”规划》（国发［2012］40号），涉及工业、建筑、交通等用能部门。建筑节能的指标从建筑、公共机构、终端能效三个方面，明确提出了控制目标。要求北方供暖地区既有居住建筑改造面积4亿m^2，城镇新建绿色建筑标准执行率由1%提高到15%；公共机构单位建筑面积能耗由23.9kgce/m^2降至21kgce/m^2，公共机构人均能耗由447.4kgce/人降至380kgce/人；终端用能设备能效提升，包括房间空调器、电冰箱和家用燃气热水器。

我国建筑能耗总量从“十一五”初期（2006年）建筑能耗为5.06亿tce增长到2010年的6.48亿tce，总量增长了34%。全国平均的建筑能耗强度从12.6kgce/m^2增长到15.0kgce/m^2，强度增长了19%。促使建筑用能强度增加的因素包括人们日益增长的舒适和健康环境的需求，甚至出现一部分享受主义人群对环境过于奢华的需求，而采用了大量的提高建筑服务性能的设备，大大增加了使用能耗，加之现代建筑由于体量大，采用了集中式的控制运行方式，导致用户的末端控制意识减弱，造成了能量浪费。人们对舒适度和健康环境的追求是促进建筑发展的动力，然而舒适度和节能并不冲突，如果全面开展建筑节能工作，则有可能在保证城乡建设飞速发展的同时，不产生建筑能耗的过大增长。其实现依赖于以下措施：

（1）北方新建建筑通过提高保温水平使得需热量降低50%，通过解决集中供热系统的调节问题，是新建和既有的集中供热系统效率都提高30%，这样就可以使供暖建筑面积增加一倍，而供暖总的能耗不增加。

（2）在长江流域发展热泵空调供暖方式，解决住宅的室内环境问题，尤其是满足居民冬季供暖的要求，停止兴建各种热电联产和热电冷三联供方式。依靠热泵技术，住宅和一般性公共建筑的供暖空调能耗可以控制在18kWh/(m^2·a)之内。

（3）在住宅中积极推广太阳能热水器，发展空气源热泵热水器，从而全面解决居民的生活热水供应问题，满足生活热水需求的大幅增长。推广节能灯具和高效电器，大力提倡和推广各种行为节能措施，普及日常用电设备的节能使用方法。通过这一系列的措施，使既有住宅建筑能耗保持不变，新建住宅建筑能耗降低25%～50%。

（4）对大型公共建筑进行分项计量，使得真正的节能成果能够反映在数据上，并通过限定各类建筑具体的用能指标，通过建筑使用模式的创新，维持甚至降低建筑的用能强度。加强一般办公建筑的用能管理，推广节能灯和高效办公设备，提倡各种行为节能措施，使得能耗相比目前降低 20%～30%。通过成套技术创新，使新建大型公共建筑的能耗降低 50%以上，通过能源审计及节能改造，使得既有大型公共建筑运行能耗降低 30%以上。

（5）农村建筑节能。由于经济和技术水平的限制，农村建筑节能属于建筑节能工作的薄弱环节。针对农村节能工作的特点，农村住宅节能提倡北方建设“无煤村”，南方建设“生态村”的节能思路，充分利用农村地区资源优势，发展生物质能源和其他可再生能源，全面平衡炊事、供暖等的需求与秸秆、粪便、垃圾、废水的处理。通过在北方加强围护结构保温和气密性，减少供热量需求，并发展火炕、太阳能供暖和生活热水等措施。在南方发展沼气池，解决生活热水和炊事，解决燃烧污染和水污染。保证在商品能消耗不增加的基础上，减少并平衡用能需求，同时大力发展各种可再生能源。

对上述各项措施全面落实推广，适当控制城乡建设规模，到 2020 年，可以实现在建筑面积增加 100 亿 m^2，人们生活水平显著提高的前提下，全国建筑能耗仅增加 0.4 亿 tce/a 和 2700 亿 kWh/a，人均建筑能耗基本维持在现有水平。如果这个目标能够实现，我国将走出一条真正的可持续发展道路，而不是以牺牲环境和资源消耗为代价的社会发展，也为世界上其他发展中国家的节能事业做出典范。

1.2 热泵的定义及种类

1.2.1 热泵的定义及节能原理

热泵是一种以消耗部分能量作为补偿条件，使热量从低温物体转移到高温物体的能量利用装置，能够把空气、土壤、水中所含的不能直接利用的热能、太阳能、工业废热等转换为可利用的热能。在暖通空调工程中可以用热泵作为空调系统的热源来提供低于 100℃以下的低温用能。

根据热力学第二定律，热量是不会从低温区向高温区传递的，必须向热泵输入一部分驱动能量才能实现这种热量的传递。热泵虽然需要消耗一定量的驱动能，但根据热力学第一定律，所供给用户的热量是消耗的驱动能与吸收的低位热能的总和。用户通过热泵所获得的热量远大于所消耗的驱动能，所以说热泵是一种节能装置。

热泵制热时的性能系数称为制热系数 COP_h，热泵制冷时的性能系数称为制冷系数 COP_c。对于消耗机械功的蒸汽压缩式热泵，其制热系数 COP_h 即为制热量 Q_h 与输入功率 P 的比值：

$$COP_h = \frac{Q_h}{P} \tag{1-1}$$

根据热力学第一定律，热泵制热量 Q_h 等于从低温热源吸热量 Q_c 与输入功率 P 之和。由于 Q_c 与输入功率 P 的比值称为制冷系数 COP_c，所以有：

$$COP_h = \frac{Q_c + P}{p} = COP_c + 1 \tag{1-2}$$

根据热泵定义的阐述，热泵空调技术是一种有效的节能手段。有研究表明，电动热泵的制热系数只要大于3，则从能源利用观点看热泵就会比热效率为80%的区域锅炉房用能节省。目前，家用热泵空调器随着热泵技术的进步，制热性能系数已经达到或超过3。各种大型热泵机组的制热能效比（*EER*）绝大部分大于3。VRV热泵机组的制热性能系数在4.2左右。由此可见，热泵作为空调系统的热源要优于目前传统的供热方式，是一种有效的节能手段，具有广阔的发展空间。

1.2.2 热泵系统的分类

在暖通空调专业范畴内，当对热泵系统进行分类时，常按低位热源分类，分为空气源热泵系统、水源热泵系统（包括地表水和地下水源热泵系统）和土壤源热泵系统。如果按照工作原理对热泵分类，可以分为机械压缩式热泵、吸收式热泵、热电式热泵和化学热泵。如果按照驱动能源的种类对热泵分类，又可以分为电动热泵、燃气热泵和蒸汽热泵。图1-4为热泵系统的常用分类方法示意图。

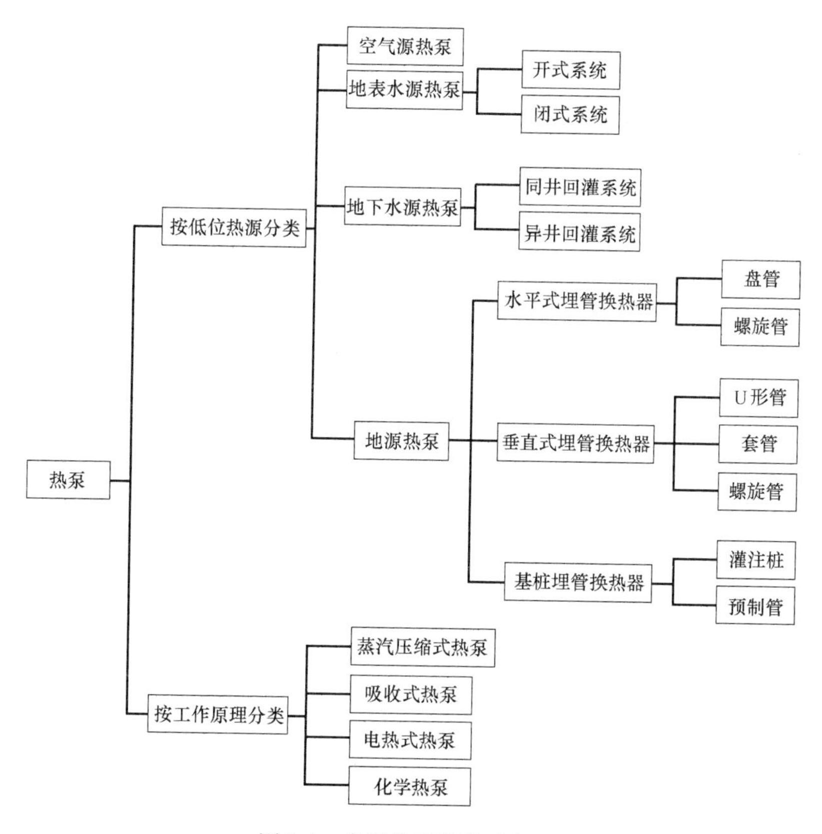

图1-4 常用热泵分类示意图

1. 空气源热泵系统

空气源热泵机组一般消耗电能，选型时应优选机组性能系数较高的产品，以降低投资和运行成本。先进、科学的化霜技术是机组冬季运行的必要保障。机组冬季运行时，换热盘管温度低于露点温度时，表面产生冷凝水，冷凝水低于0℃就会结霜，严重时会堵塞盘管，明显降低机组运行效率，为此必须除霜。除霜的方法有多种，包括原始的定时控制、温度传感器控制和近几年发展起来的智能控制。最佳的除霜控制应是判断正确，除霜时间短。设计选型时应了解机组的除霜方式，通过比较后确定机组名义工况的制冷性能系数（*COP*）不应低于国家现行标准的要求。

我国幅员辽阔、气温差异较大，对空气源热泵的应用应以可靠性和经济性为原则，结合当地的综合条件确定，总的来说应符合以下规定：

（1）制冷性能系数高，具有高效、可靠的化霜控制；

（2）噪声较低，对周边环境不会产生噪声污染；

（3）在冬季寒冷且潮湿的地区，需连续运行或对室内温度有较高要求的空调系统，应按当地平衡点温度确定辅助加热装置的容量；

（4）在北方寒冷地区采用空气源热泵机组是否合适，根据一些文献分析和对北京、西安、郑州等地实际使用单位的调查，选择原则如下：①日间使用，对室温要求不太高的建筑可以使用；②室外温度低于－10℃的地区，不宜采用；③当室外温度低于空气源热泵最佳平衡点温度（即空气源热泵供热量等于建筑物耗热量时的室外计算温度）时，应设置辅助热源。在辅助热源使用后，应注意防止冷凝温度和蒸发温度超出机组的使用范围。

2. 地下水、地表水为水源的水源热泵系统

水源热泵是利用地球表面浅层地热能如土壤、地下水或地表水（江、河、海、湖或浅水池）中吸收的太阳能和地热能而形成的低位热能资源，采用热泵原理，通过少量的高品位电能输入，实现低位热能向高位热能转换的一种技术。在夏季利用制冷剂蒸发将空调空间中的热量取出，放热给水源中的水，由于水源温度低，可以高效地带走热量；而冬季，利用制冷剂蒸发吸收水源中水的热量，通过空气或水作为载冷剂提升温度后在冷凝器中放热给空调房间。图 1-5 为水源热泵空调系统工作原理示意图。

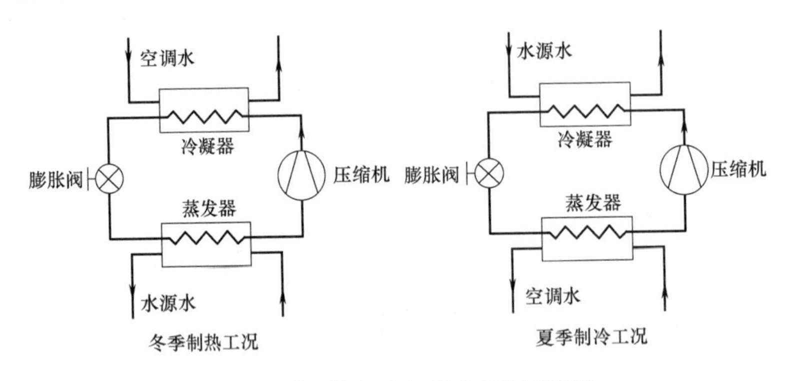

图 1-5　水源热泵空调系统工作原理图

地下水源热泵系统的热源（汇）是从水井或废弃的矿井中抽取的地下水。经过换热的地下水可以排入地表水系统，但对于较大的应用项目通常要求通过回灌井把地下水回灌到原来的地下水层。最近几年地下水源热泵系统在我国得到了迅速发展。但是，应用这种地下水源热泵系统也受到许多限制：首先，这种系统需要有丰富和稳定的地下水资源作为先决条件。因此在决定采用地下水热泵系统之前，需要做详细的水文地质调查，并先打勘测井，以获取地下温度、地下水深度、水质和出水量等数据。地下水热泵系统的经济性与地下水层的深度有很大的关系。如果地下水位较低，不仅成井的费用增加，运行中水泵的耗电将大大降低系统的效率。其次，虽然理论上抽取的地下水将回灌到地下水层，但目前国

内地下水回灌技术还不成熟，在很多地质条件下回灌的速度大大低于抽水的速度，从地下抽出来的水经过换热器后很难再被全部回灌到含水层内，造成地下水资源的流失。最后，即使能够把抽取的地下水全部回灌，怎样保证地下水层不受污染也是一个棘手的课题。水资源是当前最紧缺、最宝贵的资源，任何对水资源的浪费或污染都是绝对不可允许的。国外由于对环保和使用地下水的规定和立法越来越严格，地下水热泵的应用已逐渐减少。

地表水热泵系统的冷热源是池塘、湖泊或河溪中的地表水。在靠近江河湖海等大体量自然水体的地方利用这些自然水体作为热泵的冷热源是值得考虑的一种空调热泵的形式。这种地表水热泵系统也受到自然条件的限制。此外，由于地表水温度受气候的影响较大，与空气源热泵类似，当环境温度越低时热泵的供热量越小，热泵的性能系数也会降低。一定的地表水体能够承担的冷热负荷与其面积、深度和温度等多种因数有关，需要根据具体情况进行计算。这种热泵的换热对水体中生态环境的影响有时也需要预先加以考虑。

有关专家指出，在节能、环保的社会需求日益强烈的情况下，我国大部分地区以高效水源热泵取代传统供热、制冷方式的时机已经成熟，它有望成为新世纪初我国能源利用的最优方式之一。据了解，我国地热资源丰富，许多地区蕴藏着大量温度稳定的地表水、浅层地下水和未加利用就排放的水。仅北京地区，深度在2000m以内的远景地热储量约折8亿多吨标准煤，若每年开发利用300万tce，则可占煤耗的10%，足够用270年。因此，水源热泵机组具有重要的推广应用价值。

3. 土壤源热泵系统

土壤源热泵的机组构成和常规冷水机组是一样的，都是由基本的4大制冷部件组成。制冷工质进行逆卡诺循环，在外部功率输入的作用下实现热量由低温热源向高温热源的转移。在空调系统的应用中，借助换热器进行温差传热，消除室内的冷、热、湿负荷。

将整个系统合起来考虑，主要有三个闭式循环：

（1）制冷剂工质的逆卡诺循环。在外部功率输入的情况下，让机组的蒸发器处于低温端，冷凝器处于高温端，为外部的温差传热提供条件。

（2）低温水循环。夏季风机盘管将热量传递给蒸发器，冬季U形埋管将热量传递给蒸发器。

（3）高温水循环。夏季冷凝器将热量传递给U形埋管，冬季冷凝器将热量传递给风机盘管。

制冷系统的效率受蒸发温度和冷凝温度的影响。若室内侧采用变流量系统，制冷循环的一个换热器端（夏季为蒸发器，冬季为冷凝器）为恒定温度，而另一个换热器由于是通过U形埋管与土壤换热，土壤为半无限大介质，其温度是逐时变化的。这样一来，对于室内侧定流量系统，制冷系统的效率不仅受土壤温度的影响，还要受到室内温度的影响；对于室内侧变流量系统，制冷系统的效率主要受土壤温度分布的影响。

1.2.3 热泵机组与热泵系统

1. 空气源热泵机组及系统

空气源热泵实质上是一种能量提升装置，由蒸发器、压缩机、冷凝器、膨胀阀、四通换向阀、风机等主要部件组成。根据逆卡诺循环原理，通过输入少量电能驱动压缩机运行，空气源热泵机组把来自蒸发器的低温低压制冷剂蒸气压缩成高温高压气体，高温高压气体进入冷凝器中释放出大量的热量而凝结成低温液体，高压低温液体经膨胀阀节流降压后呈低温低压液体状态进入蒸发器，在蒸发器中吸收周围环境中的热量而气化为低压气体，继而再次被吸入压缩机中压缩，开始下一个循环。简单的工作流程为：制冷剂工质蒸发（吸取环境中的热量）—压缩—冷凝（放出热量）—节流—再蒸发，如此周而复始，反复循环。图 1-6 所示为供热工况时的流程。制冷时流程正好相反，冷凝器换作蒸发器，蒸发器换作冷凝器，制冷剂工质在蒸发器里吸取被调节对象的热量，通过压缩机做功，在冷凝器里将热量释放给大气环境。

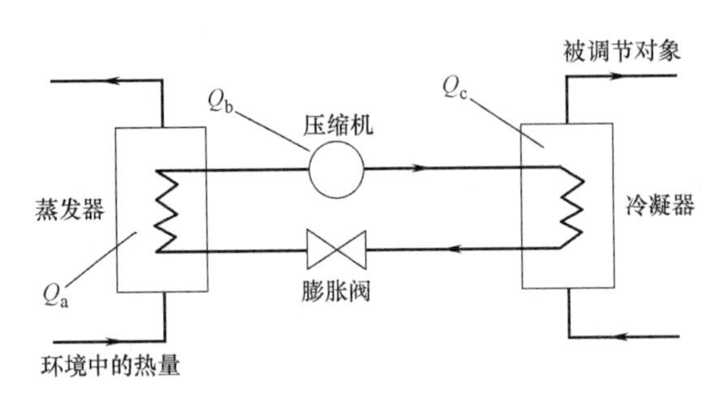

图 1-6　空气源热泵制热工况流程示意图

从图 1-6 可看出，空气源热泵节能的机理在于，制热时它在蒸发器中吸收周围环境介质中的能量 Q_a，通过压缩机做功消耗一部分能量 Q_b，工质在冷凝器中放出热量 Q_c，而 $Q_c=Q_a+Q_b$。可以看出，它输出的能量 Q_c 为从环境中吸收的热量 Q_a 和压缩机做功 Q_b 之和。因此，采用热泵技术可以通过消耗少量的电能采集大量空气中的热量，不但节约了电能，而且实现了清洁环保、可循环利用的空气能——新能源的使用。

空气源热泵的主要系统形式有空气-空气热泵和空气-水热泵两种形式。其中空气-空气热泵在住宅、商店、学校、写字间等中小型建筑物中应用十分广泛。空气-空气热泵除了像制冷机组一样有制冷压缩机、冷凝器、膨胀阀、蒸发器以及电器控制部分之外，还增加了一个电磁换向阀和冷热控制开关。其工作原理如图 1-7 所示。

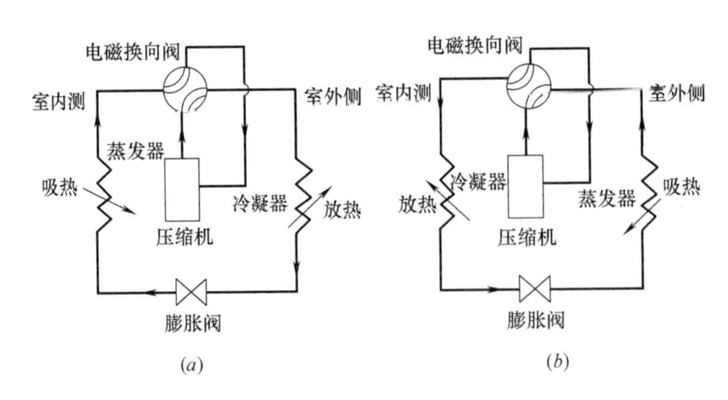

图 1-7　空气-空气热泵工作原理图

(a) 制冷工况；(b) 制热工况

空气-水热泵的系统组成与空气-空气热泵基本一样，只是室内侧换热器的载热介质是水而不是空气，其工作原理如图 1-8 所示。制冷时，用户所需的冷水由蒸发器提供。制冷剂工质的流向为：压缩机-四通换向阀-风冷式冷凝器-单向阀-高压贮液器-干燥过滤器-膨胀阀-蒸发器-四通换向阀-压缩机。制热时，旋转四通换向阀，改变制冷剂工质的流向，其循环线路为：压缩机-四通换向阀-水冷式冷凝器-单向阀-高压贮液器-干燥过滤器-膨胀阀-蒸发器-四通换向阀-压缩机，显然用户所需的热水由冷凝器提供。

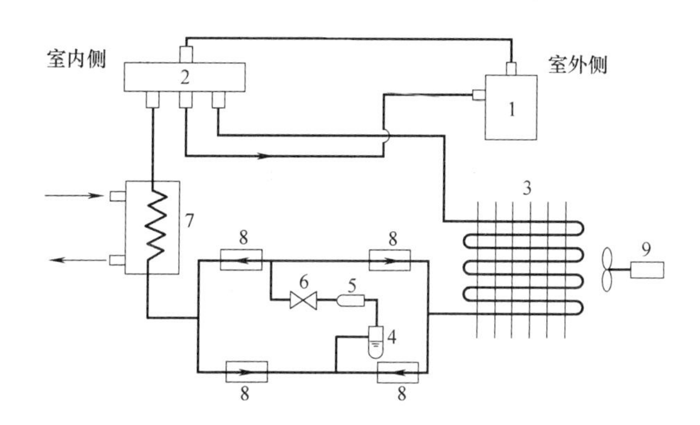

图 1-8　空气-水热泵工作原理图

1—压缩机；2—四通换向阀；3—风冷式冷凝器（蒸发器）；
4—高压贮液器；5—干燥器；6—膨胀阀；7—蒸发器
（水冷式冷凝器）；8—单向阀；9—风扇电机

2. 水源热泵机组及系统

目前的水源热泵空调系统一般由三个必需的环路组成，必要时可增加第四个预热生活热水环路。

（1）水源换热环路

由高强度塑料管组成的在地表/地下循环的封闭环路，循环介质为水或防冻液。冬季从水源中吸收热量，夏季向水源释放热量，其循环由低功率的循环泵来实现。

（2）制冷剂环路

即在热泵机组内部的制冷循环，与空气源热泵相比，只是将空气-制冷剂换热器换成水一制冷剂换热器，其他结构基本相同。

（3）室内环路

室内环路在建筑物内和热泵机组之间传递热量，传递热量的介质有空气、水或制冷剂等，因而相应的热泵机组分别应为水-空气热泵机组、水-水热泵机组或水-制冷剂热泵机组。

（4）生活热水环路

将水从生活热水箱送到冷凝器去进行循环的封闭加热环路，是一个可供选择的环路。夏季，该循环利用冷凝器排放的热量，不消耗额外的能量而得到热水供应；在冬季或过渡季，其耗能也大大低于电热水器。

供热循环和制冷循环可通过热泵机组的四通换向阀，使制冷剂的流向改变而实现冷热工况的转换，即内部转换。也可通过互换冷却水和冷冻水的热泵进出口而实现，即外部转换。

3. 土壤源热泵机组及系统

土壤源热泵系统主要有三部分组成：地能换热系统（土壤源为地下埋管换热器）、水源热泵机组和室内空调末端系统。图 1-9 为土壤源热泵系统的工作原理图，从图上看土壤源热泵和一般的制冷机的工作原理和系统构成基本相同，只是换热末端发生改变，与风冷热泵相比只是把室外空气冷热源变成了地下土壤冷热源。

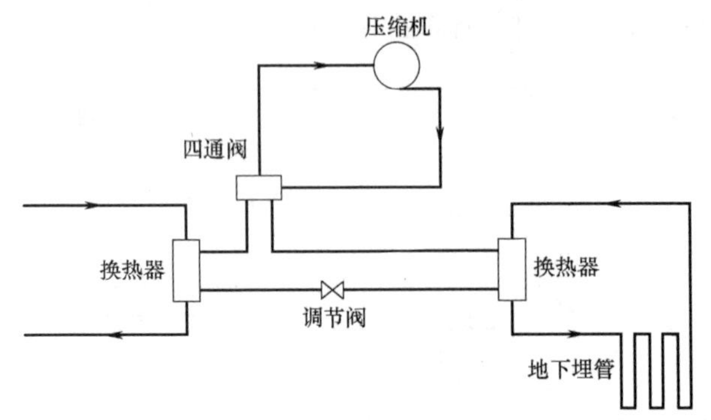

图 1-9　土壤源热泵系统原理图

4. 吸收式热泵机组及系统

吸收式热泵以热能来驱动，实现从低温热源向高温热源的传热过程。在化工企业中，主要采用的吸收式热泵的类型在不供给其他高温热源的条件下靠输入的中温热能（废热）驱动系统运行，将其中一部分热能品位提高，成为高温热水或蒸汽，送至用户，另一部分能量则排放至环境。这种热泵的特点是直接利用低温热源作为驱动热源，输出热源的温度高于低温热源，这种热泵又称为吸收式热转换器。

吸收式热泵可以分为两类。第一类吸收式热泵，也称增热型热泵，是利用少量的高温热源产生大量的中温有用热能，即利用高温热能驱动，把低温热源的热能提高到中温，从而提高了热能的利用效率。第一类吸收式热泵的性能系数大于 1，一般为 1.5～2.5。从工作原理上来看，第一类吸收式热泵与吸收式制冷机的工作原理是一致的。图 1-10 为第一类吸收式热泵原理图。

第二类吸收式热泵，也称升温型热泵，是利用大量的中温热源产生少量的高温有用热能，即利用中低温热能驱动，用大量中温热源和低温热源的热势差，制取热量少于但温度高于中温热源的热量，将部分中低热能转移到更高温位，从而提高了热源的利用品位。第二类吸收式热泵性能系数总是小于 1，一般为 0.4～0.5。两类热泵应用目的不同，工作方式亦不同，但都是工作于三热源之间，三个热源温度的变化对热泵循环会产生直接影响，升温能力增大，性能系数下降。图 1-11 为第二类吸收式热泵原理简图。

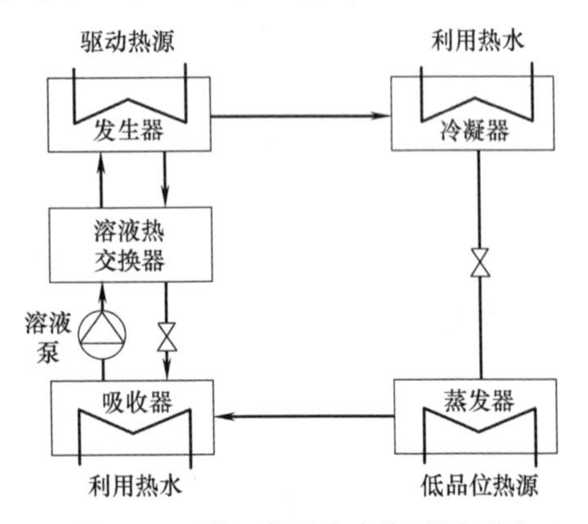

图 1-10　第一类吸收式热泵原理图

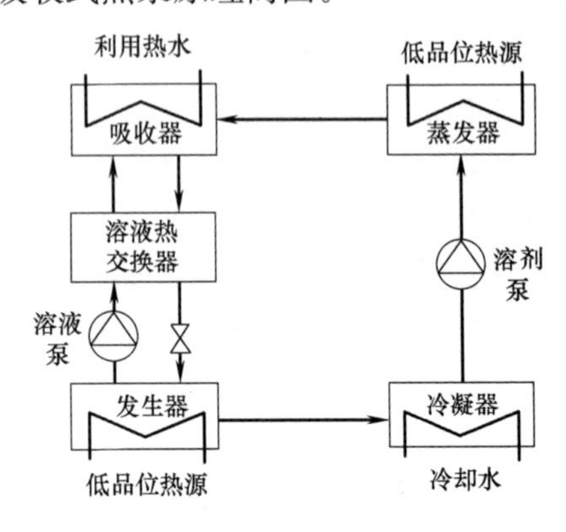

图 1-11　第二类吸收式热泵原理图

1.3 热泵技术的应用与发展

1.3.1 热泵技术研究进展与分析

热泵是用人工的方法，将低温区无用的热量转移到高温区成为有用的热量，虽然热泵的工作原理和设备组成与制冷机相同，但热泵的发展进程与制冷机相比非常困难，因为人工供暖的途径很多，且其他途径的取热方式和结构比热泵相对简单易行，因此在相当长的时间内，热泵研究和应用远远落后于制冷。直到 1852 年，W. Thomson 教授首次设想将制冷机的原理用于供热，正式提出一个热泵系统，称为“热量倍增器”。自此，许多科学家和工程师对热泵及热泵系统进行了大量研究。从世界范围来看，自 1912 年首套热泵系统问世起，热泵的发展大致可以分为三个阶段，分别是 20 世纪 30 年代的早期发展阶段、20 世纪 70 年代受第一次石油危机影响而来的黄金时期、21 世纪至今受能源危机影响的广泛应用时期。

（1）世界上第一台热泵系统是 1912 年瑞士的 H. Zoelly 安装的家用供暖的河水源热泵，同时首次提出利用土壤作为热泵系统低温热源的概念，并申请了专利。这项专利直到 20 世纪 50 年代才引起人们的普遍关注，欧美等国开始了研究地源热泵的第一次高潮。从时间上看，水源热泵的发展比地源热泵早。20 世纪 30 年代末，在瑞士苏黎世议会大厦，欧洲首套地表水水源热泵系统问世，以河水位热源，压缩机用离心机，工质为 R12，输出热量高达 175kW，制热系数为 2，出水水温为 60，有蓄热系统，在高峰负荷时采用电加热作为辅助，夏季用来制冷，这套系统是地源热泵中最早使用的形式之一。同一时期，美国成立了由美国能源环境研究中心（Energy & Environmental Research Center）、美国地下水资源联合会（National Ground Water Association）、爱迪生电力研究所（Edison Electric Institute）及众多地源热泵制造设计销售公司以及政府机构和建筑商等 146 家成员组成的美国地源热泵协会，从事合作开发、研究和推广工作。美国现在每年安装的 40 万台地源热泵中，水源热泵占 15%。美国水源热泵的研究和应用偏重于住宅和商业小型系统（20RT 以下)，多采用水-空气系统。在大型建筑方面，美国推行水环热泵系统。

（2）第二次世界大战的爆发，一方面影响与中断了空调用热泵系统的发展，另一方面战时能源的短缺，促进了大型供热和工艺用热泵的应用。二战后，各种空调和热泵机组在美国开始发展起来，至 1950 年，美国已有 20 个厂商及十余所大学和研究单位从事热泵的研究。在当时拥有的 600 台热泵中，约有 50%用于房屋供暖，45%用于商业建筑空调，仅有 5%用于工业。通用电气公司生产的以空气为热源，制冷与制热可自动切换的热泵机组，打开了热泵在空调领域的应用，使空调用热泵系统作为一种全年运行的空调机组进入了空调商品市场。1597 年，美国军事当局决定在建造大批住房项目中，用热泵来代替原先设想的燃气供热方案，使得空调用热泵迎来了又一个高潮。空调设备制造商大规模生产热泵机组，应用程度空前，甚至出现来不及维修的情况。到 20 世纪 60 年代，在美国安装应用的热泵机组接近 8 万台。然而，过快的产品增长速度造成制造质量较差的、设计安装水平低、维修与运行费用过高等问题，使得热泵在美国应用受到重大挫折，不得不进入了 10 年左右的调整期，直到 20 世纪 70 年代中期，受第一次石油危机的推动，才再度受到重视，而此时热泵技术已大幅提高，机组可靠性提高。从1977年，美国重新开始了对地埋管热泵系统的大规模研究，并得到了政府的积极支持与倡导，几乎所有的研究都是在美国能源部的支持下，由美国多所大学和美国橡树岭（ORNL）、布鲁克海文（BNL）国家级重点实验室进行的，主要研究工作集中在地下换热器的传热特性、土壤的热性能、不同埋管换热器形式的研究等。美国在这个阶段除了完成了土壤源热泵系统的大部分基础研究工作外，还完成了地源热泵商品化和大规模应用的准备工作。与此同时，日本工业的发展造成大城市污染严重，政府颁发了一些强制性的环保法规，促进了热泵的应用与发展。

美国和日本在1973年第一次石油危机后已经建立了自己的热泵市场，当这两个国家在运用各自的知识和经验来促进热泵销量的时候，欧洲经济共同体EWG和欧洲自由贸易联盟EFTA的研究重点还在致力于利用太阳能来解决能源问题。直到第二次石油危机暴发，欧洲才开始关注热泵，引入了以室外空气、通风系统中的排气、土壤、地下水等为热源的热泵机组。欧洲先后召开了5次大型地源热泵专题国际学术会议。1974年起，瑞士、荷兰和瑞典等国家政府资助的示范工程逐步建立起来，地源热泵生产技术逐步完善。瑞典在短短的几年中共安装了地源热泵装置1000多台套，其主要用途是冬季供暖。垂直埋管土壤源热泵在20世纪70年代末被引入，随后各种形式的垂直埋管方式主要在瑞典、德国、瑞士和奥地利等国得到应用，并受到政府的大力扶植。瑞士联邦能源办公室对利用热泵系统替代燃油加热装置以及利用土壤源热泵系统的用户提供一次性补助，补助额度为每千瓦电输入功率热泵补助200欧元，最高补助达5200欧元。瑞士新建住房中每4幢就有1～2幢装有土壤源热泵系统，其建筑密度（按换热器长度与建筑面积的比值）达到世界第一。

（3）20世纪90年代以来，由于世界各国对能源和环境问题更加重视，热泵技术的应用和发展也进入了一个全新快速发展时期，每年报道的地源热泵实际工程项目和研究报告不断增加。瑞典地源热泵以1000套/a的速度递增，全国已经安装了23万套，其中5万套为土壤源热泵系统。瑞士一直保持着世界上地源热泵应用人均占有比例最高的位置，其中土壤源热泵系统所占比例越来越高，至1998年已占70%以上，总数达20万台以上。在美国，土壤源热泵的发展也很迅速，仅1994～1995年土壤源热泵的应用就从18%发展到了30%，其总量在20万套以上，2000年安装的5万～6万套地源热泵中超过4万套为土壤源热泵系统。同为北美地区的加拿大，1990～1996年家用土壤源热泵以每年20%的递增销量而处于各种热泵系统的首位。与美国相比，中、北欧如瑞典、瑞士、奥地利、德国等国家主要利用浅层地热资源，地下土壤埋管（埋深小于400m深）的地源热泵，用于室内地板辐射供暖及提供生活热水。在日本，自20世纪80年代末期，各种热泵的年产量不断提高，1989年，各种热泵年产量为565万台，至1996年，房间空调器年产量到800万台，其中热泵约700万台，商用空调器年产量达92万台，其中热泵空调约为75万台，热泵在空调器中的比例上升至87%左右，到2004年，日本已经有2.1万座楼房使用了热泵。

在热泵新技术的应用方面，俄罗斯有两项新技术值得特别介绍：一是利用天然气输送途中的减压发电驱动热泵供冷和从城市污水、河水和电厂冷却水中回收废热用于供热；二是利用水电站下游河水作为低温热源进行热泵供热。

我国是发展中国家，与世界上发达国家热泵技术的研究和应用相比，我国热泵技术的研究存在明显的落后期。20 世纪 50 年代，天津大学吕灿仁教授开启了我国对热泵研究的先河。我国的热泵技术研究和应用有了近 50 年的历史。20 世纪 70 年代的能源危机推动世界范围内的热泵发展，同时也影响了我国的学术界，但由于我国国情和能源价格的特殊性，使得热泵的研究还相对缓慢。改革开放以来，我国建筑业大规模发展，各种写字楼、商场、体育馆、影剧院等公共建筑和公寓、住宅楼等居住建筑如雨后春笋般拔地而起，促进了我国商用和家用空调的发展，我国的热泵和热泵空调事业有了长足的进步，有关水源和空气源热泵应用在空调系统及其他领域的成功工程实例不断产生。与此同时，在国家自然科学基金的帮助下，国内许多学者和研究机构开始了对空气源热泵、地源热泵（包括水源热泵和土壤源热泵）和吸收式热泵等热泵系统的研究。

在我国北方寒冷地区的使用过程中，空气源热泵机组制热工况下会出现很多问题：空气源热泵机组在冬季室外温度较低的情况下（低于－5℃），会出现蒸发压力低，机组启动困难；制冷剂蒸发量减少，比容增加，压缩机吸气比体积增大，系统制冷剂流量减少，制热量严重不足；压缩机压缩比增大，导致排气温度过高，需要频繁启停机组进行高温保护；室外换热器结霜严重，不仅影响蒸发器与空气之间的热传递，且蒸发温度会因此降低更多，制热量衰减严重；系统需要频繁除霜，影响制热运行，使恶劣的制热工况更加雪上加霜。空气源热泵在制热工况下出现的各种问题最终会导致整个机组的运行严重偏离正常情况，超出机组的设计运行工况范围，机组各部分状态发生变化，最终导致机组无法正常运行而停机。

针对空气源热泵机组在低温工况下所出现的排气温度高、制热量衰减问题，必须将传统的单级压缩空气源热泵热力系统加以改进，增大系统的正常运行温度范围，降低低温工况下系统的排气温度，增加低温工况下系统的制冷剂流量，设计合理的启动工况运行机制，改善除霜工况的机组运行性能。对此国内外学者做了大量研究，出现了准二级压缩系统、双级耦合系统，并对除霜方法进行了大量试探，目前常用的除霜方法有：空气除霜法、电加热除霜法、显热除霜法、水力除霜法、逆循环除霜法、蓄能除霜法等。

清华大学、重庆大学、天津大学、天津商业大学、山东建筑大学、中国科学院广州能源研究所等开展水源热泵的研究较早，其中清华大学经过多年的研究在多工况水源热泵上已形成产业化成果，建成了多个水源热泵系统和海水水源热泵系统示范工程。研究包括低温热源的选取和利用、输配系统设计、优化运行等方面，然而在国内对水源热泵系统的认识尚不全面，只知道是一种节能的空调系统，至于其如何节能、在何种条件下运行更为节能、系统具体怎样工作都不是很了解。当前对水源热泵系统的研究主要在于影响能耗的因素及其优化配置和系统运行策略。影响水源热泵空调系统能耗的主要因素为热泵机组能耗和输配系统能耗，如水泵、风机运行能耗，具体包括以下几个方面。第一，增大水系统供回水温差；对于常规空调系统设计，冷冻水系统和冷却水系统进出水温差，一般都是取 5℃，加大供、回水温差，由 5℃加大到 8～11℃，则减小空调水系统流量，降低水泵能耗。已有研究肯定了大温差的节能性，指出：冷冻水大温差系统应用于新设计时，在一定范围内，水泵动力的变化与温差的变化成反比，即温差越大，系统能耗越小。第二，优选水泵，提高水泵的运行效率；保证水泵的安全、高效运行，并考虑到水泵电机散热，一般水泵的转速都会维持在全速运转的 30％以上。第三，采用变频水泵，减少水泵能耗；研究表明，当水泵采用变频时，可节约水泵能耗约 20％～50％，可见采用变频技术，水泵节能效果显著。

在我国，热泵理论方面的研究主要延续北美和欧洲的模型，然后根据我国的实际情况加以改进和修正的基础上建立起来的，该阶段的研究主要有：①地热换热器传热模型和换热计算模拟的研究。②水平埋管合理间距的设置和地热换热器间歇运行工况的分析研究。③相关产品的开发及制造标准的研究，包括水源热泵、水-水热泵的批量生产。④这段时间的实验研究主要包括：单位管长放热量的确定；实验系统 *COP* 的确定；埋管合理间距的确定；土壤热物性的确定等。

20 世纪 80 年代末期，土壤耦合热泵系统在我国的发展刚刚起步，进入 20 世纪 90 年代后，在国家自然科学基金的支持下，土壤耦合热泵研究迅速成为热门研究课题之一。土壤耦合热泵是土壤源热泵的进一步发展，综合利用了土壤源热泵的节能性质，同时可利用清洁的可再生能源——太阳能。与空气源热泵相比，土壤耦合热泵系统具有如下优点：①土壤温度全年波动较小，且数值相对稳定，热泵机组的季节性能系数具有恒温热源热泵的特性，这种温度特性使土壤耦合热泵比传统的空调运行效率要高 40%～60%，节能效果更明显。②土壤具有良好的蓄热性能，冬、夏季从土壤中取出（或放入）的能量可以分别在夏、冬季通过季节蓄能和浅层低温能得到自然补偿。③当室外气温处于极端状态时，用户对能源的需求量一般也处于高峰期，由于土壤温度相对地面空气温度的延迟和衰减效应，因此，与空气源热泵相比，它可以提供较低的冷凝温度和较高的蒸发温度，从而在消耗相同的商品能的情况下，提高夏季的供冷量和冬季的供热量。④地下埋管换热器无需除霜，节省了空气源热泵的结霜、融霜所消耗的 3%～30%能耗。⑤地下埋管换热器在地下吸热与放热，减少了空调系统对地面空气的热、噪声污染，同时减少了 40%～70%以上的污染物排放。⑥运行费用低。

然而从目前研究来看，土壤耦合热泵系统也存在很大缺点：①地下埋管换热器的供热性能受土壤性质影响较大，长期连续运行时，热泵的冷凝温度或蒸发温度受土壤温度变化的影响而发生波动。②土壤的热导率小而使得地下埋管换热器的持续吸热率仅为 20～40W/m，一般仅为 25W/m。因此，当换热量较大时，地下埋管换热器的占地面积较大。③地下埋管换热器的换热性能受土壤的热物性参数的影响较大。计算表明，传递相同的热量所需传热管管长在潮湿土壤中为干燥土壤中的 1/3，在胶状土中仅为它的 1/10。④初投资高，仅地下埋管换热器的投资约占系统投资的 20%～30%。

目前对地源热泵的研究主要集中在以下几个方面：地下埋管换热器的传热模型和传热研究；夏季瞬态工况数值模拟的研究；热泵装置与部件的仿真模型的理论和实践研究；地源热泵空调系统制冷工质替代研究；其他能源，如太阳能、水能等与地源联合应用的研究；地源热泵系统的设计和施工；地源热泵系统的经济性能和运行特性的研究；地下水源热泵回灌技术与实践；土壤热无形及土壤热导率的试验研究；同井回灌地下水源热泵地下水运移数值模拟与实验研究；土壤蓄冷与土壤源热泵集成系统的应用基础研究。

目前，在传统的吸收式热泵供热系统中，以溴化锂为工质的吸收式热泵系统具有较高的节能效益和较短的投资回收期而得到了迅速发展。溴化锂吸收式热泵特有的优点在于可以利用各种形式热能来驱动，使其从低温吸取热量供给热用户，除可利用燃料燃烧产生的中高品位能外，还可利用自然界中大量存在的低品位能，如太阳能、地热能及乏气中的余热能等。因此，吸收式热泵机组具有更显著的节能效果，受到人们的日益重视，在我国提倡建设能源节约型社会的背景下将会有更加广泛的应用。随着能源结构和市场需求的变化以及环境保护和节能减排的要求，溴化锂吸收式热泵技术在国内外都有较快发展，其适用范围和功能也得到了前所未有的壮大，其开发重点趋于多元化，但总趋势是朝着高效率的供热、供冷热泵和超级热泵系统发展，包括吸收式热泵内部技术的研究和热源利用的研究。在吸收式热泵内部技术研究中，重点从新工质对和吸收机理方面探讨加强传热性能的研究，又从系统集成方面探讨提高系统热力性能的潜力。另外，由于单效型溴化锂吸收式热泵所能利用的热源温度也是80℃以上的废热水，而对于温度低于80℃的废热水，大部分是无法利用的。为了利用温度低于80℃的废热水，必须对原有的单效型溴化锂吸收式热泵进行改造，如采用特殊结构的发生器或两台机组串联等。

太阳能溴化锂吸收式热泵是太阳能应用的一个重要方面。目前，太阳能溴化锂吸收式热泵主要有单效、双效、两级、三级及单效/双效等复合式制冷循环。其中，单效和两级的机组热效率较低，而三效、四效等更复杂的机组仍处在试验研究阶段。目前，市场上应用最广泛的是双效型机组。太阳能溴化锂吸收式热泵机组不仅能够缓解能源短缺和环境污染等问题，而且具有结构简单、运行费用低等优点，是一个极具发展前景的项目，也是当今热泵技术研究的热点之一。

利用废气作为吸收式热泵的驱动热源，首先考虑的是废气的性质，废气有各种形态。对于废气的利用一般是用余热锅炉加以回收，将产生的蒸汽或高温热水送入单效或双效溴化锂吸收式热泵机组。若有高温清洁的废燃气，则可以直接用直燃式溴化锂吸收式热泵机组回收利用。

吸收式热电冷联供机组也称总能系统。以城市煤气为燃料通过吸收式热电冷联供机组达到用一台机组实现一机多用的效果，即在供冷、供热的同时兼发电供能。《中华人民共和国节约能源法》第三十九条将热电冷联产技术列入国家鼓励发展的通用技术，促进了热泵事业的发展。吸收式热电冷联供机组是当前国际研究的一个重要课题。溴化锂吸收式热泵技术的发展趋势既要从经济角度考虑，节约能源，又要从保护环境出发，防止环境污染。

1.3.2 热泵系统建筑应用概况

我国从20世纪50年代才开始热泵技术的研究与产品的开发，60年代开始生产和应用，并且基本上全是空气源热泵机组。我国很大部分地区的气候条件适宜使用空气源热泵，因此它在我国的应用越来越广泛，直到目前，我国仍然是全球空气源热泵应用最广泛的地区之一。有关数据显示，到2002年国内国有、民营、独资、台资等家用空调器生产厂家不少于300家，已形成我国空气-空气家用分体式、整体式和户式中央空调三大类别热泵空调系列。与此同时，空气源热泵冷热水机组也是在我国空调工程中应用较早较广泛的一种热泵机组，它在我国的发展十分迅速，市场空前繁荣，生产厂家从1995年的十几家发展到2000年的40多家。随着科技的进步，空气源热泵机组的性能得到不断改进，其效率逐渐提高，用空气源热泵作为空调系统的冷热源逐渐被国内业主和设计部门所接受，尤其在华中、华东和华南地区逐渐成为中小型项目的设计主流，目前应用范围从长江流域逐渐向黄河流域延伸。

直到20世纪90年代末，我国才开始地源热泵空调系统的应用，热泵生产厂家也逐渐增多。由于地源热泵在国内还是一项新技术，而且也缺乏地源热泵机组的相关生产标准，所以多数厂家仍然按照《容积式热泵机组》JBT 4329—97 的标准执行。实际上，地源热泵的运行工况与 JBT 4329—97 规定的名义工况相差很大，因此完全按照国家标准规定的名义工况来选用和设计地源热泵机组可能会达不到要求。美国供热空调制冷工程师协会针对不同的地源热泵机组规定了不同的名义工况和制造标准，分别适用于水环热泵、地下水源热泵和土壤源热泵。目前，我国还缺乏地源热泵机组的相关标准，不同厂家的产品规格型号、性能参数标注也各不相同，这给设计人员的选型带来了一定的困难。因此，急需对地源热泵系统的性能进行研究，为地源热泵机组的生产和选型提供理论基础。地源热泵在我国目前还算是一项先进技术，要想得到推广不可避免地会有很多问题，首先要考虑我国各项法规、政策允许不允许这方面的开采利用，比如，地下水源热泵系统的利用就受到很多限制，因为根据我国国土资源部的调查结果，我国大部分地区的地下水位呈下降趋势，河北与河南北部地区以及山东黄河以西形成了一个包括北京、天津在内的地下水降落的大漏斗。面对如此严峻的形势，地下水源热泵要在我国得到广泛的使用必然会受到十分严格的限制。地表水源热泵面临的问题是必须考虑水温是否在进水温度的范围内，季节性水温、水位的变化以及地表水的质量。即使在地表水十分丰富的长江流域，也面临着地表水源的污染问题。

在工程应用上，地表水水源热泵逐渐得到越来越多的重视，国家和地方都相应出台了相关政策，鼓励使用水源热泵空调系统，并逐渐形成了一批国家和地方的示范项目。2004年，北京嘉和晟业水源热泵空调有限公司与中国建筑科学研究院空气调节所合作，共同承担了国家“十五”科技攻关课题“利用太阳能的水-水式小型水源热泵空调机组和配套系统的技术开发”，取得了较为突出的研究成果；同年 11 月，青岛发电厂食堂海水水源热泵空调示范工程投入运行，标志着我国海水水源热泵开始逐渐得到关注；2004 年，在湖南湘潭城市中心建成了利用人工湖作为冷热源的地表水水源热泵空调系统，国家建设部和湖南省建设厅的建筑节能检查专家组考察了该项目，对该项目在建筑节能和利用可再生能源方面的成效予以肯定；2009 年完工的重庆大剧院，采用区域集中供冷供热系统，总建筑面积 103307m^2，最大冷负荷为 12593 kW（含部分分散空调），其中由能源站供冷 11887.5kW。能源中心采用电制冷＋江水源热泵＋冰蓄冷的能源形式。热泵机组均由江水作为冷热源。我国的水源热泵研究和应用虽然有了初步的成果，但与国外相比在热泵机组的优化设计和工程应用上还存在较大差距。

土壤源热泵不仅对我国，对世界各国应该都是比较有竞争力的课题，它没有地下水源热泵和地表水源热泵的各种问题。但是在我国同样有它自己的问题存在，那就是涉及钻探工程，施工困难，投资费用较高的问题。由于我国还有相当部分人们还处于温饱的边缘，所以面对如此高的初投资费用，人们宁愿选择其他暖通空调系统，这些问题都极大地限制了地源热泵在西部的应用推广。但是随着我国经济的发展和人们生活水平的提高，相信这些问题都会一一解决。虽然地源热泵在我国的利用有着这么多问题和压力，但是我国开发利用地源热泵系统的决心却毫不动摇，在全国范围内都开始了地源热泵项目的建设，其中已建成的比较有意义的、典型的项目有山东建筑大学建成的地源热泵系统（该项目成功用于该学院报告厅的中央空调系统中），重庆大学建成的用于该学校暖通实验楼的水平埋管项目，这两个项目的开发都是研究和使用并行的。内蒙古的地源热泵科技攻关项目也组织人员也对一所宾馆和一幢具有办公、餐厅、商场、体育运动场为一体的建筑设计了地源热泵空调系统，集供热、制冷、供应卫生热水为一体，并于 2002 年投入使用，运行测试状况良好，近些年我国各大城市均有多个地源热泵项目的建设。所以地源热泵在我国发展有着光明的前景，并且能够缓解我国目前能源紧缺、环境污染严重的一系列问题。

本章参考文献

[1] 陈万仁，王保东等．热泵与中央空调节能技术 [M]. 北京：化学工业出版社，2010.

[2] 清华大学建筑节能中心．中国建筑节能年度发展研究报告（2013）[M]. 北京：中国建筑工业出版社，2013.

[3] 清华大学建筑节能中心．中国建筑节能年度发展研究报告（2012）[M]. 北京：中国建筑工业出版社，2012.

[4] 张昌．热泵技术与应用 [M]. 北京：机械工业出版社，2007.

[5] 李德英．建筑节能技术 [M]. 北京：机械工业出版社，2006.

[6] 徐邦裕，陆亚俊，马最良．热泵 [M]. 北京：中国建筑工业出版社，1988.

[7] 陈东，谢继红．热泵技术及其应用 [M]. 北京：化学工业出版社，2006.

[8] 徐伟，等译．地源热泵工程技术指南 [M]. 北京：中国建筑工业出版社，2001.

[9] 马最良，姚杨，姜益强，倪龙等．热泵技术应用理论基础与实践 [M]. 北京：中国建筑工业出版社，2010.

[10] 郁永章．热泵原理与应用 [M]. 北京：机械工业出版社，1993.

[11] 赵军，戴传山．地源热泵技术与建筑节能应用 [M]. 北京：中国建筑工业出版社，2007.

[12] 庞合鼎．高效节能的热泵技术 [M]. 北京：原子能出版社，1985.

[13] 谢汝镛．地源热泵系统的设计 现代空调（3）[M]. 北京：中国建筑工业出版社，2001.

[14] 张早校，冯宵，郁永章．制冷与热泵 [M]. 北京：化学工业出版社，2000.

[15] 郑祖义．热泵技术在空调中的应用 [M]. 北京：机械工业出版社，1998.

第 2 章　热源系统的换热方式

地源热泵系统根据热交换原理，利用热能交换系统采集地源中蕴藏的热量（或冷量）传递给用户使用。自然界存在的热源形式有多种，其中包含有地表水体、地下水体和岩土体等。对于不同的热源形式，可利用的热能采集与换热方式也各不相同，分别有地表水源换热方式、地下水源换热方式和土壤源换热方式。

2.1　地表水源换热方式

地表水源换热方式可分为开式系统和闭式系统两种。前者是通过地表水取水构筑物，将地表水汲取送入热泵机组进行热量交换后又排回地表水体。后者是将封闭的换热器管路安放在地表水体中，换热工质在循环泵的驱动下在封闭的管路中循环流动并通过管壁与水体进行热量交换。

2.1.1　地表水源及其特点

地表水是指地球表面汇集、运移的水体，如河流、湖泊、海洋及水库等。地表水的水量和水质具有时空分布不均匀特点。由于地表水体受其环境条件等种因素影响，其径流量、水质、水位、流速和水温都呈现动态变化状态。降水多寡直接影响当地地表水资源的丰富程度。夏季丰水期，地表水的径流量大、水位高、流速快。冬季枯水期，地表水的径流量小、水位低、流速慢。地表水的水温随季节、纬度和高程的不同而发生明显变化。地表水中泥沙含量大，水质受周边环境影响，通常比地下水的水质差。

因此，在选择地表水体作为热源进行地源换热系统设计时，必须充分了解地表水体的具体条件和动态变化特点。收集项目场地地表水体的相关资料，如历年最高水位、最低水位和常年水位；历年最大水量和最小水量；取水点最大流速、最小流速和平均流速；历年最高水温和最低水温以及水质等情况，为取水构筑物设计提供依据。

2.1.2　地表水取水构筑物分类

地表水取水构筑物的组成、各组成部分的相互关系与所处位置、泵的吸水方式、外形及构造等有多种多样的组合，可以从不同角度对其进行分类。图 2-1 给出了按水体类型和取水条件进行的分类。

在地表水源热泵系统中，经常采用的取水换热方式有固定堤岸式、移动浮船式。此外，近年来也有廊道渗滤式和抛管式应用。

2.1.3　固定堤岸式取水构筑物

固定堤岸式取水构筑物是指其位置固定在堤岸上的取水构筑物。这种形式安全可靠，便于维护，应用广泛。

固定堤岸式取水构筑物通常由取水头部（进水口）、导水管、集水井、格栅和泵房等

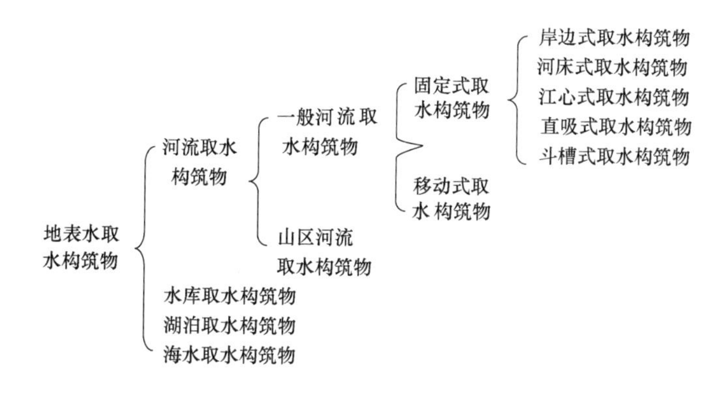

图 2-1　地表水取水构筑物分类

部分组成，如图 2-2 所示。

取水头部一般都装有粗格栅，引进地表水流入同时阻挡泥沙杂物进入。相对于各种取水条件和施工条件，取水头部也有多种类型，如喇叭管取水头部、蘑菇形取水头部、箱式取水头部、菱形取水头部等。取水头部一般设置在水体中历史最低水位线以下，以保证枯水季节也具备有效取水功能。

取水构筑物的导水管有自流管和虹吸管两种。可采用钢管或钢筋混凝土管。为保证取水系统的可靠性，导水管一般不少于两条。导水管过水断面可由公式确定：

$$S=Q/v \tag{2-1}$$

式中　S——过水断面，m^2；

Q——取水构筑物设计流量，m^3/h；

v——设计流速，一般取 0.7～1.5m/s。

采用虹吸管时，虹吸高度应按设计最低水位时的最大取水量核算。

岸边集水井一般设置进水间和取水间，二者之间安设细格栅，进水间的原水经过细格栅过滤处理后进入取水间，再通过水泵抽取送至机房利用。取水泵站可以与集水井合建在一起，也可以分别建。水泵可采用离心泵或潜水泵。

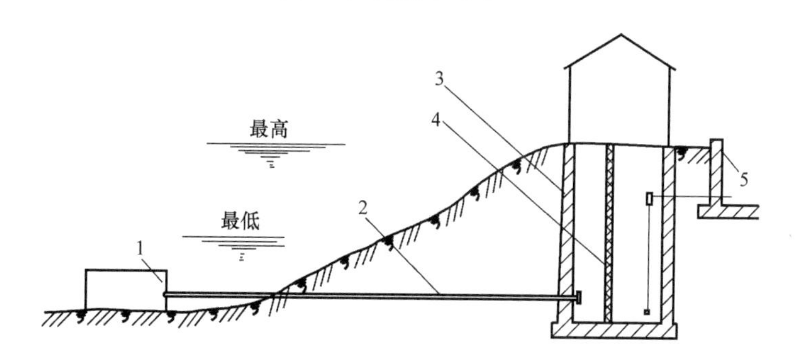

图 2-2　固定堤岸式取水构筑物示意图

1—进水口；2—导水管；3—集水井；4—格网；5—泵房

2.1.4　移动式取水构筑物

移动式取水构筑物顾名思义是随地表水体的水位变化而位置移动变化的取水构筑物，

它适用于水位变化较大的水体。具有投资较省、施工简单等优点，但操作管理比固定式麻烦。移动式取水构筑物主要有两种，即浮船式和缆车式。

在地表水源热泵系统中通常采用浮船式取水构筑物，它一般由取水头、吸水管、水泵、输水管和浮船组成，如图 2-3 所示。取水头安放在船下水中，水泵安装在驳船上，二者通过吸水管相连。水泵经取水头和吸水管直接从河中取水，再通过扬水管与输水管送至岸上机房。水泵的扬水管和输水管的连接要灵活，以适应浮船的升降和摇摆。当采用阶梯式连接时，须随水位涨落改换接头位置。当采用摇臂式连接时，加长联络管为摇臂，不换接头浮船也可以随水位自由升降。浮船取水要求河岸有适当的坡度（20°～30°）。

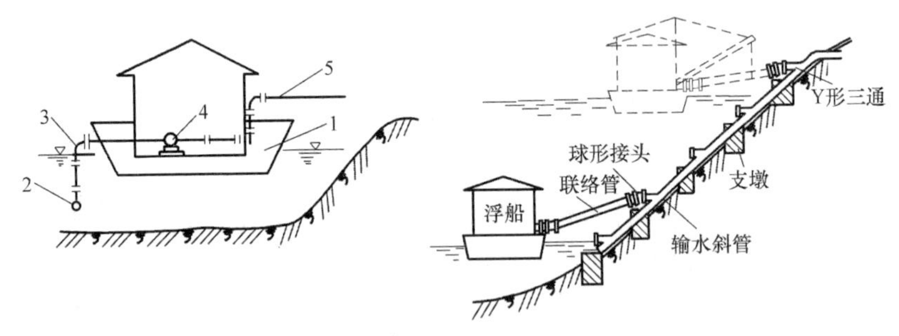

图 2-3　浮船式取水构筑物示意图

1—趸船；2—底阀；3—吸水管；4—水泵；5—扬水管

2.1.5　渗滤式取水构筑物

渗滤式取水构筑物是在具备一定水文地质条件下的地表水体下部修建渗水廊道的取水方式。渗滤取水构筑物由竖井、渗滤孔群、汇水洞室、输水巷道和地面泵站组成，如图 2-4 所示。

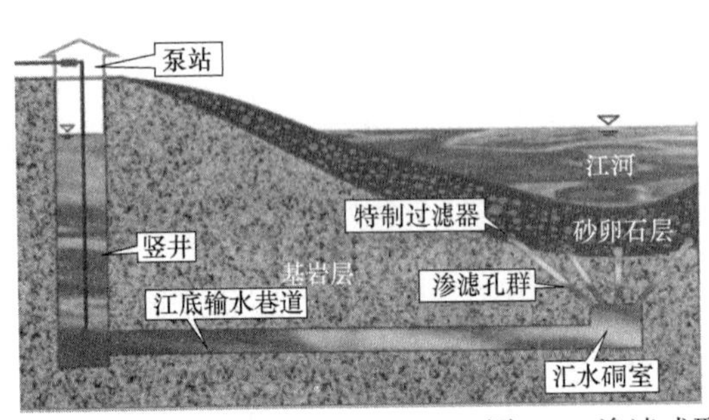

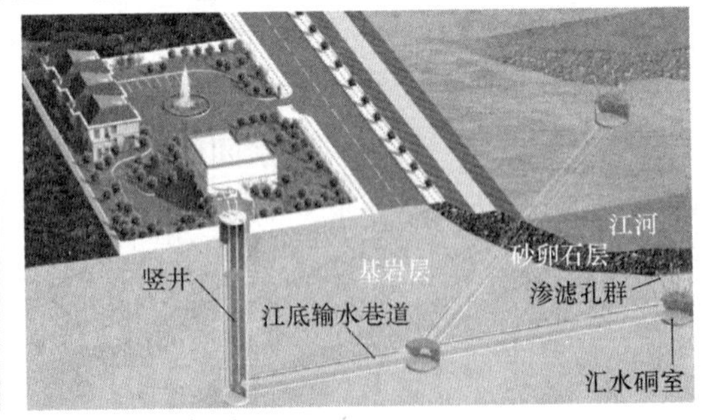

图 2-4　渗滤式取水构筑物示意图

渗滤式取水构筑物的取水原理是，通过在集水竖井中抽水产生水位降深，在河水位与竖井水位之间产生压差，从而在河床底部砂卵石层内形成低压区，河水便在重力作用下渗流穿过河床表层滤膜和砂卵石层进入渗滤孔群，再经过汇水洞室和输水巷道进入竖井。河水穿过滤床时，水中的有机物和杂质被滤床表层的滤膜和砂卵石层吸附和过滤，进入廊道和竖井中的河水得到净化。而滤床表层残留的过滤物则被流动的河水不断冲刷随流而逝。

渗滤式取水方式适用于河床砂卵石层较厚（3～30m），砂卵石层下覆基岩较完整，工程地质条件良好的地表水体。渗滤式取水方式的单井取水量一般可达（5～10）$\times 10^5$t/d。

2.1.6　盘管式地表水热交换器（抛管方式）

盘管式地表水热交换器是闭式换热方式，俗称“抛管”方式，是将地表水热交换器的盘管直接放置在地表水体中，如图 2-5 所示。盘管经过环路集管和循环泵连接后与热泵机组连接。管内不断循环的工质通过盘管管壁与地表水体进行热量交换。

盘管通常用高密度聚乙烯管（HDPE）制作，如图 2-6 和图 2-7 所示。每层盘管之间用 PVC 垫块分隔开，用水泥砌块固定在水体中。

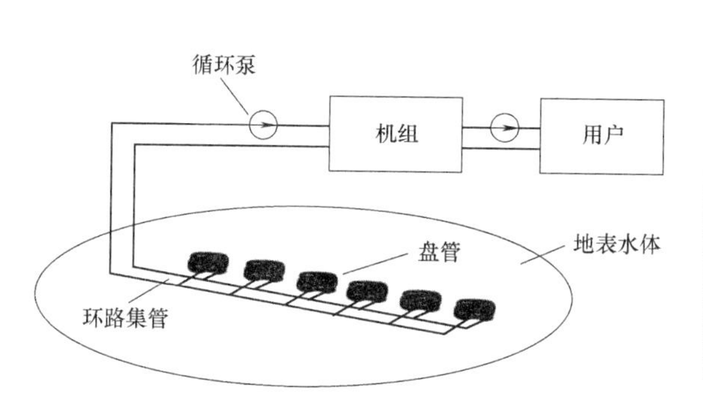

图 2-5　地表水源热泵抛管系统示意图

图 2-6　高密度聚乙烯（HDPE）盘管

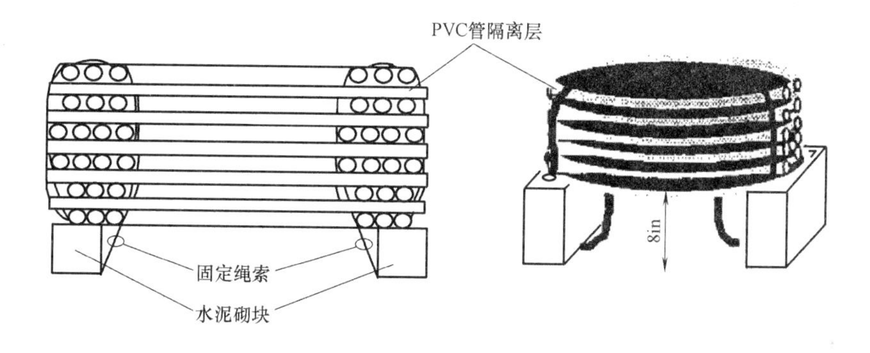

图 2-7　分隔的盘管环路示意图

表 2-1 列出了不同长度地表水热交换器盘管的设计参考数据。北方地区冬季地表水的水温为 4.4℃时，供热工况取热盘管每 100m 长的换热量约 3.85kW，即 38.5W/m，设计盘管进水温度为 1.67℃。

不同长度地表水热交换器盘管的设计进水温度　　**表 2-1**

热交换器盘管	北方		南方	
	河水或湖泊水温			
	40°F	50°F	50°F	80°F
供热				
100ft/RT	无推荐值	—	39°F	—
200ft/RT	32°F	—	42°F	—
300ft/RT	35°F	—	45°F	—
供冷				
100ft/RT	—	69°F	—	98°F
200ft/RT	—	64°F	—	93°F
300ft/RT	—	59°F	—	88°F

注：1. 假设 20%乙烯乙二醇，3 加仑/(min·RT)，LinSRDR 聚乙烯管。
2. 1°F≈−17.2℃。

闭式盘管的施工安装，是将盘管按同程方式连接分组并与固定物拴绑拴牢，用划艇拖运至规划水域，向盘管中注水使其沉入定位水底，如图 2-8 所示。

图 2-8　地表水体热交换器盘管施工安装示意图

2.2　地下水源换热方式

以地下水作为热泵系统的热源时，是将地下水开采出来提供给热泵机组进行换热利用。而开采地下水则通过地下水取水构筑物来实现。地下水源换热方式由取水构筑物的形式决定。目前，国内地下水源热泵系统中应用的地下水取水构筑物主要有管井、大口井和辐射井等方式。

2.2.1　地下水及其特点

地下水一般是指以各种形式储存于地壳土壤和岩石空隙中的水。按照地下水赋存的空间特点，可将地下水划分为三种类型：第四系松散沉积物孔隙水、基岩裂隙水和岩溶溶隙水。地下水源热泵系统主要关注地下水的水量、水温和水质等因素。

地下水水量的影响因素很多，但主要由其水文地质条件，如岩性、构造、地史、气候和地形地貌等决定，地下水的丰富程度也因地而异。

地下水的水温受气温和地温影响。不同地区的地温随其所处纬度、高程和埋深的变化而变化。由地表向纵深方向可分为变温带、恒温带和增温带。近地表处的变温带受太阳辐射热影响，地温随昼夜、季节和年代而变化，如图 2-9 所示。变温带向下为恒温带，太阳辐射热与地球内部热源影响达到平衡，地温常年基本恒定不变，接近于当地常年平均气温。恒温带向下为增温带，受地球内部热源影响，地温随深度的增加而增加。除地热异常区外，地壳平均增温率为 25℃/km。由此可知，某一地区浅部恒温带内的地下水温度比较稳定，接近于当地多年平均气温。地下水源热泵系统所利用的管井深度约 100～200m，基本处于地下恒温带，地下水温度适宜冬季制热和夏季制冷换热需要。

地下水的水质除含有泥沙固体颗粒物外，含有各种离子、胶体、有机物和部分气体。地下水中溶解的阳离子有：H^+、Na^+、K^+、Ca^{2+}、Mg^{2+}、Fe^{3+}、Fe^{2+}；阴离子有：OH^-、CL^-、$SO_4{}^{2-}$、$NO_2{}^-$、$NO_3{}^-$、$HCO_3{}^-$、$CO_3{}^{2-}$、$NO_3{}^-$；气体有 N_2、O_2、CO_2、H_2S、CH_4、Ra 等。其中 Ca^{2+}、Mg^{2+}、Fe^{2+} 含量对系统管路结垢会产生影响，

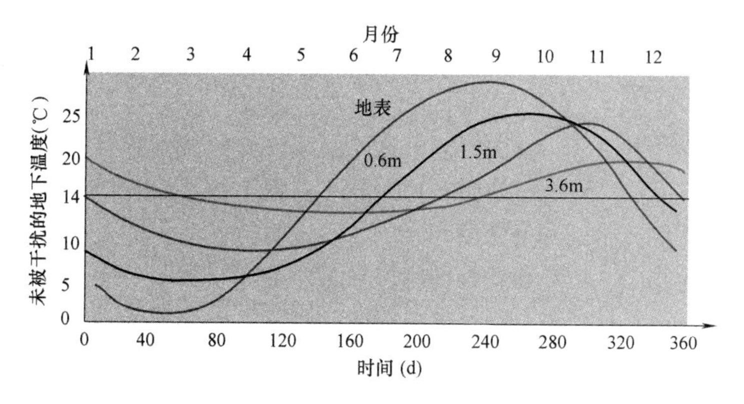

图 2-9 某地变温带温度变化曲线图

而 CL^- 含量对系统管路产生腐蚀影响。管井抽取的地下水中泥沙含量较小，一般比地表水水质好，适用于水源热泵系统。

综上所述，在适宜的水文地质条件下，地下水源无疑是水源热泵系统换热的最佳热源之一。

2.2.2 地下水取水构筑物的形式及适用范围

根据地下含水层埋藏深度不同，地下水的取水构筑物常用形式有管井、大口井和辐射井，其适用条件列于表 2-2。

地下水取水构筑物的形式及适用范围　　表 2-2

形式	规格(mm)	深度(m)	适用范围				单井出水量(m^3/d)
			地下水类型	地下水埋深(m)	含水层厚度(m)	水文地质特征	
管井	井径 50～1000 150～600	20～1000 常用<300	潜水 承压水 裂隙水 岩溶水	<200，常用 200	>5，多含水层	适于砂层，卵石层，砾石层，构造裂隙，岩溶裂隙地区	500～6000 最大 2 万
大口井	井径 2～10m	<20，常用 6～15	潜水 承压水	一般<10	一般 5～15	砂、卵石、砾石地层，渗透系数>20m/d	500～10000 最大 2～3 万
辐射井	集水井 ϕ4～6m 辐射管 ϕ0～300	集水井 3～12	潜水 承压水	<12，辐射管距降水层>1	一般>2	补给好的中粗砂，砾石层，但不含飘砾	单井 5000～50000 最大 3.1 万

2.2.3 管井方式

管井是目前用来采取地下水应用最广的形式。适用于含水层厚度较大、埋藏深度大于15m 的含水层。

管井由井孔、井壁管、滤水管、沉沙管、滤料和封井止水黏土等组成，如图 2-10 所示。井壁管与滤水管（过滤器）和沉砂管连成管柱，垂直并居中安装在井孔当中。井壁管

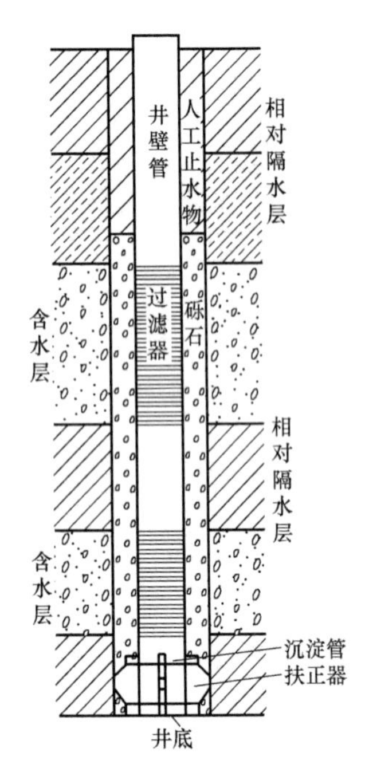

图 2-10　管井结构示意图

安装对应在非含水层井段，滤水管（过滤器）安装对应在含水层的采水井段。沉砂管安置在井管最下端，用来沉淀存储进入井管水中的泥沙。在管柱与井壁之间为环状间隙空间，其中在非含水层井段或计划封闭的含水层段的环形空间中，填入黏土、黏土球或水泥等止水物；在准备用于采水的含水层井段的环形空间中，填入经过筛选的卵砾石，卵石粒径应与相对应的含水层岩性结构的粒径相匹配。含水层部位对应的滤水管上分布有进水孔，允许地下水流入井管内，而阻止泥沙进入井管内。管井的井孔直径一般为500～1000mm，井管直径通常为500mm以下。地下水源热泵应用的管井深一般几十米至百余米。

国内常用的井管管材有无缝钢管、钢板卷焊管、铸铁管、水泥管等。近年来，欧美国家的水源热泵系统中的井管多采用聚氯乙烯（PVC）管材或高密度聚乙烯（HDPE）管材，其优点是抗氧化，防腐蚀结垢，有利于地下水回灌。

管井的单井出水量一般为每日数百至数千立方米。管井的提水设备一般为置于井管水中的潜水泵。潜水泵位于井中动水位之下约3m处。

因为地下水是宝贵的水资源，应倍加珍惜，所以在《地源热泵工程技术规范》中规定，地下水换热系统“必须采取可靠回灌措施，确保置换冷量或热量后的地下水全部回灌到同一含水层，并不得对地下水资源造成浪费及污染。”因此，地下水换热系统的热源井一般含有供水井与回灌井。根据两者之间的组合关系可有同井供回水（抽灌）方式与异井供回水（抽灌）方式之分。

1. 同井供回水方式

同井回水是指抽取地下水和回灌地下水在同一口热源井中进行的供回水方式，如图2-11所示。其结构由井管、泵管、潜水泵、隔水挡板、换热器、回水管和井室等部分组成。潜水泵安装在管井下部，换热器安装在地表井室内。潜水泵上方的泵管上安装一个圆形隔水挡板，将管井分隔成上下两部分。潜水泵抽取的地下水经泵管送入地面井室中的换热器一次侧进行换热，换热器二次侧的循环水与热泵主机进行热交换；在换热器一次侧置换了冷量或热量的地下水通过回水管回流同一管井内隔水挡板上部，透过滤水管回灌到含水层中。这种方式节省了热源井数量，可节省项目工程投资。但是，这种方式只适用于含水层渗透性好、水力坡度大、径流速度快的地区。否则，易发生

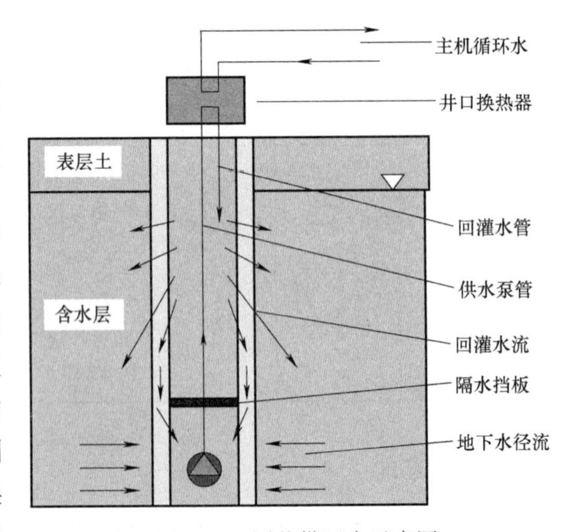

图 2-11　同井供回水示意图

井内“热短路”现象，影响热泵系统换热效率。

2. 异井供回水方式

这种方式是利用一对管井或多个管井分别完成供水和回水过程，如图 2-12 所示。两口管井的井身结构相同，可以互换使用，一口井夏抽冬灌，另一口井冬抽夏灌。这种异井抽灌方式比同井抽灌方式的热源井数量多，但可避免发生热短路现象，热泵系统运行工况稳定，热泵机组换热效率高。

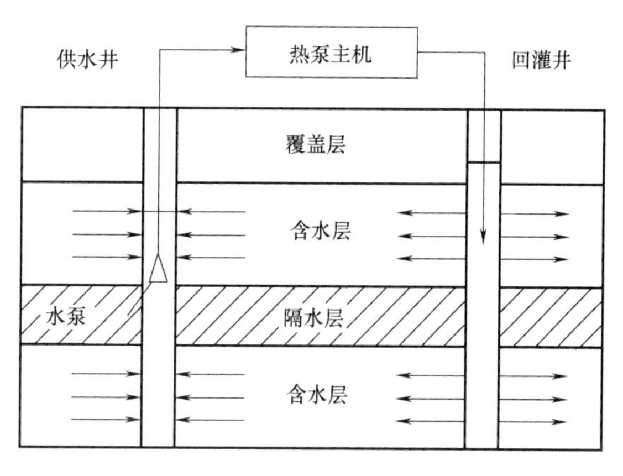

图 2-12 异井供回水示意图

2.2.4 大口井方式

大口井也称宽井（见图 2-13），适用于埋藏较浅的含水层，井的深度一般不宜大于 15m。井口直径应根据设计水量、抽水设备布置和便于施工等因素确定，通常为 2～10m。井筒可用钢筋混凝土、砖或石等材料砌筑。大口井的进水方式，应根据当地水文地质条件确定。有条件时宜采用井底进水，也可由井壁进水或与井底共同进水。井壁上的进水孔和井底均应填铺一定级配的砂砾滤层，以防取水时进砂。大口井的井口一般设置有防止污染水质的措施，人孔应采用密封的盖板，高出地面 0.5m；井口周围设宽度为 1.5m 的不透水散水坡。

大口井取水泵房可以和井身合建，也可分建。也有几个大口井用虹吸管相连通后合建一个泵房的。大口井单井出水量一般较管井大。

2.2.5 辐射井方式

辐射井是由集水井和辐射管组成的取水构筑物（见图 2-14）。集水井的井径一般为 4～6m，从集水井的井壁上沿径向在含水层中钻进设置辐射管滤水管，辐射管口径一般为 50～300mm，长度为 10～30m。地下水通过辐射管汇集到集水井中。泵房一般与集水井合

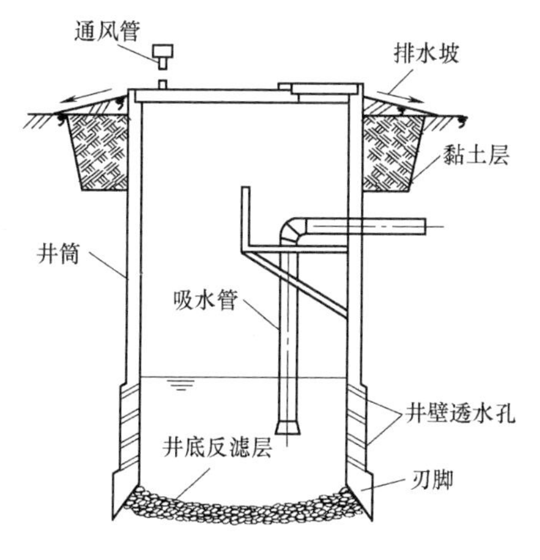

图 2-13 大口井示意图

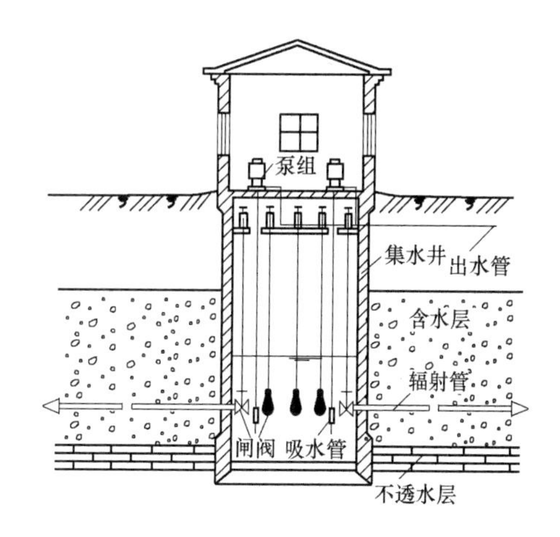

图 2-14 辐射井构造示意图

建。辐射井的单井涌水量（0.5～5）×$10^4 m^3/d$。辐射井适用于厚度较薄、埋深较浅、砂粒较粗而不含漂卵石的含水层。

2.3 土壤源换热方式（地埋管换热器）

土壤源热泵系统通过地下埋管组成的地埋管换热器与岩土体进行热交换，其换热效果主要受岩土体的热物性和埋管方式影响。地埋管换热器分水平埋管和竖直埋管两种方式，现场可用的地表面积是选择地埋管换热器形式的决定性因素。地埋管一般选用高密度聚乙烯（HDPE）管材。

2.3.1 岩土体及其特点

1. 岩土体组成

地源热泵系统中所利用的土壤源是指地球表面浅层岩石和土壤的集合体，简称岩土体。岩土体，一般由岩石或矿物固体颗粒物、固体颗粒物之间孔隙中的空气和水所组成。在现有技术经济条件下，所利用的岩土体厚度一般在150m以内。在此深度范围，岩土体的温度除15m内变温层受太阳辐射热影响发生周期性变化外，基本恒定不变，接近于当地多年平均气温。

2. 岩土体热物性

岩土体是多相体，岩土体的热物性主要由其固体颗粒物的岩矿成分特性所决定，其次与其孔隙度和孔隙中的含水量有关。一般情况下，导热系数随含水量的增加而增大。干燥土壤的地源热泵性能系数*COP*值比潮湿土壤*COP*值低35%。描写岩土体热物性的基本参数有密度ρ（kg/m^3）、比热容C[J/(kg·K)]、导热系数λ[W/(m·K)]。表2-3给出了几种典型土壤、岩石和回填料的热物性参数。

几种典型土壤、岩石和回填料的热物性 **表2-3**

		导热系数 λ[W/(m·K)]	扩散率α ($10^{-6}m^2/s$)	密度 ρ(kg/m^3)
土壤	致密黏土(含水量15%)	1.4～1.9	0.49～0.71	1925
	致密黏土(含水量5%)	1.0～1.4	0.54～0.71	1925
	轻质黏土(含水量15%)	0.7～1.0	0.54～0.64	1285
	轻质黏土(含水量5%)	0.5～0.9	0.65	1285
	致密砂土(含水量15%)	2.8～3.8	0.97～1.27	1925
	致密砂土(含水量5%)	2.1～2.3	1.10～1.62	1925
	轻质砂土(含水量15%)	1.0～2.1	0.54～1.08	1285
	轻质砂土(含水量5%)	0.9～1.9	0.64～1.39	1285
岩石	花岗岩	2.3～3.7	0.97～1.51	2650
	石灰石	2.4～3.8	0.97～1.51	2400～2800
	砂岩	2.1～3.5	0.75～1.27	2570～2730
	湿页岩	1.4～2.4	0.75～0.97	—
	干页岩	1.0～2.1	0.64～0.86	—
回填料	膨润土(含有20%～30%的固体)	0.73～0.75	—	—
	含有20%膨润土、80%的SiO_2砂子的混合物	1.47～1.64	—	—

2.3.2 水平地埋管换热方式

埋置在水平管沟内的换热管路称为水平地埋管换热器，适宜于可用埋管的场地面积较大的工程，如带花园的别墅或带运动场的学校等建筑。常见水平地埋管换热器形式如图 2-15 所示。图 2-16 为水平地埋管工程示意图。

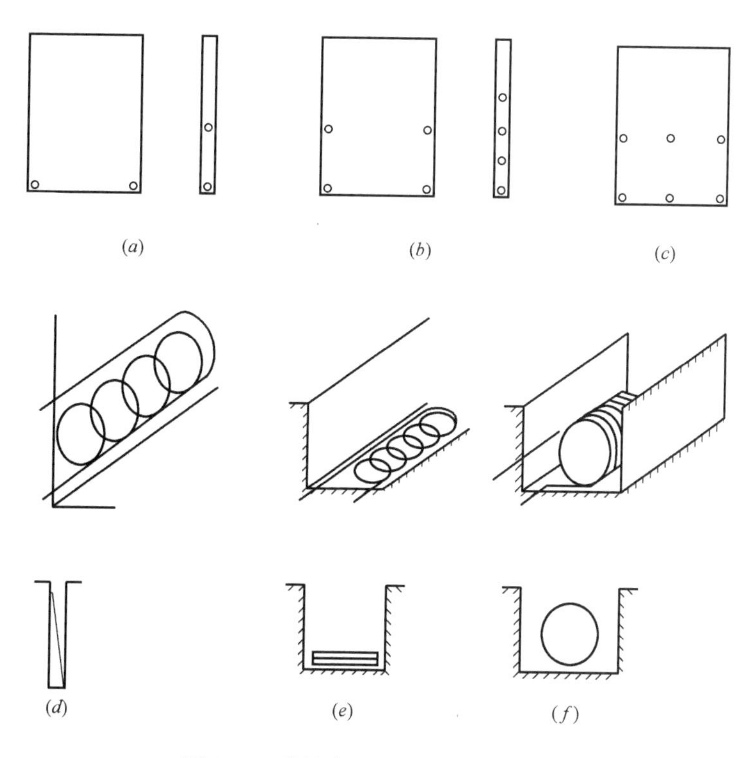

图 2-15 常见水平地埋管换热器形式

(a) 单或双回路；(b) 双或四回路；(c) 三或六回路；

(d) 垂直排圈式；(e) 水平排圈式；(f) 水平螺旋式

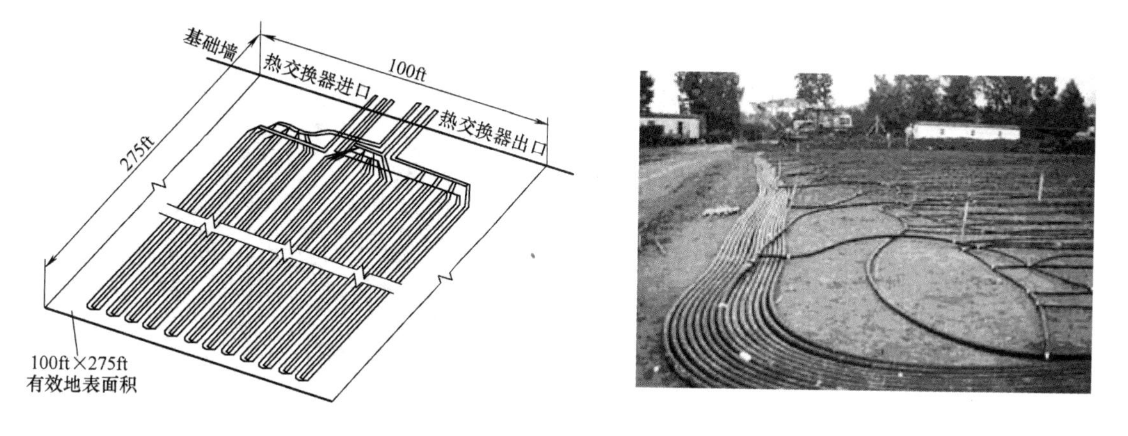

图 2-16 水平地埋管工程图

2.3.3 竖直地埋管换热方式

竖直地埋管换热是指换热管路埋置在竖直钻孔内与岩土体进行热交换的方式。用于竖直埋管的钻孔直径一般为100～150mm，钻孔深度通常为40～150m。竖直地埋管换热器比水平埋管占用土地面积少，见表2-4。竖直地埋管换热方式适宜于埋管场地受限制的工程，适合我国地少人多的国情。常用竖直地埋管换热器形式有多种，如图2-17所示。图2-18为竖直地埋管工程示意图。

地埋管占地面积比较 **表2-4**

埋管方式		占地面积(北方)(m^2/kW)	占地面积(南方)(m^2/kW)
水平地埋管换热器	每沟双管 每沟四管	52.8 39.6	92.5 63.4
竖直地埋管换热器		1.6～7.3	

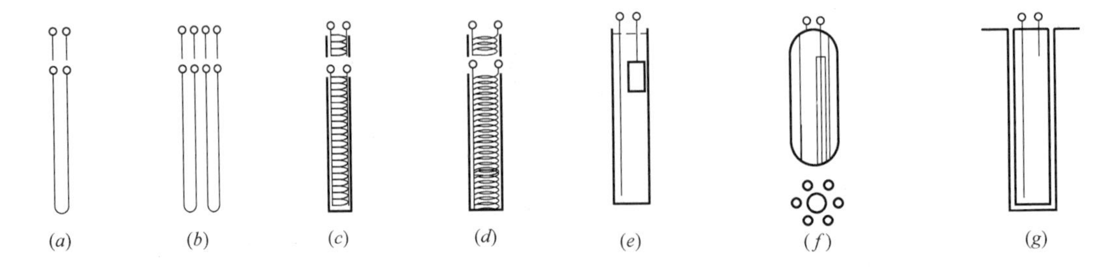

图2-17 竖直地埋管换热器形式

(a) 单U形管；(b) 双U形管；(c) 小直径螺旋盘管；(d) 大直径螺旋盘管；(e) 立柱状；(f) 蜘蛛状；(g) 套管式

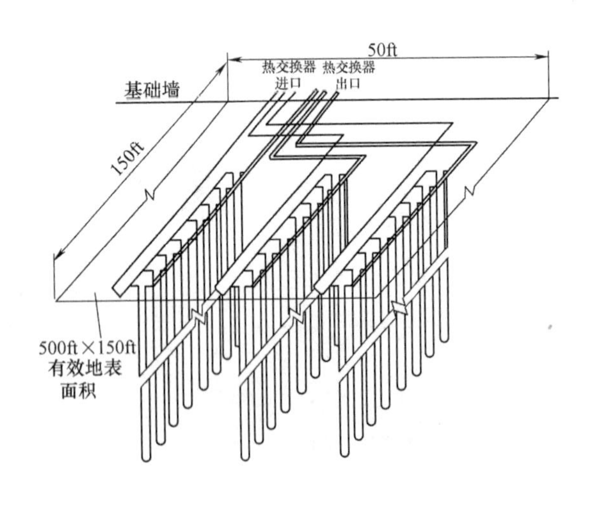

图2-18 竖直地埋管工程图

2.3.4 桩基地埋管方式

对于软地基上的建筑物，通常采用钻孔钢筋混凝土灌注桩或中空预制桩做地基形式。桩基地埋管就是将换热管敷设在钢筋混凝土灌注桩上或放置在混凝土预制桩的桩孔内。这种方式可以节省地埋管的占地面积。

2.3.5 地埋管管材与管件

目前国内应用较多的地埋管管材是高密度聚乙烯管（HDPE），其优点是导热系数较大、流动阻力小、热膨胀性及化学稳定性好，使用寿命约50年，如图2-19所示。

图2-19 高密度聚乙烯管材（HDPE）

除用于热交换的地埋管管材外，与之相匹配的还有相应的管件，主要有：单U形管接头、双U形管接头、异径三通、异径五通、管套和U形管分离架等，如图2-20所示。

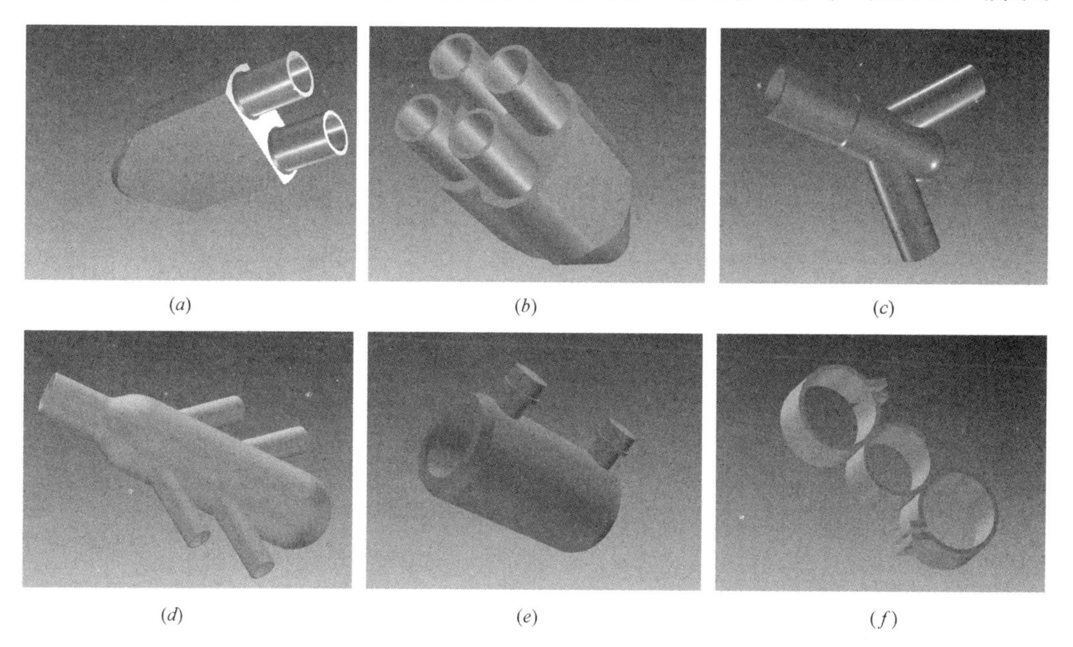

图2-20 地埋管管件

(a) 单U接头；(b) 双U接头；(c) 异径三通；(d) 异径五通；(e) 管套；(f) 单U形管分离架

本章参考文献

［1］ GB 50366—2005. 地源热泵系统工程技术规范（2009 版）［S］. 北京：中国建筑工业出版社，2009.
［2］ GB/T 50265—2010. 泵站设计规范［S］. 北京：中国计划出版社，2011.
［3］ GB 50013—2006. 室外给水设计规范［S］. 北京：中国计划出版社，2007.
［4］ GB/T 50805—2012. 城市防洪工程设计规范［S］. 北京：中国计划出版社，2013.
［5］ GB 50201—2014. 防洪标准［S］. 北京：中国标准出版社，2015.
［6］ 董辅祥编. 给水水源及取水工程［M］. 北京：中国建筑工业出版社，1998.6
［7］ 赵军，戴传山主编. 地源热泵技术与建筑节能应用［M］. 北京：中国建筑工业出版社，2009.
［8］ 刁乃仁，方肇鸿著. 地埋管地源热泵技术［M］. 北京：高等教育出版社，2009.
［9］ 卫万顺主编. 北京浅层地温能资源［M］. 北京：中国大地出版社 2008.

第3章　地表水源热泵系统建筑一体化应用

3.1　地表水源热泵系统

3.1.1　地表水源热泵系统定义与分类

地表水水源热泵系统（SWHPs，Surface Water Heat Pumps system）是地源热泵系统（GSHPs，Ground—Source Heat Pump system）的一种系统方式。它是利用地球表面的水源中的低温低位热能资源，并采用热泵技术，通过少量的高位电能输入实现低位热能向高位热能转移的一种技术。地表水指的是暴露在地表上面的江、湖、河、海以及城市污水等水体的总称。

在地表水源热泵系统中使用的地表水源主要是指流经城市的江河水、城市附近的湖泊水和沿海城市的海水以及城市污水。地表水源热泵就是以这些地表水为热泵装置的热源，夏季以地表水源作为冷却水使用向建筑物供冷，冬天从中取热向建筑物供热的能源系统。

同土壤源或地下水水源热泵系统相比，地表水源热泵系统节省了挖掘所需的费用，因而很多情况下可以节省一部分初投资。另外，条件适合的地区，可以做成集中供热、供冷站，实现大规模的城市区域供暖和供冷，如瑞典的斯德哥尔摩市海水源热泵系统供热供冷能力达到了246MW。

根据水源热泵机组与地表水的不同连接方式，可将地表水水源热泵分为两大类型：闭式和开式地表水源热泵系统（见图3-1）。

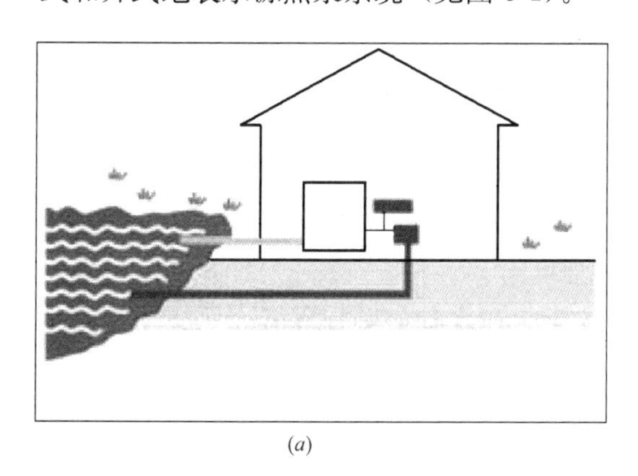

(*a*)

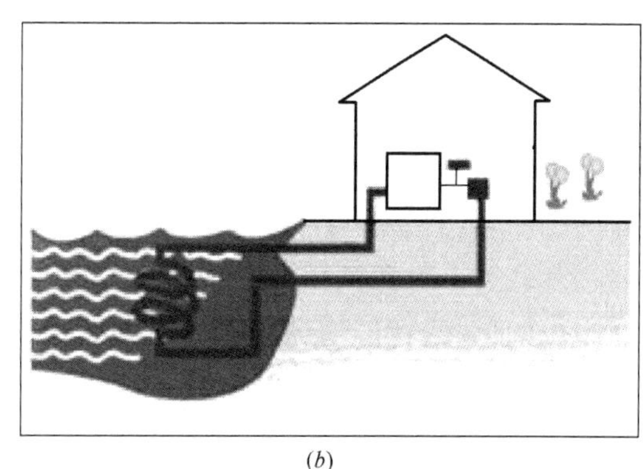

(*b*)

图3-1　地表水源热泵分类

(*a*) 开式系统；(*b*) 闭式系统

1. 闭式地表水源热泵系统的特点

闭式地表水换热系统是将封闭的换热盘管按照特定的排列方法放入具有一定深度的地表水体中，传热介质通过换热管管壁与地表水进行热交换的系统，如图3-2所示。

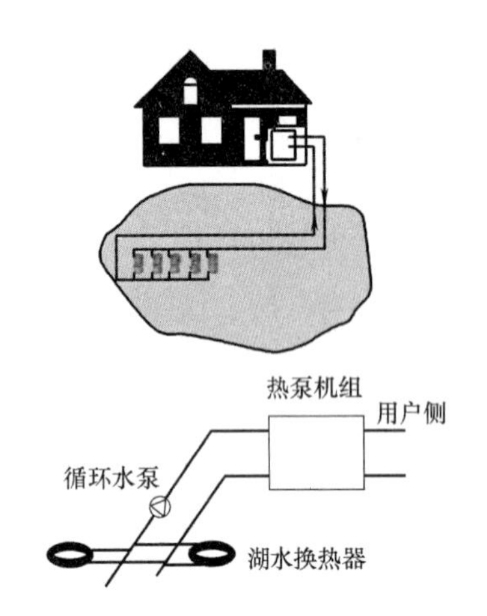

图 3-2 传热介质通过换热管管壁与地表水进行热交换的系统

闭式系统的主要优点是：应用更加广泛；机组基本不结垢，因为在热泵机组换热器内的循环介质为干净的水或防冻液；水换热器环路水泵比开式系统的耗电量要低，这是因为开式系统要克服地表水到热泵机组的静水高度，而闭式系统则不用。当冬季地表水温度较低时，为了防止机组换热器内循环液冻结，须采用闭式系统。当地表水温度在5℃以下时，环路内就必须采用防冻液。

地表水源热泵闭式系统的缺点：

（1）当地表水水质比较浑浊时，位于地表水底的换热器可能结垢，影响传热效果，这会引起机组效率和制冷量的变化；

（2）如果地表水换热器处于公共区域，有可能遭到人为的破坏；

（3）如果河水或者湖水比较浅时，水的温度容易受到大气温度的影响。

2. 开式地表水源热泵系统的特点

开式地表水换热系统是地表水在循环泵的驱动下，经处理直接流经水源热泵机组或通过中间换热器进行热交换的系统，如图 3-3 所示。

开式系统的优势有：

（1）把热泵机组的温水排放到地表水上部温度较高的区域，保证了地表水温度分布不发生改变，对地表水温度的影响小从而降低对环境的局部影响；

（2）由于减少了地表水换热器，增加了地表水与制冷剂之间的传热温差，因此比闭式地表水源热泵机组的换热量大，即在相同条件下，增加了机组的制冷量或制热量；

（3）如果地表水较深，地表水底部的温度比较低，夏季可以利用地表水底部的低温水来预冷新风或空调房间的回风，充分节约能量。

开式地表水水源热泵系统的主要缺点是热泵机组的结垢问题以及用于冬季制热，当地表水温度较低时，会有冻结机组换热器的危险。

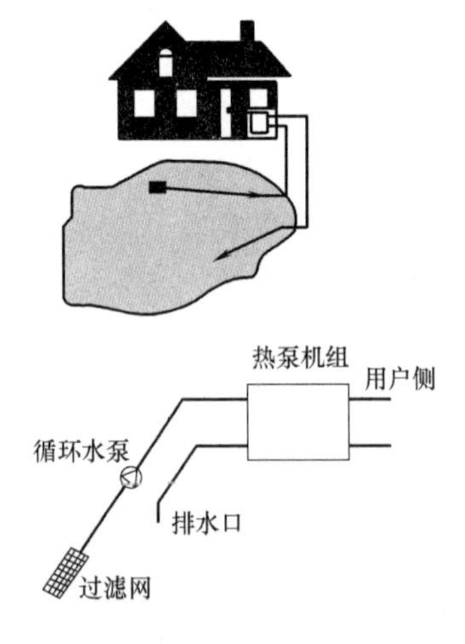

图 3-3 开式系统

3.1.2 地表水源热泵的发展应用现状

地表水源热泵供暖系统，早在 1938 年就已经开始应用。欧洲的第一个大型热泵供暖装置，建于 1938～1939 年，安装在瑞士苏黎世议会大厦，采用离心式压缩机，R12 工质，以河水为热源，输出的热量达 175kW。

对地表水源热泵系统的应用研究，美国、瑞典、瑞士及日本等供热发达国家起步也很早，20 世纪 50 年代初建成的伦敦皇家节日音乐厅和苏黎世市的联邦工艺学院，分别使用了 Thames 河和 Limmat 河的河水作为热泵的热源，美国南佛罗里达的居民使用运河水作为热泵的热源。20 世纪 80 年代初建成的东京箱崎地区区域供热工程，采用隅田川的河水作为热泵热源，第一期工程为 11000kW，在 20 世纪 90 年代初以隅田河的低温热水为热源，使用城市燃气驱动吸收热泵向总面积为 150000m^{2}的建筑提供生活热水。20 世纪 90 年代初建成的大阪南港宇宙广场区域供热供冷工程，利用海水为 23300kW 的热泵提供热源。20 世纪 70 年代初建成的悉尼歌剧院，利用了海水作为热泵热源。瑞典斯德哥尔摩建有多个装有大型离心式水-水热泵，利用波罗的海深处的海水作热源的大型区域供热站；瑞典，1MW 以上的热泵装置中约 30％为海水水源热泵。俄罗斯季夫诺哥尔斯克市利用叶尼塞河河水作低温热源的热泵供热，1999～2001 年建成 4MW 的试验性供热站，第二阶段拟建 120MW 大型热泵供热站，2003 年竣工。热泵水源取自于水电站下游，冬季水温，表层不低于 2℃，深层不低于 5℃。

我国地表水源热泵工程相对于发达国家起步较晚，但近年来发展很快。知名地表水源热泵实例有：浙江新安江流域及千岛湖区域江（湖）水源热泵项目，合计空调应用面积 30 万 m^2 以上，几个大型项目有浙江千岛湖阳光水岸居住区 10 万 m^2（千岛湖水）、浙江建德金马中心 12.5 万 m^2（新安江水）、浙江建德月亮湾大酒店 7 万 m^2（新安江水）；江南大学图书馆、体育馆湖水源热泵项目，空调面积 4 万 m^2（“小蠡湖”湖水）；湖南省湘潭市城市中心区开式湖水源区域供冷供热系统工程（湘江水）；2010 年上海世博会部分场馆约 60 万 m^2（黄浦江水）；重庆江北 CBD 区域江水源热泵空调工程（嘉陵江水），包括重庆大剧院（约 10 万 m^2）等项目；大连星海湾商务区、长海县獐子岛镇等总计约 150 万 m^2 的海水源热泵项目，以及青岛某发电公司及青岛的奥帆中心等也采用了海水源热泵系统。

另外，广东、福建、湖南、湖北等南方许多地区，地表水水源热泵应用也越来越广泛。

3.1.3 地表水源热泵应用存在的主要问题

水质、水温是影响地表水应用的主要问题，对于水质问题（腐蚀、易堵塞等），国内一些高校、研究机构和热泵企业都进行了许多有益的探索，在除污器、换热器、耐腐蚀热泵机组等方面有了很多新型产品，系统配套设备逐渐完善。

水温是制约地表水普遍应用的一个关键因素，因为按目前常规的用法，通常要求地表水在热能利用过程不发生结冰现象。在气候寒冷地区，若冬季地表水温度在 5℃以下时，则不适宜用开式热泵系统，也有一些工程中采用辅助热源供热。而我国绝大部分需要供热地区的地表水体在冬季最冷时段都已接近 0℃，这也是制约地表水冷热源向北方寒冷地区发展的一个瓶颈。

针对这一难题，目前主要有以下几种思路：

（1）北方海水源热泵系统结合锅炉调峰，即海水温度在适合的温度范围内时，采用热泵供暖，当海水温度低于某个值时，启动传统的锅炉供暖。

（2）另一个是利用伴河（湖、海）取水的原理，即在水边或浅水区开凿渗井，使地表水通过地下含水层过滤后进入热泵系统。由于含水层本身的温度特点，采用这种取水方式，水温明显高于地表水水温，而且经过了含水层的过滤，水质也较好。

与地下水源热泵相比，渗井的井深较浅，只限于湖（江河海）底的最上一层含水层，属于潜水含水层。

（3）第三个解决思路是有学者提出的“地表水源凝固热热泵”。

从5℃以下的水中提取显热来给建筑物供热不具有工程上的经济可行性。而水的突出物理特性是：1kg水结冰时释放的凝固潜热约是1kg水降温1℃获取显热热量的80倍，这巨大的差异引发我们提出开发地表水凝固热的新型热泵（即地表水源凝固热热泵）的想法。新型地表水源凝固热热泵采用开式系统，系统示意图如图3-4所示。

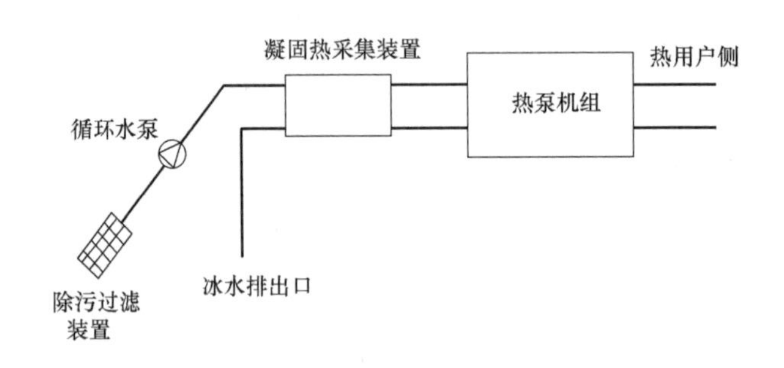

图3-4　新型地表水源凝固热热泵系统

若能开发出提取冷水凝固热的热泵机组，则我国广大地区包括东北、西北严寒地区在严寒的冬季就有了取之不尽的水源热源。如果提取地表水凝固热的技术成熟，用水源热泵在全国完全取代燃煤为建筑物供热在水源方面将不再存在量的问题。

3.1.4　地表水源热泵对自然水体的影响

1. 地表水水源热泵对自然水体的有利因素

地表水源热泵，尤其是湖（库）水源热泵系统，由于水体流动性差，换水频率较低，因此水质较差，一般称之为“死水”。地表水源热泵，会使“死水”加速循环流动，与空气充分接触，水体含氧量提高，有利于水体的“自洁”，“流水不腐”就是这个道理。

另外，湖（库）水源热泵还可以与人工喷泉、溪流、人工湿地等水景观结合起来，经过充分的氧化、分解、过滤和植物的吸收过程，模拟自然界的生态过程，水质会保持良好的状态，并具有一定的自洁能力。如图3-5所示。

2. 水体热污染的危害

水体热污染问题对湖（库）水源热泵应引起重视。对于江、河及海水源热泵系统，由于所用水量与自然水体相比所占比重甚微，可不做专门论证。

水体热污染的危害不像排放污水和排烟那样明显，在短时间内也看不出对气候的影响。水体热污染主要是直接或间接地对水生动植物和水体质量带来危害。

水体热污染首当其冲的受害者是水生物。水生动物绝大部分是变温动物，体温不能自动调节，随水温的升高体温也会随之升高。当其体温超过一定温度时即会引起酶系统失活，导致代谢机能失调直至死亡。许多水生昆虫的幼虫对热污染的忍耐力很差，一般水生动物的耐温上限为33～35℃。而鱼类有广温种和狭温种之分，前者对热污染的适应性较强，后者适应性则较差，一般认为40℃是鱼类能够忍受的最大限度。

水体热污染还可以引起水生植物群落组成的改变并减少其多样性。水体温升对大多数

图 3-5 模拟自然界的生态过程

水草有着不良的影响，某些浮水植物甚至会全部消失，而藻类则会发生种群替代。不同藻类对水温由低到高的适应顺序是：硅藻、绿藻、蓝藻。硅藻在水温为 25℃时，会被绿藻代替，水温为 33～35℃时，绿藻又会被大多数鱼类所回避的蓝藻代替。水体温升加速了有机物的分解而造成水体富营养化，厌氧菌类大量繁殖，引起鱼虾等水生动植物死亡和有机物腐败，会进一步刺激蓝藻的猖獗繁殖并导致水质恶化，这曾在我国的太湖水域有所发生。

根据我国的《地表水环境质量标准》GB 3838－2002，人为造成的环境水温变化应限制在以下标准：周平均最大温升≤1℃，周平均最大温降≤2℃。

综上所述，地表水源热泵向水中排放热量不超过一定的限度时，对于湖水的自洁是有利的，当超过一定限度后，对鱼类、其他水生动植物会有非常不利的影响，因此，大型的地表水源热泵工程，尤其是湖（水库）水源热泵工程，应当进行水环境影响方面的评价。

3.2 江（河）水源热泵系统建筑应用

3.2.1 江（河）水源热泵及其特点

江河水源热泵技术利用江河水温度与气温变化不同步以及冬夏变化幅度低于气温变化幅度等特点，冬季作为热泵机组的低温热源，夏季作为热泵机组的热汇，实现冬季供暖、夏季供冷的热泵系统技术。

相对于空气源热泵，其具有系统运行稳定、能效比高的特点，因此，具备条件的地区应优先考虑采用这项技术。

我国江河众多，河流总长达 43 万 km。流域面积在 100km^2 以上的河流约有 5 万多条；1000km^2 以上的有 1580 条；超过 1 万 km^2 的大江河有 79 条。长度在 1000km 以上的河流有 20 多条。我国地市级以上城市，多数都依托江河而兴起，如能充分利用江河水的资源，利用江河水源热泵解决城市的建筑冷暖，将会为节能减排作出巨大贡献。国家近些年来也充分认识到了这一点，“十一五”规划中已经提到要利用长江水发展水源热泵技术，其中武汉、重庆、南京、上海等城市群已经建成很多江水源热泵项目。

我国长江以北地区冬季河流水温普遍较低，直接利用江河水源热泵冬季供暖不经济。但是在一些特殊情况下，江河水的温度还是比较可观的。例如水电站下游河水的温度往往较高，这是由于上游的河水将大量的势能转换成热能，从而导致下游河水的温度升高。吉林市丰满大坝下游松花江水就进行过江水源热泵供暖的可行性研究。

还有一种方式是利用“伴河取水”、“伴江取水”的方式，即在河床利用渗井或渗水廊道等方式间接抽取江河水的水源热泵技术，不但可以解决北方江河水水温较低的问题，而且通过河床这种天然过滤层，可以得到较好水质的江河水，减少水处理设备的投入。这种方式与常规地下水水源热泵技术相类似，某种程度上并无本质的区别。我国河流众多，流域面积广（见表 3-1），七大水系中，除了珠江和长江外，其他江河冬季水温都较低。如采用间接取水这种方式有效利用江河水资源，将会为建筑供暖节能减排做出巨大贡献。

七大水系河流情况 **表 3-1**

项目	松花江	辽河	海河	黄河	淮河	长江	珠江
流域面积(万 km^2)	55.7	22.9	26.4	75.2	26.9	180.9	44.4
河长(km)	2308	1390	1090	5464	1000	6300	2214
年均降水深(mm)	527	473	559	475	889	1070	1469
年均径流量(亿 m^3)	762	148	228	658	622	9513	3338

3.2.2 江河水源热泵国内外应用发展现状

江河水源热泵技术始于 20 世纪 30 年代，最早的河水源热泵系统为瑞士苏黎世议会大厦，建于 1938～1939 年，采用离心式压缩机，R12 工质，以河水为热源，输出的热量达 175kW。近十余年来，江河水源热泵技术日益引起人们的重视，并进行了一些深入的研究，如土耳其 Adana 市以 Seyhan 河水作为热泵冷热源的可行性研究，对 Seyhan 河全年（1999 年 11 月～2000 年 11 月）水温变化情况进行了监测，并与气温进行了比较，研究结果表明，利用 Seyhan 河水作为热泵冷热源比空气源热泵具有更高的应用价值。在俄罗斯，利用水电站下游河水作为低温热源进行热泵供热，并做过试验性的功率为 1MW 的热泵机组运行和测试，热泵的供热系数为 2.7～3.0。使用热泵技术后，使克拉斯诺亚尔斯克地区的生态环境状况得到了极大的改善。在日本，20 世纪 80 年代初在东京箱崎地区建成的热泵区域供热供冷系统采用隅田川的河水作为热泵热源，第一期工程的供热量为 11000kW，并带有蓄热槽。

江水源热泵技术在我国起步较晚，2000 年后才开始有所应用，如广州地铁二号线珠海广场站及其相邻的公园前站、市二宫站和江南西站采用珠江水作为冷却水，建立了集中供冷系统。上海世博园充分利用黄浦江水资源，采用江水源热泵技术对几十万平方米的临时展馆供冷，取得了良好的效果。重庆也充分利用长江水对两江新区实现江水源热泵集中供冷，其中重庆大剧院项目运行效果良好。

综上所述，目前江河水源热泵系统在我国的研究和应用尚处于起步阶段，一方面需要对江水水源情况、系统应用的技术路线、能耗以及环境评价进行全面和深入的研究和示范工程应用，另外一方面，对于适合江水换热的江水源热泵换热器需要进行理论创新，以减少水处理费用和温度损失，使江水源热泵的应用具有真正的节能效果。

3.2.3 江河水源热泵的系统形式及构成

江河水源热泵可分为闭式系统和开式系统，其中开式系统根据水是否直接进机组分为直接江河水源热泵系统和间接江河水源热泵系统。

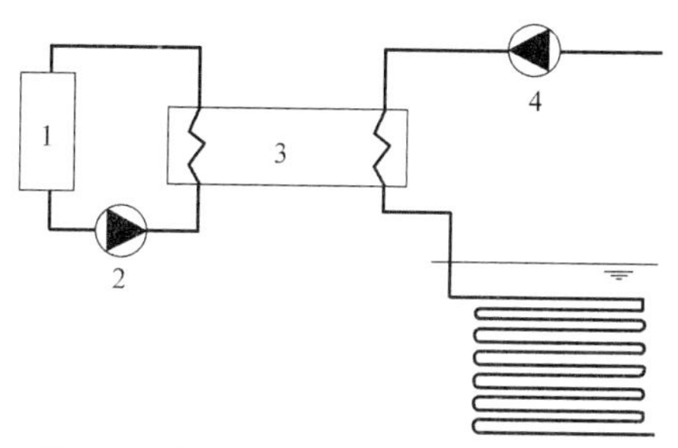

图 3-6 闭式江河水源热泵系统原理图

1—末端设备；2—末端循环水泵；3—热泵机组；4—闭式系统

闭式系统将换热盘管放置在水体中，通过盘管内的循环介质与水体进行换热，如图 3-6 所示。闭式系统循环介质可采用洁净水或者防冻液作为换热介质，这样对于热泵机组的换热器，其结垢的可能性降低。目前闭式系统常见于湖水以及水库水利用上，由于盘管外表面完全浸泡在流速不高的水体中，其换热基本是自然对流的方式，使外表面换热系数较低，且盘管的外表面受水源水质的影响往往会结垢，会进一步降低换热效率。闭式系统不需要将冷热源水体提升到一定的高度，其循环水泵的扬程低，水源输送能耗不大。闭式系统换热盘管的材料常用耐腐蚀的高密度聚乙烯管，也可采用导热系数大的不锈钢管、铜管或钛合金管，用金属材料管所需的换热面积比塑料管要小，而且比塑料管具有更高的抗冲击强度，可用于流速较高的动水中，但造价比塑料管换热器要高得多，金属管的表面也容易被腐蚀而失效。

直接式江河水源热泵系统适用于水质较好的情况。系统也较简单，从取水构筑物提取的江河水直接进入机组换热，然后通过排水构筑物排回江河（见图 3-7）。

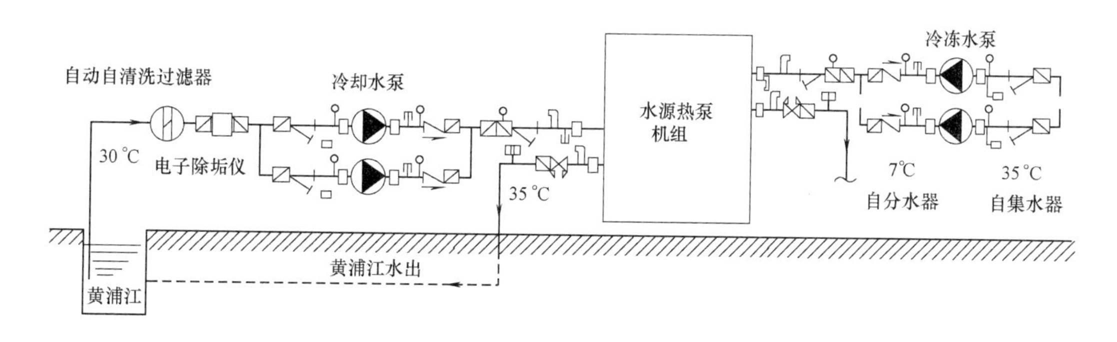

图 3-7 开式直接式江河水源热泵系统原理图

间接式江河水源热泵系统主要针对水质较差的情况。从取水构筑物提取的江河水经过除砂器除砂、电子水处理仪处理后进入换热器，换热后通过排水构筑物排回江河（见图 3-8）。换热器宜选用壳管式换热器，带反冲洗装置或便于拆卸清洗的最佳。

目前我国河流水质正变得越来越差，一些大江大河泥沙含量较高，一些中等规模的河流正在变成排污河，因此，一定要根据项目所在地的江河水水质情况选择合适的热泵

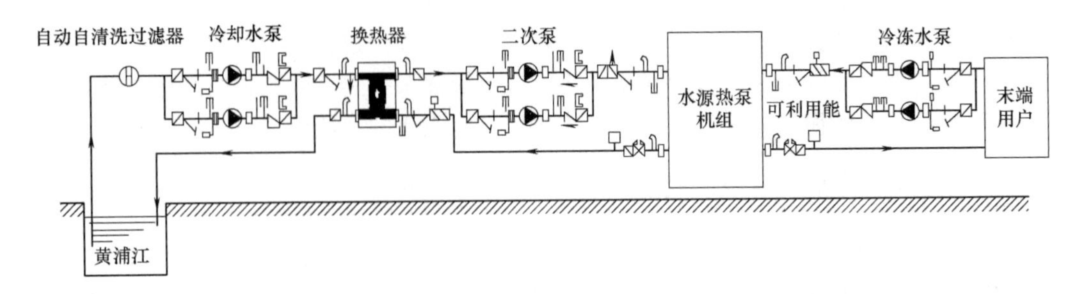

图 3-8 开式间接式江河水源热泵系统原理图

系统。

目前，国内外绝大部分江河水源热泵都是采用开式系统。其中间接式系统，由于增加了一个循环系统，同时加上换热器的传热损失，系统的能效比明显低于直接式系统，因此，应尽量采用直接式的江河水源热泵。

水质较差时，具备条件的项目可以优先采用渗滤取水的方式，通过渗滤大口井或廊道，让江河水通过河床天然含水层的过滤进入取水构筑物。这种间接抽取江河水的方式，一是节省了格栅滤网和除砂器，而且水质较好；另外，这种方式取得的江河水水温要优于直接抽取的江河水，冬季水温略高于江河水，夏季水温略低于江河水，有利于提高系统的能效比。对于不具备上述条件的情况，只能采用间接式的江河水源热泵系统。

3.2.4 江（河）水资源特点

1. 江（河）水的温度分布特点

利用江河水作为低温热源和热汇，其经济性主要体现在系统能效比上。

根据美国制冷学会 AR1230 标准，开式系统水源对水温的要求是 5～38℃，水温在 10～22℃运行时能效比最高，低于或超过这个范围，系统的能效比较低，与传统方式相比，无优势可言。

从我国江河水的冬季最低水温情况看（见表 3-2），长江以北地区利用江河水供暖并不经济。长江流域及以南地区江河水温度条件适合于地表水水源热泵系统，当然，论证项目的可行性时还要综合考虑水质情况、取排水的难易程度及环境影响评价。

我国江河水的冬季最低水温情况 **表 3-2**

城市名称	地表水	测点位置水深(km)	最低水温(℃)
哈尔滨	松花江	1.5	1.0
沈阳	浑河	1.5	1.5
北京	护城河	1.5	2
天津	海河	4	2
西安	浐河	2	4.5
南京	秦淮河	2	4.5
上海	黄浦江	江边	5

长江重庆段江水夏季月平均温度在 22～25℃之间，较夏季月平均干球温度低 3～5℃，

冬季月平均温度在 11～16℃之间，较冬季月平均干球温度高 2～4℃，且夏季和冬季的水温日波动变化范围均较小，如图 3-9 所示。

长江武汉段常年平均水温 16～19℃，略高于武汉年平均气温（16.3℃），平均水温与气温的逐月变化如图 3-10 所示。

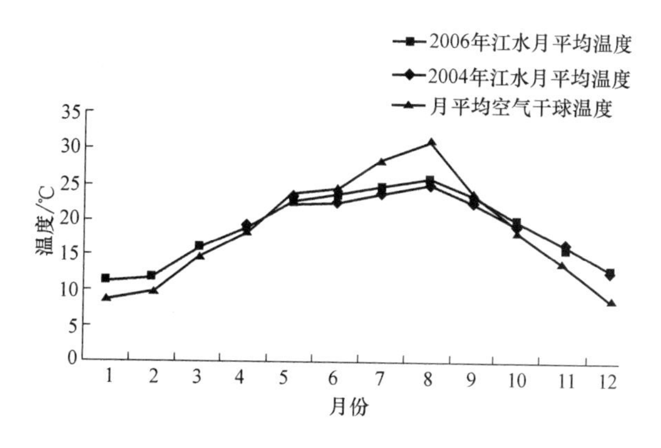

图 3-9　江重庆段的水温变化

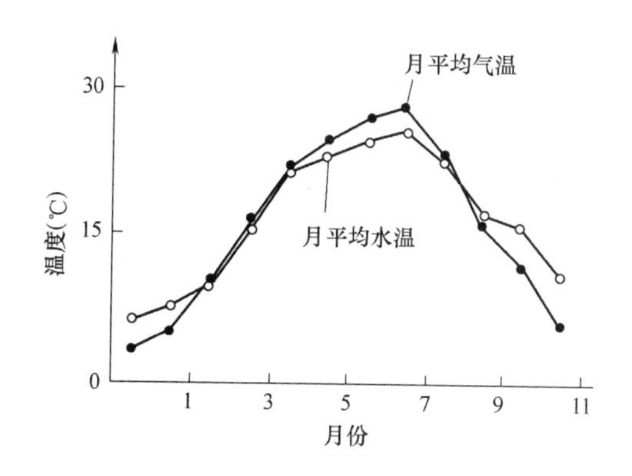

图 3-10　长江武汉段的温度变化

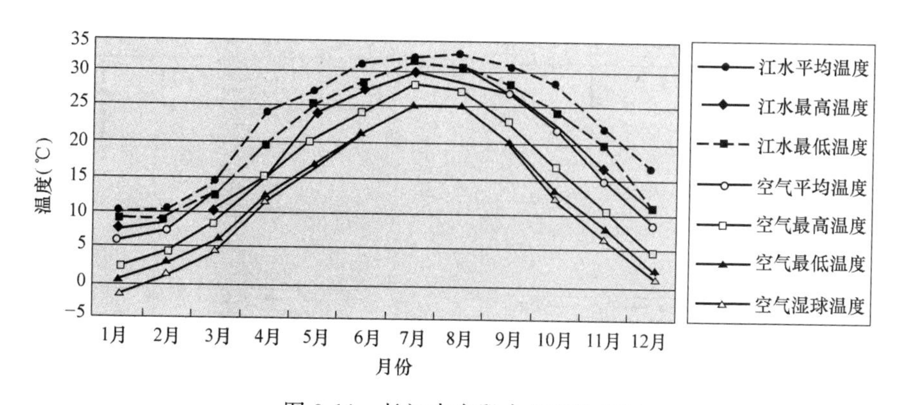

图 3-11　长江南京段水温变化情况

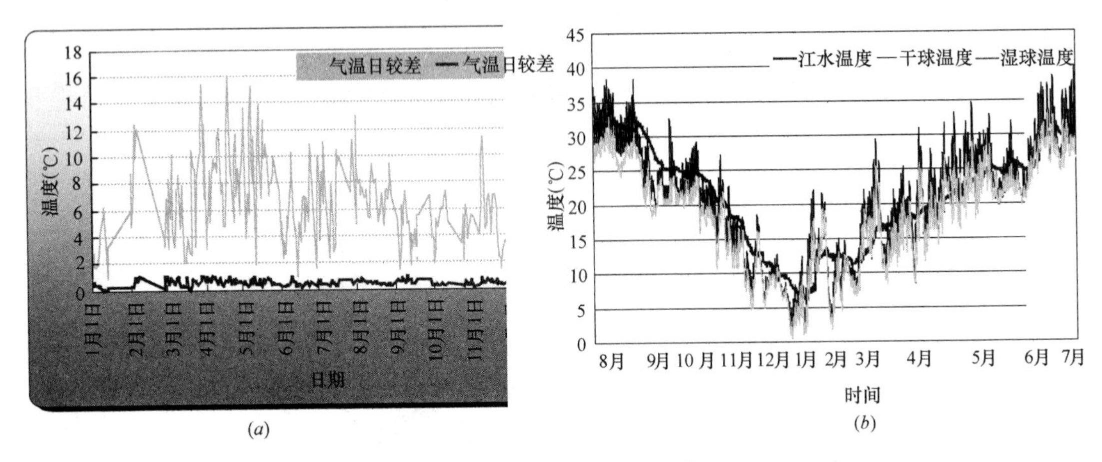

图 3-12　上海黄浦江水温变化图

（*a*）江水水温与气温日较差（2006.8～2007.7）；（*b*）江水温度逐时变化（各日 8：00～22：00 期间）

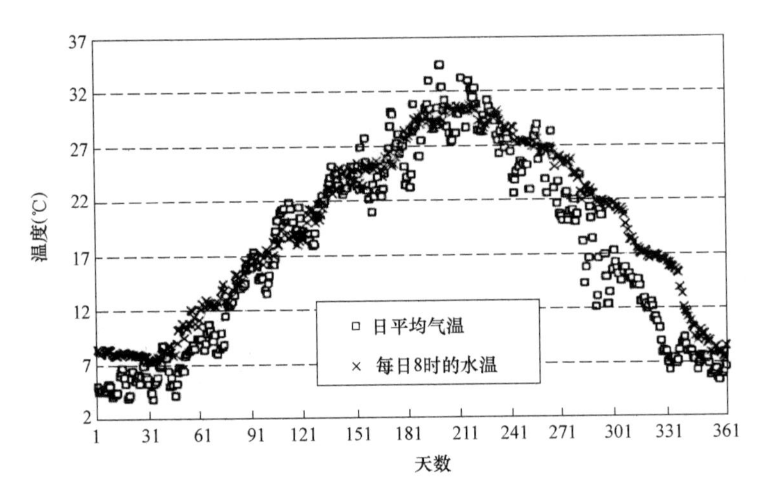

图 3-13　湘江湘潭段的水温变化图

长江字段、上海黄浦江及湘江湘潭段水温变化分别如图 3-11～图 3-13 所示。江河水温不论在冬季还是夏季，沿深度方向上变化都不大。有学者对长江重庆段进行过专门

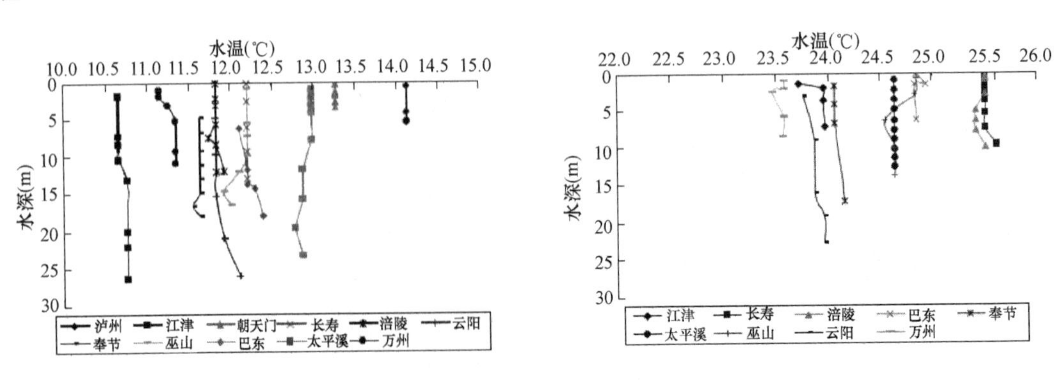

图 3-14　长江重庆段水温变化

的测量（见图 3-14）。冬季测试时间为 1、2 月份，夏季测量为 7、8 月份。江水从江边至江心横向上的温度变化不大，基本一致。沿江水的流向上，随着距离的增加，温度变化较大。具体进行江水源热泵设计时，要根据当地的实际测量值为准。

2. 江（河）水的水质特点

根据《地表水环境质量标准》GB 3838—2002，依据地表水水域环境功能和保护目标，按功能高低依次划分为五类：

Ⅰ类　主要适用于源头水、国家自然保护区；

Ⅱ类　主要适用于集中式生活饮用水地表水源地一级保护区、珍惜水生物栖息地、鱼虾类产场、仔稚幼鱼的索饵场等；

Ⅲ类　主要适用于集中式生活饮用水地表水源地二级保护区、鱼虾类越冬场、洄游通道、水产养殖区等渔业水域及游泳区；

Ⅳ类　主要适用于一般工业水区及人体非直接接触的娱乐用水区；

Ⅴ类　主要适用于农业用水区及一般景观要求水域。

劣Ⅴ类 污染程度超过Ⅴ类的水。

对于水源热泵机组来说，Ⅴ类及以上水质都可以直接进机组。对于劣Ⅴ类水要视各种化学成分的含量决定采用直接进机组、耐腐蚀机组还是通过换热器间接换热等系统形式。

应用江河水源热泵时关注的水质指标主要有：悬浮物及含砂量、溶解固形物含量、总硬度、pH 值、藻类和微生物含量。

（1）悬浮物及含砂量

江河水中含有大量悬浮及胶体状态的颗粒，包括黏泥、细砂等，是水产生混浊现象的主要原因，通过肉眼就能观察出水的混浊现象。它在水中存在的形式因颗粒直径和质量的不同分为漂浮、悬浮和沉淀三种形式，常采用浊度来表示由于水中悬浮物而造成的混浊程度，浊度的单位为 NTU（Nephelometric Turbidity Units），有时也用水中悬浮固形物的浓度作为水质指标，单位为 mg/L。

江河水中的悬浮物和含砂量是引起开式地表水换热器冲击腐蚀和沉积物下局部腐蚀现象的主要因素。江河水中的悬浮物和含砂量在一年中往往会有变化。在汛期，水中悬浮物和含砂量急剧增加。在确定江河水的水质时，应有汛期时水中悬浮物和含砂量的数据。进入换热器的江河水中悬浮物与砂粒的直径和形状不同，对换热管的冲击腐蚀会有不同的影响。因此，除测定其含量外，还应分析其粒径分布特性及形状特征。

（2）溶解固形物

江河水中的溶解固形物是指水中溶解的盐类和有机物的总称，是判断水质好坏的一个重要指标，它的值越大，说明水质越差。水中各种盐类中氯离子和硫酸根离子对铜换热器的腐蚀作用较大。一般而言，淡水含溶解固形物在 500mg/L 以下，微咸水含溶解固形物在 500～2000mg/L 之间，咸水含溶解固形物在 2000mg/L 以上，海水含溶解固形物在 35000mg/L 左右。江河水中的溶解固形物含量在一年中也是变化的，特别是靠近海边的江河水，由于海水倒灌，变化更大。

（3）总硬度

总硬度是指水中含钙、镁离子的总量。根据水中阴离子的存在情况，分为碳酸盐硬度和非碳酸盐硬度。碳酸盐硬度经加热之后形成碳酸盐沉淀物，又称为暂时硬度；非碳酸盐硬度经加热后不会形成沉淀物，又称永久硬度。碳酸盐硬度和非碳酸盐硬度之和为总硬度。

（4）pH 值

pH 值与水中其他杂质的存在形态以及水对金属的腐蚀程度有着密切的关系。

（5）藻类和微生物含量

许多水中的藻类和微生物是肉眼看不见的，要借助于显微镜放大后才能观察到，包括细菌、霉菌、病毒、单细胞藻类和原生生物等。

水质情况决定了水源热泵的系统形式和采用何种换热器形式。长江水水质情况如表 3-3 所示。

长江水水质情况 **表 3-3**

名称	pH 值	CaO 含量 (mg/L)	矿化度 (g/L)	Cl^- (mg/L)	SO_4^{2-} (mg/L)	Fe^{2+} (mg/L)	H_2S (mg/L)	含沙量 (mg/L)
允许含量值	6.5～8.5	＜200	＜3	＜100	＜200	＜1	＜0.5	10
长江水水质	6.42～8.21	＜80	＜1.3	＜15	＜110	＜0.2	＜0.32	20～2000

以长江水水质为例，除了部分季节的含砂量外，江水都满足直接进机组的要求，含砂量可以通过取水构筑物的选择和除砂器的作用去除。

除了江河水的水温和水质是重点考虑的指标外，江河水的水位也要引起足够的重视。江河水水位在丰水期和枯水期变化也较大，在取水构筑物设计时应保证在最低水位时系统仍能正常取水。因此，水位水量决定了系统的取水方式和位置。

3.2.5 江河水源热泵工程方案设计要点

1. 方案设计前的准备工作

了解拟准备取水的江河段的管理部门，调研管理政策和相关法规，熟悉报批流程。

实地踏勘，调研是否存在影响报批的因素以及初步确定取退水方案。如取退水构筑物紧临自来水厂取水口，则原则上是不会被批准的。

江河水源热泵系统设计前，应对江水源热泵系统运行对水环境的影响进行评估。主要指水质、水温变化情况是否超出有关规定。

江河水源热泵系统的水量、水温、水质和供水稳定性是影响水源热泵系统运行效果的重要因素。江水源热泵系统设计应根据水面用途、江水深度、面积、江水水质、水位及水温情况综合确定。因此，在方案设计前一定要对以上参数进行准确、翔实的了解，取得全年温度、流量逐月分布图。

应用江河水源热泵系统的原则是水量充足、水温适度、水质适宜和供水稳定。江河水的水质，应适宜于系统机组、管道和阀门，不至于产生严重的腐蚀损坏。

2. 江河水的资源评价

（1）水温评价。水温的变化与一系列热交换工程有关，对天然水面的热交换过程可分为以下四种：同大气的能量交换、同河床的能量交换、内部产生的热、人为的加热与取热。决定水温变化的因素中，最重要的是同大气的冷热量交换。

（2）水量评价。考虑到机组的运行稳定性，以及周围的情况限制，所有机组全工况运行时，应能满足其使用水量的要求。夏季供冷时，一般情况下进入雨季和汛期，水量会很充足，但也不排除遇到干旱年份，水量较常年锐减的情况，所以应以至少最近 15 年的最低水量为设计依据。冬季供暖时，江河进入枯水期，水量降低幅度较大，目前有很多河流已演变成季节性河流，更需要对其适宜的取水量做出评价。

（3）水质评价。最近几十年来，江河水的水质普遍有逐年下降的趋势，主要是上游水土流失造成的泥砂含量高和上游工业排污造成的水质恶化。虽然国家制定了退耕还林、还草等措施减少水土流失和沙尘天气，以及严格的排污规定，但环境的恢复是个漫长的过程，短期不会出现明显的好转。如果水中富有腐蚀、结垢等离子，必须处理好控制腐蚀、结垢和水生生物附着等问题。

有研究者专门做过长江和嘉陵江水质的全年的变化情况调查研究，对比江水各水质变化曲线与机组允许值发现，在全年变化范围内，除浊度外，长江水的其他水质指标均满足机组和换热器的水质要求，而嘉陵江除浊度远大于机组和换热器对水质的要求外，钙镁离子含量也不满足机组和换热器对水质的要求，这就要求我们在系统选择上做出有针对性的调整。

3. 环境评价

（1）环境热评价。我国 1988 年 6 月 1 日起实施的《地面水环境质量标准》中规定：中华人民共和国领域内江、河、湖泊、水库等具有适用功能的地面水水域，人为造成的环境水温变化应限制在：夏季周平均最大温升≤1℃，冬季周平均最大温降≤2℃。

（2）排放环境水质评价。江水进入水源热泵机组或板式换热器之前已进行预处理，故机组排放的江水水质应好于进入的江水水质。

4. 方案中注意过滤、防结垢及清洗装置的设计

对于Ⅴ类以上的江河水，各种化学组分的浓度一般都在热泵机组容许的范围内，遇到的主要问题是泥沙和固体悬浮物问题，尤其是汛期和雨季。因此方案一定要制定切实可行的江水过滤、机组清洗方案。对于劣Ⅴ类江河水，视其污染程度，参照污水源热泵系统的注意事项。

与江水接触的所有设备、部件及管道应具有防腐、防生物附着的能力；与江水连通的所有设备、部件及管道应具有过滤、清理的功能。

（1）过滤除砂设备

为了避免对江河水的水体造成污染，宜采用物理方法进行水处理。对于水中较大的悬浮物和漂浮物，可以在取水处初步过滤掉。对于水中的悬浮颗粒物及砂粒，可以采用沉淀池、旋流除砂器或全自动反冲洗过滤器（见图 3-15）。沉淀池占用的面积和空间大，而旋流除砂器体积小，占地面积小，安装和使用方便。旋流除砂器可有效地将砂粒、垢、泥、石灰质等微小

图 3-15　旋流除砂器

固体物从水中分离出来并排除掉，降低水的浊度，其分离效率高于沉淀池，在工程上应用广泛。

旋流除砂器根据离心沉降和密度差分的原理设计而成。水流在一定的压力下从除砂器进口以切向进入除砂器后，在除砂器内高速旋转，产生几千倍于重力场的离心力场。在离心力的作用下，密度大的固相被甩向四周。由于设备下部为锥体结构，固体或杂质的切向速度随锥体半径的不断缩小而越来越大，最后沉积到设备底部并随排污排出，而密度小的液体被带到中间并向上运动，由出水口排出。双级旋流除砂器内还设置了过滤装置，可以将沿水流向上运动的一些微小杂质、悬浮物等由第二级过滤装置阻隔，进一步提高旋流除砂器的分离精度。在运行过程中，锥体底部污物的淤积量会逐渐增多，此时需要排污。排污时打开锥体底部的排污阀，直到淤积的污物排完为止。双级旋流除砂器需要定期打开主体连接法兰，清洗内部的滤芯。

（2）对于防结垢、防生物附着等，宜采用电子水处理仪，如图 3-16 所示。

对于防结垢与微生物滋生，目前常用的处理方法有物理方法和化学方法两种。其中，物理方法是采用电子水处理仪和离子棒防垢水处理设备。化学方法是采用防垢剂进行处理。由于使用防垢剂费用较高，且化学成分对环境略有影响，造成该方法的使用受到限制。相比较而言，物理方法因具有运行维护费用低、不对环境造成影响、易于安装、使用效果较好的特点而得到广泛应用。

图 3-16　电子水处理仪

电子水处理仪，又名高频电子除垢防垢仪、除垢器、电子除垢仪。具有以下特点：

1）不改变水的化学性质，对人体无任何副作用。

2）除垢效果明显。该设备安装在水循环系统，对原有垢厚在 2mm 以下的，一般情况下 30d 左右可逐渐使其松动脱落，处理后的水垢呈颗粒状，可随排污管路排出，不会堵塞管路系统。旧垢脱落以后，在一定范围内不再产生新垢。

3）设备体积小，安装简单方便，可长期无人值守使用。

4）水流经该设备以后，可使水变成磁化水，而且对于水中细菌有一定的抑制和杀灭作用。

5）不腐蚀设备，可延长伺服设备的使用寿命。

该设备不需要添加任何化学药物，安装使用非常简单，可广泛用于锅炉、中央空调、换热设备、循环水系统、工业通用水处理设备等，对物理性、生物性、化学性的垢类均有明显的预防和清除效果。

电子水处理仪由主机（电子发生器）和辅机（释能器）两部分组成。主机产生变频高频电磁场信号。辅机：其壳体为阴极，由钢管制成。壳体中心装一根金属阳极，当水流经金属电极与壳体之间的环形空间时，辅机将变频的高频电能作用在流经它的水上面。

根据不同的水质适应不同频率的高频电磁场来处理的原理，水始终在同频的高频电磁场的作用下发生共振，原来大缔合状态的结合键被深度打断，离解成活性很强的单个水分子或小缔合体状态水，改变了水的物理结构与特性，增强了水分子的极性，增大了水分子的偶极矩，溶解在水中的盐类正负离子，被单个水分子包围，运动速度降低，有效碰撞次数减少，在管壁上无法成垢，从而达到防垢的目的。

对于已在管道壁上形成的老垢层，主要垢分子（$CaCO_3$、$CaSO_4$等）通过分子间的作用力结合在一起，以网状结构或方解石结构的形式附着在管道内壁上，通过变频高频电磁场作用后，水分子的偶极矩增大，极性增强，水分子处于较高的能量状态，它能有效地削弱垢分子之间的分子作用力及其与管壁的附着力，使垢层逐渐软化、龟裂，直至脱落，达到除垢效果。

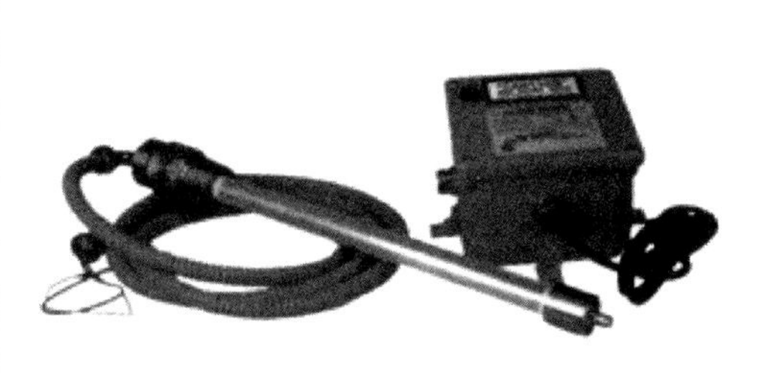

图 3-17　离子棒水处理仪

变频高频电磁场，可在水体中激活大量的自由电子，能有效防止管道内壁的金属原子失去电子被氧化，并能有效地破坏引起管道腐蚀的微电池效应，从而起到了防止管道氧化和腐蚀的作用。

离子棒水处理仪是水处理领域中一种新型的先进的水处理设备（见图 3-17），最初由加拿大约克能源公司研制成功并在北美、欧洲、日本等工业发达国家和地区被广泛采用，国际上著名的 IBM、杜邦、新日铁等公司均采用了该项设备。20 世纪 90 年代该产品引入我国，在宝山钢铁公司、上海石化等大型企业工业循环水及空调系统使用，取得非常满意的效果，被喻为水处理技术的一次革命。

离子棒水处理仪是在消化吸收国外先进技术的基础上，根据中国水质的具体状况，采用创新改良工艺研制的新一代物理水处理设备，具有体积小，安装方便，适用范围广，更适合中国水质条件等突出特点，是传统物理水处理设备理想的换代产品。

闭式（或敞开式）工业循环水系统，中央空调冷却、冷冻水系统、热水锅炉系统、热交换水系统、水池、水箱等给水系统。

特点：采用棒式结构设计，利用管道本身代替外壳，克服传统管道式产品体积大结构笨重的缺点，采用法兰连接、安装方便、连接可靠，可节约安装成本，可定期拆卸对棒体进行清洗，保证水处理效果。

1）防垢

离子棒通过高压静电场的直接作用，改变水分子中的电子结构，水偶极将水中阴、阳离子包围，并按正负顺序链状整齐排列，使之不能自由运动，水中所含阳离子不致趋向器壁，阻止钙、镁离子在器壁上形成水垢，从而达到防垢目的。

2）除垢

由于静电的作用，在结垢系统中能破坏分子间的电子结合力，改变晶体结构，促使硬垢疏松，并且会增大水偶极子的偶极距，增强其与盐类离子的水合能力，从而提高水垢的溶解速率，使已经产生的水垢能逐渐剥蚀、脱落，从而达到除垢之目的。

3）杀菌灭藻

离子棒产生一定量活性氧如 O^{2-}、OH、O_3，这些活性氧能有效破坏生物细胞，改变细菌和藻类生存的生物场，影响细菌生理代谢，从而起到杀菌灭藻作用。

4）防腐

活性氧对无垢系统中的金属表面产生一层氧化被膜防止腐蚀。

5. 取水构筑物的类型选择与设计

取水构筑物要根据项目与江河的具体情况而定，根据因地制宜的原则制定。一般小型江河水热泵可采用抛管的方式做成闭式江河水源热泵系统，对于中大型的江河水源热泵项目，如果水质良好，宜做成开放式直接江水源热泵系统，水质较差宜做成间接式江水源热泵系统。取水构筑物的类型与选择参考本书第2章的有关内容。

3.2.6 江水源热泵工程实例

1. 工程概况

月亮湾大酒店位于浙江省建德市新安江南岸，新安江及其支流（瘦长江）的交汇处，酒店外观如图3-18所示。月亮湾大酒店总建筑面积33760m²，地上24600m²，地下9160m²，其中地下车库面积3800m²。一～三层为裙房，四～十四层为客房。除客房外，还有会议展厅、餐饮、娱乐、洗浴桑拿和游泳池等设施。酒店依山傍水，环境优美，是建德市第一个四星级酒店，也是市政府加强对外经济交流合作的重点项目。

图3-18 月亮湾大酒店

2. 方案设计

为了节约能源和保护环境，充分利用就近的江水资源条件，为该酒店量身定制了一套采用地表水的水源热泵中央空调系统方案，并最终以出色的产品综合实力和强大的技术优势赢得了业主的认可。该项目选用清华同方螺杆式水源热泵机组SGHP1000型4台和SGHP300型1台作为中央空调系统的主机。利用新安江水为酒店建筑提供夏季供冷、冬季供暖、卫生热水和游泳池循环热水。该项工程已于2004年11月竣工投入使用且运行效果良好。

（1）设计参数

1）室外计算参数（浙江省建德地区按杭州地区计算）

夏季：大气压力：1000.5hPa；平均风速：2.2m/s；

空调室外计算干球温度：35.7℃；

空调日平均计算干球温度：31.5℃；

空调室外计算湿球温度：28.5℃。

冬季：大气压力：1020.9hPa；平均风速：2.3m/s；

空调室外计算干球温度：－4℃；

通风计算温度：4℃。

2）室内计算参数（见表3-4）

（2）设计负荷

1）冷负荷：3489kW；热负荷：2616kW；

2）卫生热水热负荷：930kW（热水温度取48℃）；

表 3-4

房间名称	夏季			冬季		
	温度（℃）	相对湿度（%）	新风量[m³/(人·h)]	温度（℃）	相对湿度（%）	新风量[m³/(人·h)]
客房	25～27	≤60	30	22～24	—	30
公共建筑	25～27	≤60	10	20～22	—	10

3）游泳池循环热水热负荷：游泳池面积178m²，容积（按平均水深1.7m计算）302m³，水温28℃。游泳池自来水供水温度15℃，每天补水量按照游泳池容积的5%计算，为15.1m³（不间断补水）；游泳池循环热水热负荷计算为68kW；热水总热负荷为998kW，热水量为26t/h。

（3）系统设计和设备选型

该项工程机房设在地下一层，机房面积100m²，图3-19为机房内景。中央空调系统和热水系统共选用清华同方SGHP1000型水源热泵机组4台，提供夏季空调制冷和冬季供暖制热，其中一台主机在制冷或制热的同时，提供卫生热水，为便于运行管理，空调系统与生活热水系统分开布置。空调系统冬、夏季共用一套循环水泵系统。系统的补水采用生活给水，在主干管上设置电子水处理仪，防止系统结垢现象的产生。系统定压采用自动定压补水设备。

图3-19　机房内景

末端系统，一～三层裙房选用清华同方ZKD10-JX型组合式新风机组12台，四～十四层客房选用清华同方FP型风机盘管共374台。

（4）系统运行工况

空调系统夏季和冬季运行工况是通过机房系统管路中设置的F1～F8八个阀门切换实现的。

1）夏季运行工况：机组蒸发器冷冻水供水温度7℃，回水温度14℃。冷凝器冷却水进水温度16℃，出水温度26℃。4台主机中有一台主机承担制冷和热回收双重功能，冷冻水供水温度7℃，回水温度14℃；热回收制热量930kW，供水温度52℃，回水温度42℃。

2）冬季运行工况：冷却水出水温度54℃，回水温度44℃；冷冻水进水温度13℃，出水温度6℃。

（5）水源水系统

新安江水量丰富，水温冬季最低为9℃，夏季最高18℃，适于水源热泵机组换热利用。建筑物位于新安江畔，就近取水和排水十分方便。图3-20为取水系统原理图，图3-21为取水构筑物示意图。

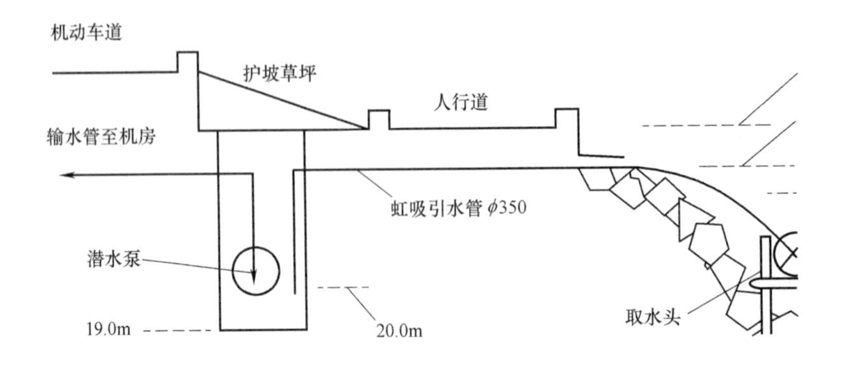

图 3-20 江水源热泵取水系统原理示意图

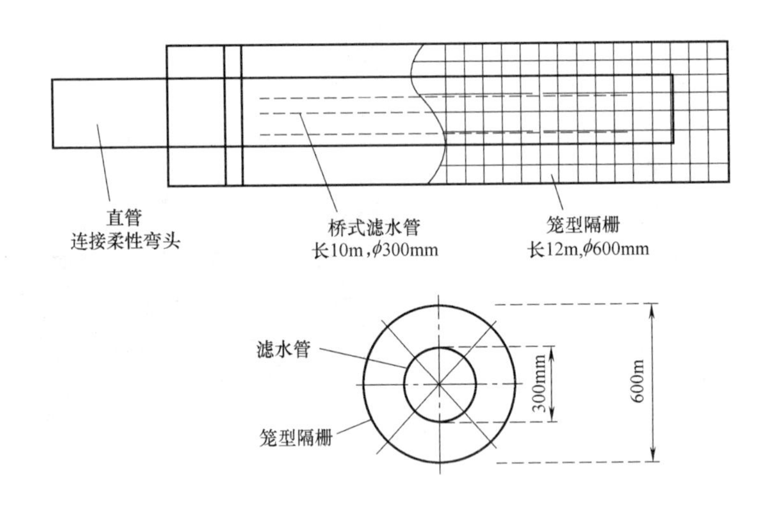

图 3-21 取水构筑物示意图

图 3-22 江中引水管

图 3-23 江水排水口

室外取水系统由江中取水头部、虹吸引水管、岸边固定式集水井、潜水泵和输水管等部分组成。经过前期调查了解，取水口的水位主要受上游新安江水电站发电泄流影响，历史最低水位标高 22.5m，因此取水头部标高设定在 22.0m。取水头部采用桥式滤水管，管径 300mm，管长 10m；管外设置笼型过滤格栅，直径 1m，长 12m，见图 3-22。虹吸引水管管径 300mm；集水井直径 2m，井深 5m。江水排水如图 3-23 所示

（6）运行效果

冬季运行工况曲线如图 3-24 所示。

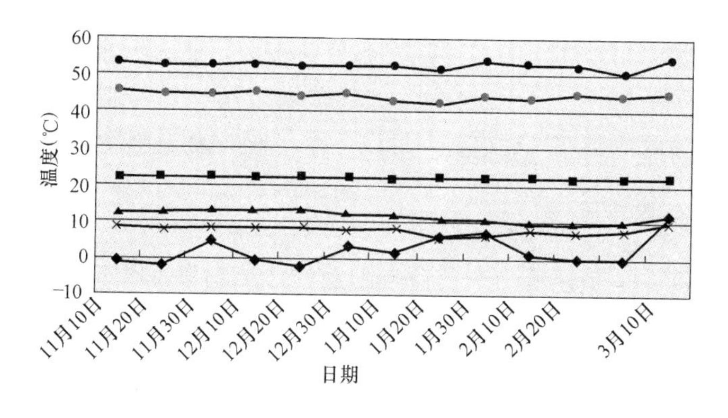

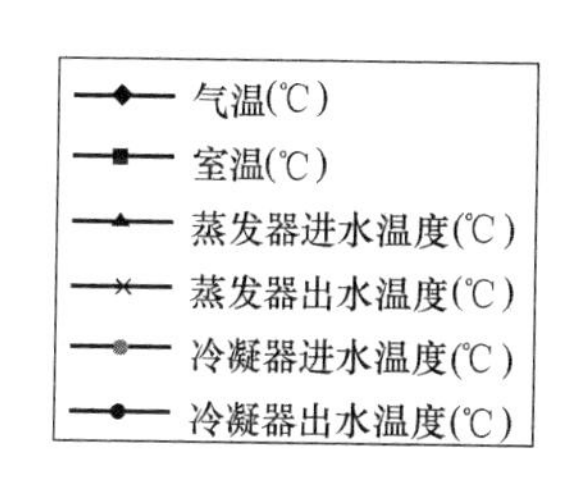

图 3-24　冬季运行工况曲线

（7）系统特点

1）绿色环保

① 充分利用清洁的可再生能源，最大限度地解决了环境污染问题。

② 水源热泵机组的运行中没有燃烧，没有排烟污染，没有废弃物产生。

③ 符合酒店环保、高品位特质，提升酒店商业价值。

2）高效节能

① 机组制热能效比为 4.0，制冷能效比为 6.1，最高可达 7.1。

② 先进的“大温差、小流量”设计最大限度地节省了宝贵的水资源，同时也降低了运行费用。

③ 运用清华同方先进的水源热泵自动化控制技术实现自动调整负荷输出，合理节能。

④ 一机多用，制冷、供暖、生活热水统一解决，大大降低初投资。

3）稳定可靠

① 水体温度一年四季相对稳定，机组冷热量没有衰减，加之清华同方独特的取水和回灌技术，机组运行更为可靠、稳定。

② 冬季运行无需除霜，完全保证了系统的高效性和可靠性。

3.3　湖水与水库水源热泵系统建筑应用

3.3.1　湖（库）水源热泵及其特点

湖泊是指陆地上洼地积水形成的、水域比较宽广、换流缓慢的水体，水库、沟塘等是人工修筑的，属于人工湖，广义上可统称为湖泊。湖（水库）水一年四季中温度的变化与

气温的变化不同步，湖水深度越深，不同步现象越明显。湖水源热泵就是利用湖水的这种特点，冬季把湖水作为热泵的低温热源，经热泵提取后用于供暖，夏季则把湖水作为热汇，将建筑物的热量及热泵本身耗电转化的热量汇集于湖水中。

湖水温度变化与气温变化不同步，冬夏温差变化远低于冬夏气温的变化，因此，相对于空气源热泵系统，湖（库）水源热泵系统具有更高的能效比和系统稳定性。

湖水由于换流缓慢，加上部分湖泊的种植、养殖以及污水的排入等，我国多数湖泊水质较差。在利用时需要重点注意湖水取水系统的形式，以及必要的过滤、防堵和除垢等措施。

我国南北气候差别很大，南方和北方湖水的温度随气温变化较大，北方湖水冬季冰面以下一般都低于 4℃，而且深度一般都不大，因此不适宜冬季供暖用，夏季制冷可以利用。长江以南地区，湖水冬季水温可达到在 7℃左右，可以冬季供暖，夏季制冷。

3.3.2 湖水源热泵系统设计要点及步骤

湖水源热泵设计的关键有两点：一是建筑冷热负荷与湖面的散热功率是否匹配；二是湖水蒸发量与当地年降雨量、其他补水量是否匹配。湖水水质一般较差，注意藻类等微生物的防治。

湖水的两个重要参数：水体体积和表面积。

水体体积与蓄热有关，水体大，蓄热能力强。

水体表面积与总的散热功率相关，计算动态平衡时是主要参数。

湖水散热计算可以参考的两个规范：《工业循环水冷却设计规范》GB/T 50102—2003；《游泳池给水排水工程技术规程》CJJ 122—2008。

两个规范都能计算出湖水表面的散热系数，计算误差不大。下面重点介绍 GB/T 50102 中的计算方法。

按照以上规范提供的计算方法，根据当地气候条件计算单位水面面积换热功率，结合经验值修正。

1. 按《工业循环水冷却设计规范》计算湖水表面散热量

超温水体单位面积散热量比未受影响的自然水体大，这使得废热能通过超温水体表面散出。为了便于计算，一般将散热量的计算线性化，引入散热系数的概念，表示为超温水面与未受影响的水面之间单位温差时，单位面积超温水面多散出的热量。对于超温水体的水面蒸发系数和散热系数计算公式，国内外都已做了许多测试和研究工作。其中由中国水利水电科学研究院冷却水研究所等单位研究提出的冷却池水面蒸发系数和散热系数全国通用公式已被《工业循环水冷却设计规范》采用，该公式充分考虑了风速以及水气温差产生的自由对流，表示为：

$$\alpha=[22+12.5u^2+2\Delta T]^{0.5} \tag{3-1}$$

$$T_s=(2.82+0.82T_a)\frac{(1+r^2)^{0.435}}{(1+0.31u^2)^{0.056}} \tag{3-2}$$

$$K_s=\frac{\partial(\varphi_e+\varphi_c+\varphi_r)}{\partial t_s}=\left(\frac{\partial p_s}{\partial t_s}+0.66\right)\alpha+22\times10^{-8}(t_s+273)^3+\frac{0.66\Delta t+P_s-P_a}{\alpha} \tag{3-3}$$

式中 α——蒸发系数，W/(m^2 · kPa)；

K_s——超温水面散热系数，W/(m^2 · ℃)；

φ_e——蒸发散热通量；

φ_c——对流散热通量；

φ_r——辐射散热通量；

T_s——自然水面温度，℃；

r——空气相对湿度；

u——水面上方 2m 处的风速，m/s；

$\partial p_s / \partial t_s$——饱和水蒸气分压力在水面温度处的偏导数。

ΔT——气温与水面温度虚拟温差；

$$\Delta T=(T_s-T_a)+\frac{0.378}{P}(T_s+273)(P_s-P_a) \quad (3\text{-}4)$$

P——当地大气压，kPa；

P_a——相应于周围空气温度为 T_a 下饱和空气的水蒸气分压力，kPa；

P_s——相应于周围空气温度为 T_s 下饱和空气的水蒸气分压力，kPa。

冬季运行时，地表水作为热泵的低位热源，需要从地表水体中提取热量。水温低于自然水温的冷水排入水体，经过紊动掺混后流向远区。水温降低时，单位面积水面的蒸发、对流和辐射换热量均会降低。式（3-1）所示的蒸发系数计算式是从 18～45℃水温的实验资料中拟合得出的，用来计算冬季低温水面蒸发散热时明显偏大。计算冬季水面蒸发散热时，水面温度接近于气温，水气温差引起的自由对流可以忽略，其蒸发系数的计算只需考虑风速的影响。冬季蒸发系数计算的公式为：

$$\alpha'=0.75(9.2+0.46u_a^2) \quad (3\text{-}5)$$

式（3-5）对 5～20℃的水温有较高的准确度，对 20℃以上的水温建议采用式（3-1）。

对于超温水体，蒸发散热占水面总散热量的主体，弱温水体蒸发散热的减少量只占总散热减少量的少部分。这是因为水在高温状态下蒸发量随温度的升高而增长较快，在低温状态下则随温度的降低而减少较慢。由于被冷却后的水体经常低于气温，使得弱温水体能够通过对流从水面上方空气得热。

密度小于自然水体的温水会浮在上层，有利于水面的散热。而被冷却水的密度会略大于自然水体，被冷却的水会逐渐下沉，这不利于水面的得热。在工程实践中，应尽量提高排水速度，加大水流速度，使低温水与自然水体充分混合。

2. 按《游泳池给水排水工程技术规程》计算湖水表面散热量

湖水表面蒸发损失的热量。按下式计算：

$$Q_x=\alpha\cdot y\cdot(0.0174v_f+0.0229)\cdot(P_b-P_q)\cdot A\cdot(760/B) \quad (3\text{-}6)$$

式中 Q_x——湖水表面蒸发损失的热量，kJ/h；

α——热量换算系数，$\alpha=4.1868$kJ/kcal；

y——与湖水水温相等的饱和蒸汽的蒸发汽化潜热，kcal/kg；

v_f——湖水水面上的风速，m/s；

P_b——与湖水水温相等的饱和空气的水蒸气分压力，mmHg；

P_q——湖水的环境空气的水蒸气分压力，mmHg；

A——湖水的水表面面积，m^2；

B——当地的大气压力，mmHg。

3. 冬季湖水可提取热量分析计算

图 3-25 所示为 2001 年日平均气温与每日上午 8 时湘江水温的对比。

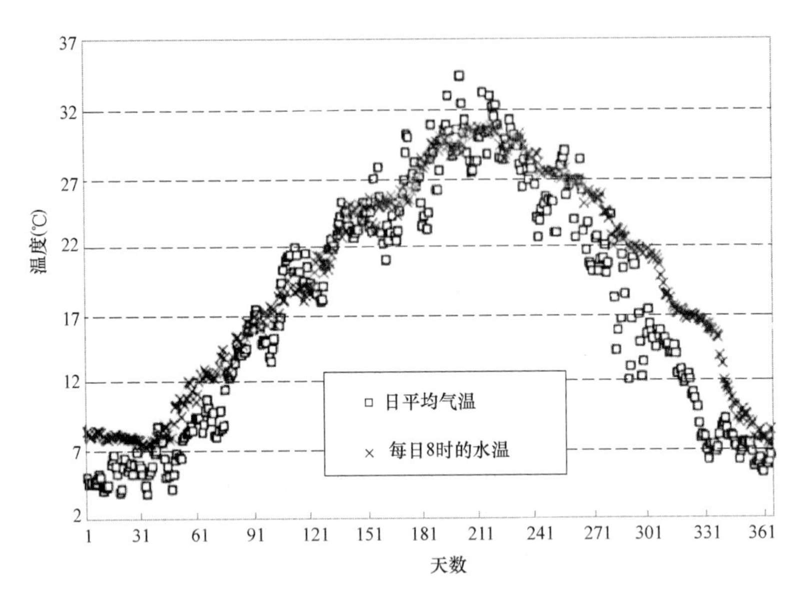

图 3-25　2001 年的日平均气温与每日 8 时的湘江水温

从图中可以看到，从 12 月底到 2 月中旬，湖水温度一致高于气温，并相对稳定，维持在 7℃以上。

湖水最低水温 7℃，气温 4℃，达到相对平衡状态，此时：

湖水散失到大气中的热量＝湖底土壤传给湖水的热量＋太阳辐射传递给湖水的热量（见图 3-26）。

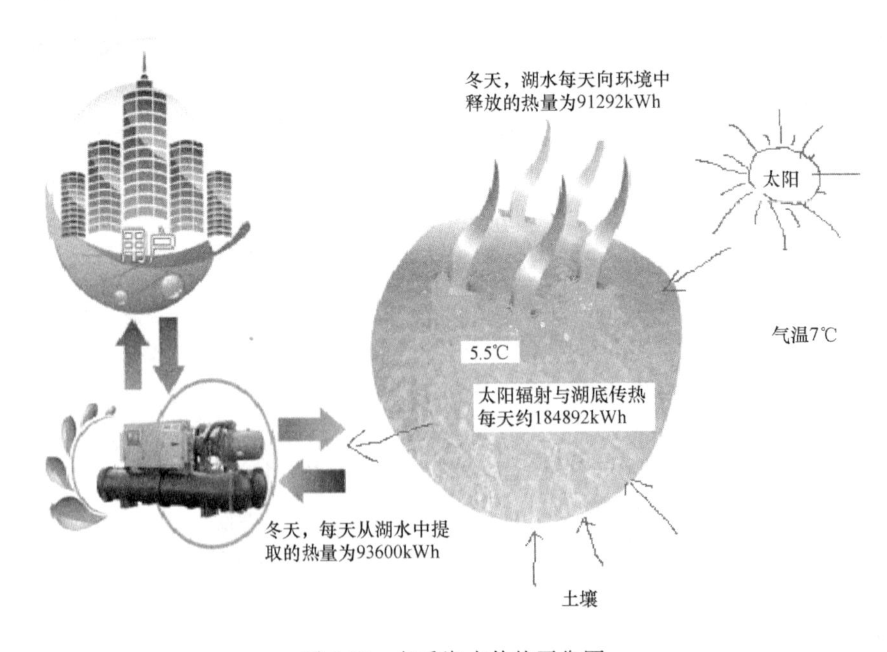

图 3-26　冬季湖水传热平衡图

使用热泵后，达到相对平衡状态，此时：湖水散失到大气中的热量=湖底土壤传给湖水的热量+太阳辐射传递给湖水的热量-热泵从湖水提取的热量（见图 3-27）。

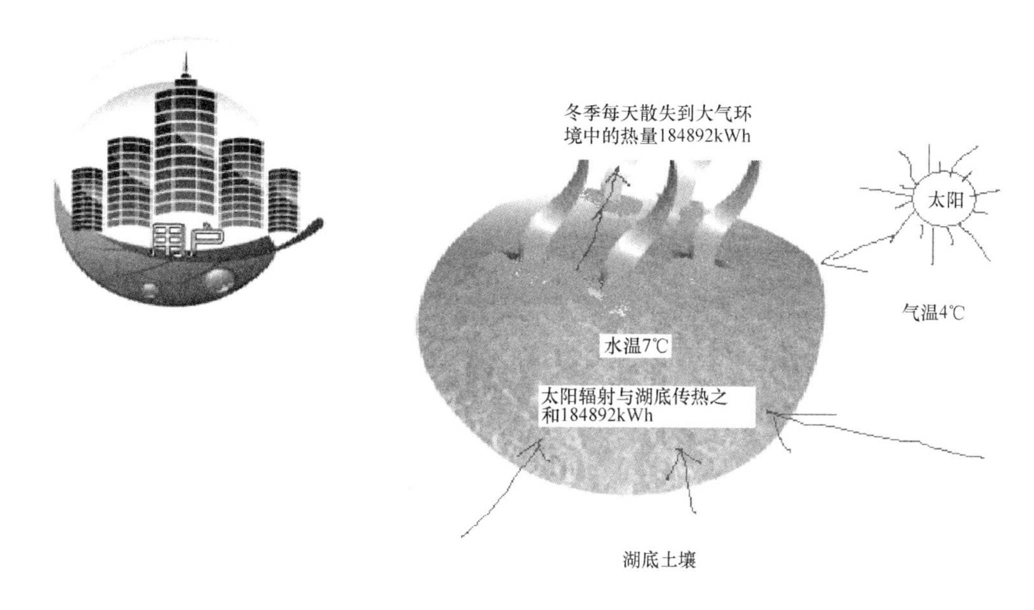

图 3-27　使用热泵后传热平衡图

通过计算水温在 7℃时的综合散热系数，假定与水面温度变化为线性关系，可以计算出满足供热需要时水温需要降低多少能满足需要。

如果通过计算，水到了冰点仍然不能满足需要，则资源量不够，冬季供暖采用湖水源热泵不可行。

3.3.3　藻类和微生物的防治

去除水中的藻类和微生物的物理方法有高频电子水处理法和超声波法。超声波除藻仪选择特定的频率，以 180°的全方位发射超声波，对藻类细胞进行瞬间处理。在超声波快速通过水和空气达到水面时，水面像一面镜子把超声波弹回水中。所有单细胞生物随着弹回水中的超声波频率开始颤动，使细胞质与细胞膜脱离，细胞膜被破坏，藻类因此压破而死亡，从而有效抑制新的藻类生长。在 1～3min 内就可以对藻类细胞产生有效的抑制作用，阻止藻类的形成。这种方法适合于湖泊水或蓄水池内除藻，也可以在取水口附近水域设置超声波除藻仪。高频电子水处理仪具有杀菌、灭藻、防腐、防垢及除垢的作用，其作用机理如下：

高频电子水处理仪通过电子元件产生高频电磁场，使得水中的电磁场强度瞬间改变，刺激了藻类和微生物的细胞核，破坏其细胞结构，造成藻类和微生物灭亡，达到杀菌灭藻的目的，有效抑制生物污垢的产生。同时，水的物理结构也发生变化，水分子聚合度降低，偶极矩增大，极性增强，使原来缔合形成的各种综合链状、团状大分子 $(H_2O)_n$解离成单个水分子，形成活化水。水中溶解盐类离子及带电离子被单个水分子包围，运动速度降低，有效碰撞次数减少，静电吸引力减弱，斥力增加，在一定程度上可以阻碍离子及微粒间聚结成垢面沉积。发射的高频波与已有水垢的自振频率相近，产生微共振现象及活性水对旧垢分子间电子结合力的破坏，使坚硬的旧垢变为疏松的软垢，逐渐脱落，达到防垢除垢的目的。

3.3.4 湖水源热泵其他需注意事项

利用水库、湖泊、河道或海湾等水体冷却循环水时，应征得水务、农业、渔业、航运和环境保护等有关部门的同意。

取水、排水建筑物的布置和形式应有利于冷水的吸取和热水的扩散冷却。有条件时，宜采用深层取水。排水口应使出流平顺，排水水面与受纳水体水面宜平缓衔接。

设计取水建筑物的进水口应注意进口流速的均匀性。进水口平均流速一般可采用0.1～0.2m/s。必要时，可通过模型试验确定进水口流速。

有条件时，宜采用冷热水通道分开的差位式取排水口布置。当采用重叠差位取排水口布置时，受热水体应有足够的水深。设计应考虑各种不利因素对设计最低水位和表面热水层厚度的影响。

3.3.5 湖水释热系数的计算案例

1. 水源概况

该项目为神农城部分商业区，建筑面积约64万m^2，距该项目附近拟建一个景观用的人工湖，湖水通过湘江干流引出。湖泊面积超过350亩，平均水深2.5m，水量约58万m^3，该人工湖为湖水源热泵系统的应用提供了充分条件。

2. 地表水散热量计算依据

株洲室外气象参数如表3-5所示。

株洲室外气象参数　　表3-5

国家	省份	城市	经度	纬度	夏季大气压(Pa)	夏季空调室外干球温度(℃)	夏季空调室外湿球温度(℃)	夏季空调日平均温度(℃)
中国	湖南省	株洲	113.10	27.52	99550.00	36.1	27.6	31.9

夏季室外平均风速(m/s)	夏季空调大气透明度等级	最热月相对湿度(%)	冬季大气压(Pa)	冬季供暖室外干球温度(℃)	冬季空调室外干球温度(℃)	冬季空调日平均温度(℃)	冬季室外平均风速(m/s)	最冷月相对湿度(%)
2.3	4	72	101710.00	−2	0	5	2.1	79

3. 夏季散热系数计算

由株洲夏季气象参数可知：$T_a=31.9$℃，$r=0.72$，$u=2.3$m/s，$P=99.55$kPa。

$$T_s=(2.82+0.82\times31.9)\frac{(1+0.72^2)^{0.435}}{(1+0.31\times2.3^2)^{0.056}}=32.91\ ℃ \tag{3-7}$$

查标准大气压下不同温度时的饱和水蒸气分压力表得：$P_a=45.92$kPa，$P_s=48.43$kPa。

计算过程如下：

$$\Delta T=(32.91-31.9)+\frac{0.378}{99.55}(32.91+273)(48.43-45.92)=3.93℃$$

$$\alpha=[22+12.5\times2.3^2+2\times3.93]^{0.5}=9.80$$

$$K_s=(\frac{48.43-45.92}{32.91-31.9}+0.66)\times9.80+22\times10^{-8}(32.91+273)^3+$$

$$\frac{0.66\times4.23+48.23-45.92}{980}=37.64\ W/(m^2\cdot℃)$$

故最终得出神农城夏季湖面散热系数为：37.64W/(m^2·℃)。

4. 冬季散热热系数计算

由株洲冬季气象参数可知：$T_a=5℃$，$r=0.79$，$u=2.1m/s$，$P=101.71kPa$

$$T_s=(2.82+0.82\times5)\frac{(1+0.79^2)^{0.435}}{(1+0.31\times2.1^2)^{0.056}}=8.17℃$$

查标准大气压下不同温度时的饱和水蒸气分压力表得：$P_a=1.1kPa$，$P_s=0.87kPa$。

计算过程如下：

$$\Delta T=(8.17-5)+\frac{0.378}{101.71}(8.17+273)(1.1-0.87)=3.4℃$$

$$\alpha=0.75\times(9.2+0.46\times2.1^2)=8.42$$

$$K_s=\left(\frac{1.1-0.87}{8.17-5}+0.66\right)\times8.42+22\times10^{-8}(8.17+273)^3+\frac{0.66\times3.4+1.1-0.87}{8.42}$$

$$=11.35\ W/(m^2\cdot℃)$$

故最终得出神农城冬季湖面散热系数为：11.35W/(m^2·℃)。

冬季湖水在散热的时候，相对于平均气温仍然高出3℃，并相对较稳定，说明湖水的散热量与得热量大致相当，因此，可倒推湖水温度与平均气温相同时的得热系数。即湖水水温下降到4℃时，湖水的得热系数为11.35 W/(m^2·℃)。

3.3.6 湖水源热泵工程实例

1. 江南大学体育馆水源热泵空调系统

(1) 工程概况

该项目位于无锡市江南大学蠡湖校区，总建筑面积30000m²，高度24.6m。建筑外观为圆形，顶部为弧形采光膜；馆内中部为比赛场地，四周为观众席。从外观角度考虑，体育馆四周不宜放置冷却塔，且其西侧200m处有一景观河与太湖水系连通，自我温度调节良好。基于此，该工程采用地表水水源热泵中央空调。

(2) 空调系统设计

1) 设计参数

室外设计参数：

夏季空调计算干球温度34.6℃；夏季空调计算湿球温度28.6℃；夏季大气压1004.9hPa；冬季空调计算干球温度－5℃；冬季空调计算相对湿度75%；冬季大气压1025.9hPa。

室内设计参数如表3-6所示。

室内设计参数 **表 3-6**

房间名称	夏季		冬季		新风量标准 CMH/P
	干球温度(℃)	相对湿度(%)	干球温度(℃)	相对湿度(%)	
体育馆、训练房	26±2	60±10	16±2	≥40	20
辅助用房	26±2	60±10	16±2	≥40	30～50

2）空调设计负荷

夏季根据围护结构进行逐项逐时冷负荷计算，取峰值负荷；冬季根据供热负荷计算。夏季冷负荷为：2100kW；冬季热负荷为：1470kW。

3）空调冷、热源

空调系统的冷热源由水源水泵空调机组提供，夏季提供 7/14℃的冷冻水，冬季提供 52/42℃的热水。根据空调负荷选取清华同方水源热泵机组 SHHP1700 型 2 台，具体参数如表 3-7 所示。

SHHP1700 型热泵机组参数 **表 3-7**

制冷量(kW)	1394	电功率(kW)	282	*EER* 值	6.1
制热量(kW)	1010	电功率(kW)	405	*COP* 值	4.0

该工程采用校内景观水作为水源热泵空调机组的冷热源，河水经换热器之后，排至景观河下游。机组满负荷运行所需最大水量由以下公式计算：

在制冷工况下，河水作为冷却水使用，其流量为：

$$G_L=\frac{Q_L}{C_{PW}(t_{g2}-t_{g1})}\left(\frac{EER+1}{EER}\right) \tag{3-8}$$

式中 G_L——夏季供冷所需湖水流量，kg/s；

Q_L——建筑物夏季设计冷负荷，kW；

C_{PW}——水的定压比热，kJ/(kg·K)；

t_{g1}——进入热泵换热器的水温，即湖水温度，℃；

t_{g2}——离开热泵换热器的水温，即湖水温度，℃；

EER——热泵机组的能效比。

在供热工况下，所需河水流量为：

$$G_H=\frac{Q_H}{C_{PW}(t_{w1}-t_{w2})}\left(\frac{COP-1}{COP}\right) \tag{3-9}$$

式中 Q_H——冬季空调设计热负荷，kW；

t_{w1}，t_{w2}——进出换热器的湖水温度，℃；

COP——机组制热的性能系数。

通过以上公式计算得出河水用水量为：

夏季：当湖水温度为 26℃时，用水量为 298m^3/h；当湖水温度高于 26℃时，机组不能正常工作。

冬季：当湖水温度为 5℃时，用水量为 348m^3/h；当湖水温度高于 5℃时，机组不能正常工作。

由于体育馆空调系统使用频率较低，且连续使用时间不长，故景观河河水量完全满足要求，系统原理图如图 3-28 和图 3-29 所示。

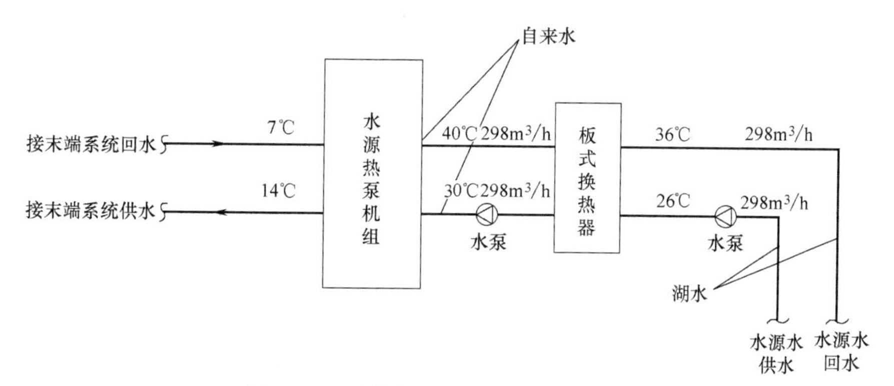

图 3-28　夏季水源热泵空调系统原理图

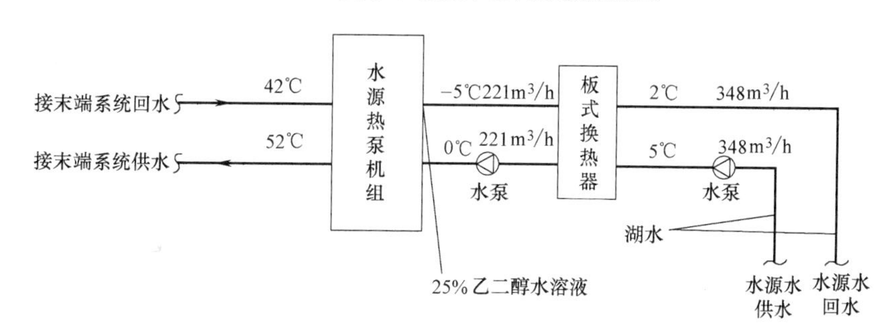

图 3-29　冬季水源热泵空调系统原理图

（3）空调系统设计

1）空调水系统

水系统采用二管制，冷冻机房内设分、集水器。水系统分三个环路：一个环路供比赛大厅空调机房一，一个环路供比赛大厅空调机房二，一个环路供辅助用房。空调供回水系统为同程式（拒不异程），通过平衡阀进行阻力平衡。

2）体育馆空调风系统

体育馆内空调设计分两部分：体育馆大厅空调和辅助用房空调。

① 体育馆大厅空调

体育馆大厅采用集中式、定风量、单风道、全空气的低速空调系统，设计总风量为250000CMH。分设六台空气处理机组，组合式空气处理机组送风量分别为45000CMH2台，40000CMH4台，组合式空气处理机组主要功能段为新风回风混合段、中效过滤段、表冷（加热）段、风机段、均风段、消声段、送风段。组合式空调机组均分两组分设在地下室空调机房一及机房二内。

送风管由空调机房经竖井接至屋顶后，分设内圈送风管及外圈送风管。外圈送风管设在9.10m的楼面上，对观众区由喷口侧送风。冬、夏分别调节电动喷口内叶片角度，夏季叶片角度为−35°，冬季叶片角度为51°。内圈在屋顶网架内敷设，对比赛场由电动喷口顶侧送风，冬、夏季分别调节喷口内叶片角度，夏季叶片为−35°，冬季叶片角度为58°。

当比赛场地有风速要求时，可调节内圈45只电动喷口送风量，同时适当调整送风干管上电动阀的开启程度，减少比赛场地的送风量。观众区后部、前部座下设置回风口，通过各自的回风静压箱集中后经竖风管接至空调机房。

② 辅助用房空调

辅助用房均为风机盘管加新风系统，顶送或侧送。风机盘管为卧式暗装，新风机组吊设在吊顶内，新风由外墙风口引入，冷却（加热）及消声处理后送入室内。

3）机房系统

机房系统位于体育馆地下室，由机房和河心水泵房组成。水泵房内设置一蓄水池。蓄水池外筑有50cm高的挡水坝，防止湖底淤泥进入蓄水池。用于汲水的UPVC滤水管管口加设不锈钢滤水网、滤水管，滤水网目数均为25。蓄水池及泵房均需设置ϕ100的检修孔及人梯，井口需设置承重密封盖板。双层不锈钢滤水网与墙体内部的槽钢或工字钢焊接，第一层滤水网目数为4，第二层滤水网的目数为8。水泵房内放置水源侧一次循环泵三台（两用一备），流量Q=208m^3/h。蓄水池外水源埋地供回水管道采用PE管，热熔连接，室外水平管道采用直埋方式；水源供回水管道采用焊接钢管，焊接连接。

湖水由吸水泵送入主机房内，经反冲洗过滤器进入板式换热器连入系统。

板式换热器的技术参数如下：

热侧：Q=328m^3/h，T_1=30℃，T_2=40℃；

冷侧：Q=298m^3/h，T_1=26℃，T_2=36℃。

主机采用水源热泵机组SGHP1700型2台。

4）运行情况

该工程于2006年6月竣工后，江南大学在两次大型活动中运行了空调系统：一是2006年6月28日的毕业典礼，一是2006年7月2日的教职工大会。从两次实际运行情况来看，系统运行平稳，体育馆内完全达到设计效果，温度分布均匀，无明显温度梯度。

体育馆空调用冷却水采用水源热泵技术，省去了常规用的室外冷却塔，利用距体院馆200m外的人工河水作为空调用冷却水。冷却水取自河底，地面水温较低（一般为10～25℃），经过空调主机后的高温水自流回河面。这一过程将水源中积蓄的低位热能借助压缩机系统，通过少量的电能输入，不断地变成高位热能，并加以利用，实现了低位热能向高位热能的转移，是一种对可再生能源的利用。由此而形成的冷热源可以满足夏季供冷、冬季供热的需求，是一种节能环保的新技术。

2. 福州大学新校区山北行政楼湖水源热泵空调系统设计

山北行政楼紧邻校内中心北湖，湖水水量常年丰富，水体表面积约为11000m^2，水深常年保持在3～4m，水质较好。查阅相关水文资料可知，北湖在3m深度区域，常年水温在10～28℃范围内变化，完全满足水源热泵运行要求。在2008年干旱少雨的情况下，中心北湖一直保持了现有水位。该工程采用中心北湖水体作为中央空调系统的低位冷热源。

山北行政楼包括办公、会议、接待等不同功能，建筑层数为3～4层，建筑物高度不超过20m，总建筑面积为11025m^2，其中中央空调面积约为6800m^2（不含内走道），空调面积占总建筑面积62%。

（1）中央空调系统介绍

1）空调冷热源采用2台螺杆式水源热泵机组，单机制冷/热量分别为722kW/811kW，其中一台为单冷螺杆式水源热泵机组，配置3台冷冻水泵、2台热水泵及3台冷却水泵，与主机匹配运行。空调制冷主机、水泵均放置于首层的空调主机房内，膨胀水箱放置于天台。

2）中央空调系统末端设备选择及气流组织

办公区及空间小的管理房间采用风机盘管机组，低速风管，气流组织采用侧送上回或上送上回的方式。

大空间会议室、多功能厅、门厅大堂、集中档案室采用落地柜式空调机组，低速风管，气流组织采用上送（散流器或喷口），集中上、下回的方式。

新风由新风空调器过滤、除湿、冷却集中处理后直接输送至各空调房间内，室内排风依靠门窗正压排出。

3）空调冷冻/热水系统采用一次泵闭式循环系统，竖向及楼层水平方向均采用异程式布置，向各层空调末端设备供冷，回水管的各分支干管的接管处设置水力平衡阀，保证管路的阻力平衡，供/回水温度为7℃/12℃。夏季采用湖水水源作为空调冷却水，冷却水进/出水温度分别为28℃/33℃。

在空调主机配管的总供、回水总管上装设旁通管及电动压差旁通阀，再由回水管的温度来控制冷水机组的启停和水泵的启停。

螺杆式水源热泵机组：制冷/热量：722kW/811kW；电功率：116kW/165kW；蒸发器：水流量＝124m^3/h、水压降＝60kPa；冷冻水进/出水温度＝12℃/7℃；冷凝器：水流量＝66m^3/h、水压降＝30kPa；冷却水进/出水温度＝28℃/33℃；冷冻水泵：Q＝136m^3/h、H＝30mH_2O、N＝22kW（2用1备）；冷却水泵：Q＝73m^3/h、H＝22mH_2O、N＝11kW（2用1备）；供热水泵：Q＝75m^3/h、H＝20mH_2O、N＝11kW（1用1备）；潜水泵：Q＝150m^3/h、H＝12mH_2O、N＝15kW（1用1备）。

（2）取水及水处理介绍

该工程采用直接取水方式，并且直接引入空调主机冷凝器使用。因湖水水深常年保持在3～4m，为了能够取得更优质的水源，在山北行政楼与北湖之间，紧临湖边挖掘了一个水深6m，面积为45m^2的蓄水池。把水池分隔成连通的三个相同大小的空间，在低于湖面的池壁上开一个2m^2的孔洞，在水池外壁与内侧上安装3道过滤网，使清洁的湖水能够在重力作用下自然流入蓄水池。在3号水池端头的5m深处设置2台潜水泵，交替向冷却水管网供水（见图3-30）。

冷却水的回水管采用抛管方式，直接将回水管引入北湖湖中心的基座，排入北湖内。湖底用混凝土硬化处理，作为排水头部基座，排水管一端通过变径弯头连接排水端头部，另一端连接主机房内的冷却水管网。空调主机房与取水池间距约20m，冷却水管管道采用直埋无沟敷设方式，管道预埋深度≥1m，水管水平距离≥115m，管道采用“管中管”预制保温管，其中钢管采用螺旋焊接管；保温材料采用硬聚氨酯泡沫塑料，密度80～100kg/m^3，导热系数＜0.035W/(m·℃)，耐热温度≤120℃；保护层采用高密度聚乙烯管，密度≥940kg/m^3，抗拉强度≥20MPa。冷却水进入空调主机房内仍需经过进一步水处理，才能够确保直接进入蒸发器内进行换热时不会在内壁结垢。该系统采用2台旋流除砂器（除砂、降低水体腐浊度等）、Y形过滤器、1台全程综合水处理器（防垢、除锈、杀菌、灭藻、过滤等）对冷却水进行处理（见图3-31）。

旋流除砂器：Q＝80m^3/h；进水压力：0.115～0.14MPa；最小分离粒径：5mm；除砂率＞92%。全程综合水处理器：Q＝160m^3/h、压力损失：0.1003～0.105MPa、N＝300W、除污率＞95%。

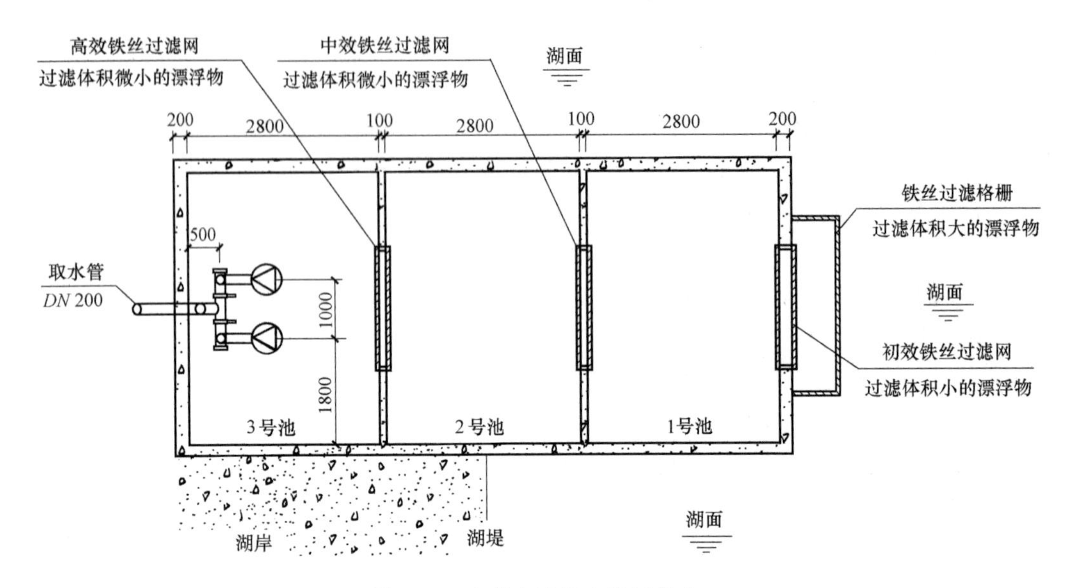

图 3-30　交替向冷却水管网供水

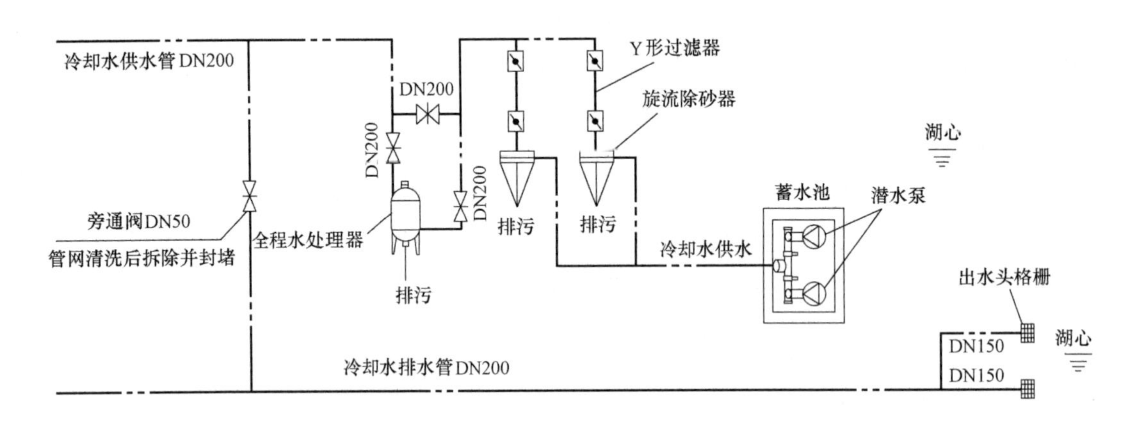

图 3-31　冷取水及水处理示意图

（3）经济性分析

福州地处东南沿海，属亚热带海洋性气候，因此该工程的供冷期较长，且最热的 8、9 两个月为暑假期间，湖水水源空调热泵系统的主要功能为制冷，因此甲方最迫切需要知道的是系统的节能性和经济性。

现对行政楼的中央空调初投资和运行费用做一简单比较。以取得相同制冷和供热的效果为前提，按空调主机的不同形式选择两个方案：方案一采用传统中央空调系统；方案二采用湖水源热泵中央空调系统。

经逐时冷热负荷计算：该工程夏季最大冷负荷出现于下午 17：00，冷负荷值为 1598kW（含新风负荷），空调冷负荷指标为 235W/m^2；冬季热负荷为 217kW（含新风负荷），空调热负荷指标为 32W/m^2。空调系统运行时间分别如表 3-8 和表 3-9 所示。

两个方案的经济性指标如表 3-10 和表 3-11 所示。

传统空调系统运行时间表 **表 3-8**

设备名称	设备电功率	运行时间(h)				
		3、4 月	5～10 月	11、12 月	1、2 月	总计
水冷螺杆机组	246kW	234	1104	312	—	1650
风冷热泵机组	65/62kW	180	960	240	405	1785
冷冻水泵	22kW	468	2208	624	—	3300
冷却水泵	22kW	468	2208	624	—	3300
冷却水塔	5.5kW	468	2208	624	—	3300
供热水泵	11kW	—	—	—	405	405

水源热泵空调系统运行时间表 **表 3-9**

设备名称	设备电功率	运行时间(h)				
		3、4 月	5～10 月	11、12 月	1、2 月	总计
水源热泵机组	116kW	270	1200	360	—	1830
水源热泵机组	116/165kW	180	960	240	405	1785
冷冻水泵	22kW	540	2400	720	—	3660
冷却水泵	11kW	540	2400	720	—	3660
供热水泵	11kW	—	—	—	405	405
潜水泵	15kW	270	1200	360	405	2235

注：1. 两个方案中的空调末端设备相同，因此本表中只列明了空调主设备的运行时间；

2. 设备运行时间是由业主提供：3、4 月：每天只运行 1 台机制冷，每天运行 6h，其中有 2h 只按 50%的负荷运行；5～10 月：每天运行 10h 制冷，其中有 2h 只按 50%的负荷运行；11、12 月：每天只运行 1 台机制冷，每天运行 6h，其中有 2h 只按 50%的负荷运行；1、2 月：每天运行 10h 供热，其中有 2h 只按 50%的负荷运行。

传统空调系统初投资和运行费用估算表 **表 3-10**

初投资				运行时间	运行耗电量	运行费用
设备名称	设备参数	（台）	（万元）	（h）	（kW）	（万元）
水冷螺杆机组	L_Q=1232kW、N=246kW	1	69.012	1650	405900	19.48
风冷热泵机组	L_Q=249/221kW、N=246kW	1	24.04	1785	114810	5.51
冷冻水泵	Q=136m^3/h、H=30m、N=22kW	3	3.33	3300	72600	3.48
冷却水泵	Q=150m^3/h、H=22m、N=22kW	2	2.22	3300	72600	3.48
冷却水塔	Q=165m^3/h、N=5.5kW	2	9.9	3300	18150	0.87
供热水泵	Q=75m^3/h、H=20m、N=11kW	2	1.24	405	4455	0.21
总计			109.74			

水源热泵空调系统初投资和运行费用估算表　　**表 3-11**

初投资				运行时间	运行耗电量	运行费用
设备名称	设备参数	（台）	（万元）	（h）	（kW）	（万元）
螺杆式水源热泵机组	L_Q=722kW、N=116kW	1	60	1830	212280	10.19
螺杆式水源热泵机组	L_Q=722/811kW、N=116kW/165kW	1	62	1785	226905	10.89
冷冻水泵	Q=136m³/h、H=30m、N=22kW	3	3.33	3660	80520	3.86
冷却水泵	Q=73m³/h、H=22m、N=11kW	3	1.86	3660	40260	1.93
供热水泵	Q=75m³/h、H=20m、N=11kW	2	1.24	405	4455	0.21
潜水泵	Q=150m³/h、H=12m、N=15kW	2	1.1	2235	33525	1.61
总计			129.53			28.70

注：1. 两个方案中的空调末端设备相同，因此本表中只列明了空调主设备的初投资与运行费用；
2. 电费：0.48元/kWh。

从表 3-10 和表 3-11 中可以看出水源热泵空调系统比传统空调系统具有明显的经济优势：

1）水源热泵机组制冷的 *COP* 值为 6.22，比水冷螺杆机组制冷的 *COP* 值（5.10）和风冷热泵机组制冷的 *COP* 值（3.83）高；

2）水源热泵机组的制热效率为 4.92，同样也比风冷热泵的制热效率（3.56）要高出 38.8%；

3）在相同室外温度的前提下，湖水水温比冷却水塔的水温要低 5℃左右，因此水源热泵机组所需的冷却水量比水冷螺杆机组所需的冷却水量要少，冷却水泵的流量与电功率也相应要小；

4）虽然水源热泵空调系统的初投资多出 19.79 万元，但每年的运行费用可以节约 15.2%，为 4.35 万元，简单投资回收期为 4.55 年，而且随着电费费率的提高，投资回收期会相应缩短。

3.4 海水源热泵系统建筑应用

3.4.1 海水源热泵及其特点

海水源热泵技术是水源热泵技术的一种，是利用海水温度与气温变化不同步的特点以及海底一定深度内一年四季温度相对稳定的特性，冬季把海水作为热泵供暖的热源，夏季把海水作为空调的冷源。海水源热泵系统能有效提高一次能源利用率，减少温室气体的排放。在国外已经有多年运行经验，是实现海洋资源利用的实用方式之一。

海水源热泵的主要特点是海水水量巨大，蕴含的热量也是巨大的，条件适合的项目可以建成大型的集中供热热泵站，同时，海水的腐蚀性、海洋生物的附着滋生、沿岸取水困难和冬季海水温度过低等特点也制约了海水源热泵项目的大规模推广。

3.4.2 海水源热泵国内外应用发展现状

国际上对利用海水资源进行供热和供冷的研究已经进行了几十年，已建成多个实际运行的海水源热泵系统。比较出名的项目有加拿大新斯科舍的港口海水供冷工程，以及美国夏威夷、纽约、佛罗里达地区的几个项目。海水源热泵的研究与应用主要集中在中、北欧地区，如瑞典、瑞士、奥地利、丹麦等国家，尤其是瑞典，其在利用海水源热泵集中供热供冷方面已有先进而成熟的经验，已经达到规模化应用的程度。位于瑞典斯德哥尔摩市苏伦图那的集中供热供冷系统是目前世界上最大的集中供热供冷系统，其制热制冷能力为200MW，管网延伸距岸边最长达20km。该工程建于20世纪80年代中期，位于波罗的海海边，是利用海水制热制冷的典范，近几年瑞典利用海水集中供热供冷发展非常迅速，预计在未来十年中将突破500GWh的能力。

1987年，挪威的Stokmarknes医院，建筑面积14000m^2，采用了海水源热泵来解决其漫长冬季的供热问题，同时采用一台燃油锅炉来满足其峰值负荷。该热泵的供热能力为2200MWh/a。自运行以来，每年可节能1235MWh，节约运行费用31743欧元，同时可减少CO_2排放量800t，减少SO_2排放量5.5t。

1992年Halifax滨海地区的Purdy's Wharf办公商用综合楼，建筑面积69000m^2。该地区每年大约有十个半月需要供冷，而其海水水下23m处全年水温一般在10℃以下，因此该综合楼采用了海水源热泵系统为其供冷。经过运行证明，该热泵系统较传统制冷系统多投资的费用在两年内即可回收，具有明显的节能效果。此外，2000年悉尼奥运会的场馆也使用了海水源热泵技术。

近年我国海水源热泵发展也很快，青岛、烟台、天津以及大连等地陆续建成了多个海水源热泵项目，如大连獐子岛海水源热泵应用面积达到150万m^2。

3.4.3 海水源热泵系统的基本形式和构成

海水资源在暖通空调上的应用主要有两种形式：一种是夏季利用深层冷海水直接制备冷冻水供冷；另一种是利用海水作水源热泵的水源，夏季供冷，冬季供暖。由于我国海岸的特点，直接利用深层海水的可能性很小，因此，本章重点介绍海水源热泵系统的形式和构成。

根据海水是通过换热器将冷热传递给热泵机组还是海水直接进耐腐蚀的热泵机组，海水源热泵系统可分为间接海水源热泵系统和直接海水源热泵系统。

直接海水源热泵系统：海水经过过滤后直接进入热泵机组，换热后直接排回大海。相比较间接式海水源热泵系统，减少了换热器和一组循环泵，因此，系统能效比高于间接式海水源热泵系统。直接海水源热泵机组必须要采用防腐蚀机组。直接海水源热泵又分为两种：一种是闭式直接海水源热泵机组，也就是最常用的热泵机组；另一种是开式直接海水源热泵机组，即热泵机组的蒸发器是开放式的，海水以淋膜的方式喷淋到蒸发器表面完成换热。瑞典斯德哥尔摩的大型海水源热泵供热站就是采用了这种方式。

间接海水源热泵系统：海水经过过滤后进入换热器，与热泵机组侧的循环水换热后排回大海，海水与热泵机组不接触，常见的系统形式如图 3-32 所示。

一个典型的海水源热泵系统主要包括：海水取排系统、热交换器和海水源热泵机组、输配管网系统。

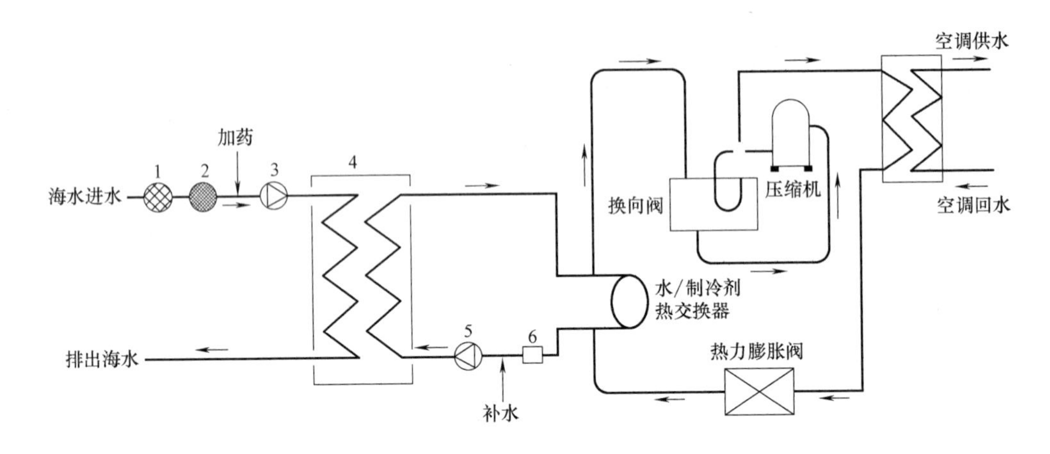

图 3-32 海水源热泵供热原理图

1—粗过滤器；2—精过滤器；3—循环水泵；4—板式换热器；5—冷却水泵；6—电子水处理仪

3.4.4 海水源热泵系统的技术要点

海水源热泵的技术难点是海水的腐蚀性，要求取水、输配及用水设备均要进行防腐蚀处理；海水容易滋生海洋生物，要求取水系统进行防海洋生物附着处理；海水含泥或砂，要求较好的过滤和除砂处理以减少对设备的磨损；冬季北方海水温度过低等，因此，要求在系统设计方面要充分考虑这些因素。

1. 耐腐蚀管材的选择

海水取排放系统主要是指海水取水、排水口，取水、排水管道和海水循环泵。

海水管道系统通常用的材料有以下几种：

（1）碳钢或铸铁材料。这种材料比较普遍，容易获得，价格较低，管道修理方便，同时内外涂层技术的发展使该材料的抗腐蚀性大大提高，在取排水管道上已经应用了很多年。

（2）高密度聚乙烯材料。这是一种用作海水管线的理想材料，安装便利，快捷。该材料用在深水中时，需要一定的壁厚来保证在连续或者循环的负压下不至于坍塌。高密度聚乙烯材料比水轻，因此需要采取一定的措施使管道固定在原地。高密度聚乙烯材料生产厂商给出此材料在较低的负压作用下的使用年限为 50 年。目前，国内厂商生产的管径最大已经超过 DN1600mm。

（3）玻璃纤维增强塑料/玻璃钢。这种材料具有非常好的流动特性和抗腐蚀性，安装方便，也可以进行修补。但是材料容易受到冲击损坏，对于风浪较大、取水深度较浅的情况不太适用。

其他可以使用的材料还有聚氯乙烯、钢筋混凝土以及木材等，这些材料在一定条件下也具有良好的经济性和实用性。

2. 海水管道的铺设及取排水构筑物设计

海水管道的安装主要有明敷和暗敷两种方式。明敷主要指使用铺管船法进行管道安装。这是最廉价的一种安装方法，也是我国常用的海底管道安装方法。据统计，我国近海用铺管船法敷设的海底管道约占总铺管数量的97%以上。这种方法是把管道直接放在海洋底部表面上。管道必须用压块锚定，以减轻水流引起的管道系统晃动。暗敷主要包括挖掘隧道和挖沟掩埋。挖沟掩埋技术已经很成熟，工艺流程包括挖沟成槽、碎石垫平、下放管道、安放马鞍块、压重块石等。目前非开挖铺管技术已经非常成熟，可以通过定向钻孔、扩孔和回拉一次将管线铺好。

岸上水系统包括取水进口部件和取水管道、循环水泵，排水管道和输配装置。海水根据虹吸原理经取水管道进入泵站，然后由循环水泵抽取海水到换热器或热泵机组。取水口设计必须防止鱼类和其他海洋中的杂物进入管道和水泵，同时要考虑海洋附着生物在管道内表面及其他部件内表面生长繁殖。因此，应该在这些海洋附着生物削弱系统运行性能之前采取有效手段来减少或者移除这些附着生物的生长。对于浅水情形，进口构造可以设计成一种有利于使用化学药剂，同时便于人工进行水下清理的形式；对于深水情形，取水口可以设计成可移动的，可以将装置升到水面上进行人工清理。一般，为了减少海洋生物的进入，取水口往往设计成箱式结构，控制进口有较小的流速，同时在进水口外加过滤网，并使用低瓦数的灯光来驱离海洋生物。

排水口的设计必须考虑对环境的影响。大量热量从排水管道排出，如果这些热量集中在一个区域，会造成局部温度变化过大，局部热污染严重。因此，可以在排水管道上散布一些孔口，使排水较为均匀地流入海洋。同时在这些孔口和排水区域设置监测点，每隔一定时间采集海水水质数据。

取、排水口的间距也是设计时需要模拟计算的内容。间距过大，使用管线过长，工程投资费用会过高；间距过小，会造成取排水口之间的水循环短路，使取水条件恶化。合理选择取排水口的间距，保证适宜的取水温度，是海水源热泵是否高效运行的关键。

3. 海洋附着物的预防和清理

在海水源热泵系统运行中，取排水系统中海洋附着物的生长往往是不可避免的。常见的附着生物包括：固着生物、粘附微生物、附着生物、吸着生物等。这些附着生物的存在，一方面会加速金属的腐蚀过程，另一方面会使取水、排水系统流通不畅，更容易堵塞换热器等部件，造成系统性能下降。通常有两种方法来消除海洋附着物生长带来的负面影响：一种是使用化学方法，另一种是物理方法。化学方法包括添加化学药剂、防污漆法以及电解防污技术等。物理方法包括生物溶菌、机械清理以及人工清理。

添加化学药剂方法适用于取排水系统能够注入药剂，同时保证可控制、监测，并最终在排放之前中和残余的药剂。化学药剂的选择使用主要是根据当地生长的水生物类型。化学药剂从系统的多个部位注入，以保证处理的均匀性。但是中和药剂的注入只是在一个部位。一般，中和药剂在接近排水管道末端注入，以保证海水在回到海洋之前中和处理是完全的。化学药剂一般是氯，根据实际需要，可选用连续或者间歇通氯。通氯是我国利用海水冷却工业中最常用的防污损方法。

机械方法在实际中也较为常用。管道内壁的清洗可使用刷子、压力清洗，或者使用外径比冷却管内径大的海绵球来清除管内表面附着物。美国科内尔大学采用的海水管线自动清洗装置，通过设在海水管道两端的压力传感器，计算管段的压力降，与设计压力降进行比较，判断结垢的程度，从而决定是否需要进行清理。清理时利用设在管子里的一种泡沫橡胶刷子往复运动进行机械清理，这样的物理机械方法不会对环境造成危害。机械清理方法一般辅助人工清理方法，对于取水口装置、排水口装置、管道与换热器和循环泵的接口处等机械清理难以完成的地方往往使用人工清理。

4. 循环泵与阀门的选择

海水取排放系统中另一个重要的部件是海水循环泵。循环泵主要考虑腐蚀问题。根据国内外化工厂、热电厂使用大型海水泵情况的实际调查，海水泵的磨损腐蚀是非常严重的。在海水泵的材料选择方面，一般选择耐腐蚀性的铜合金以及耐海水腐蚀性能更加优良的材料如钛和钛合金等。无论取水管道采用什么样的材料及形式，由于取水大多采用自流式，海水泵只需承担陆上部分管道压损。海水泵一般安放在岸边式取水泵房中，取水泵房的设计与施工国内已经积累了相当丰富的经验。

5. 阀门等部件的防腐

阀门等部件宜选用非金属材料制品，市场上常见的塑料阀门如图 3-33 所示。

图 3-33　常见的塑料阀门示意图

6. 换热器的选择

对于间接式海水源热泵系统，换热器是较为重要的一个部件，基本类型为壳管式换热器和板式换热器。需要考虑海水源的特点对换热器的影响。换热器的选择主要参考它们的投资费用、换热性能、与水质类型的兼容性和运行费用。板式换热器一般有较好的热性能，体积较小，经济性好，可以有多种材料规格。目前公认的适合海水的换热器为钛或钛合金板式换热器，此外不锈钢板式换热器也有应用，其耐腐蚀性稍差，但换热性能较好，体积小，成本也较低。另外，人们也在不断研究新的材质类型，如铝制板换和塑料换热器等。例如美国研究换热器中生物污垢和腐蚀的测试实验在夏威夷 Keahole 进行了 10 年，研究表明，在深水侧，换热器和管道中的生物污垢并不存在，抗腐蚀的低成本的铝换热器已经试验成功。铝换热器因为价格低廉已经发展成为钛制换热器的一种替代品。目前国内也有厂家生产铝制换热器。

对于小型海水源热泵项目，也可采用塑料换热器，如图 3-34 所示。由于塑料导热系数较低，相对于金属换热器，体积较大。塑料换热器与金属换热器性能比较如表3-12所示。

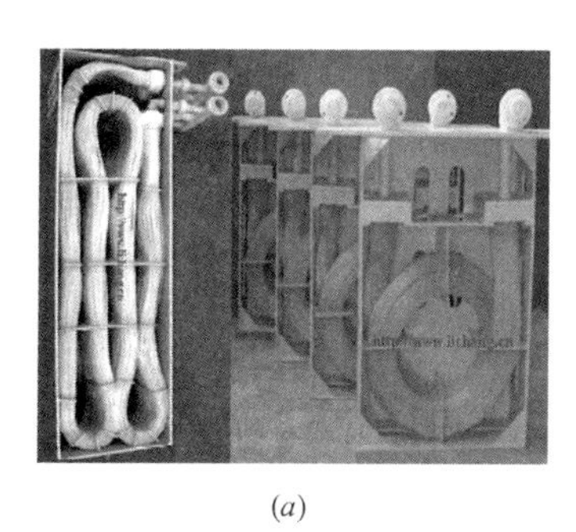
(a)

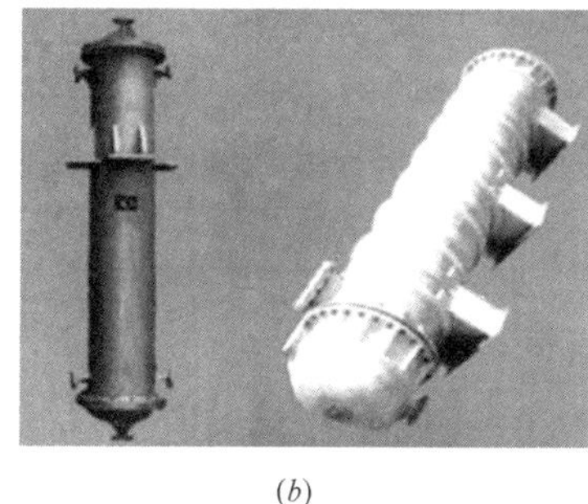
(b)

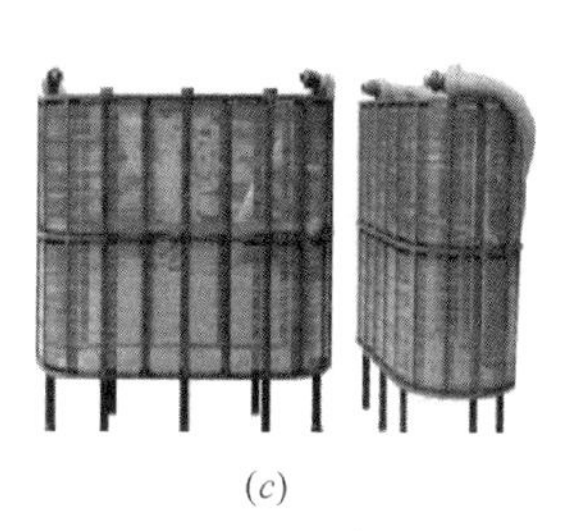
(c)

图3-34 塑料换热器示意图

(a) 塑料换热器；(b) 塑料壳管式换热器；(c) 塑料板式换热器

塑料换热器与金属换热器性能比较　　表3-12

性　　能	塑料换热器	金属换热器
使用温度范围(℃)	50～200	50～500
使用寿命	几年到几十年	10～30年
总传热系数[W/(m^2·℃)]	100～500	1000～2500
酸洗	可以	较少，且为弱酸
化学药品费用(美元/m^2)	很少	0.02～0.05
管壁厚(mm)	约0.1	0.4～1.2
限制氧气含量	不限制	10^{-9}
加工成型	容易	较难
单位面积成本(美元/m^2)	3～15	30～90

与取排水系统相同，在取用浅层海水的情况下，换热器中海洋生物的附着生长和结垢也是常遇到的问题。要阻止或者消除管道和设备中的生物生长和结垢，常采取过滤这种有效的办法。附加过滤器用来保护设备和减少由于结垢和生物生长导致的性能下降影响。通常海洋和湖泊的深层水是洁净的，不需要过多的过滤，但是使用表层海水或者污染区域的水源必须首先经过过滤。

7. 热泵机组的选择

在直接式海水源热泵技术中，海水直接进入机组换热，因此海水源热泵在制冷制热上有着更好的换热性能。这类机组也面临很多技术上的问题，最大的问题就是机组的防腐问题。在与海水接触的所有部分都需要做好防腐处理，包括换热管束和与海水接触的水室、挡板等。从目前对国内一些厂家的品牌调研看，对海水机组的处理在水室和挡板上基本没有问题，在换热管束的处理上有以下几种形式：第一种换热管采用的是海军铜，其优点主要是价格较低，换热效果相对于其他的一些耐腐蚀铜管要好，缺点是防腐性能不尽如人意。海水的腐蚀主要是通过电化学来腐蚀金属，所以采用海军铜机组内部牺牲阳极保护消耗速度比较快，更换周期比较频繁，而且它的耐冲蚀性能有待提高。第二类以B10或B30

的镍铜管作为换热管，镍铜管的耐腐蚀和冲蚀性较海军铜有大幅度增加，但相应的换热效率相对于海军铜有所下降。价格比海军铜高。第三类是水质比较恶劣时采用的钛合金。这类机组一般适用于海水水质特别差，腐蚀性特别大的区域。表 3-13 是三种不同材料特性的对比（以海军铜为标准）。

三种不同材料特性 **表 3-13**

项目	价格	传热效果	耐腐蚀性	更换周期	换热面积
海军铜	便宜	高	差	短	正常
不锈钢	便宜	低	中等	短	高
镍铜管	中等	中等	中等	正常	较高
钛铜管	很高	低	高	较长	高

从表 3-13 可以看出，镍铜管的性价比较高。对于我国目前的大部分地区的海水热泵都可以采用镍铜管。由于钛管价格昂贵，则要根据海水的腐蚀情况，决定是否采用。对于海军铜（锡黄铜）则要认真考虑在其应用的条件下，海水的水质如何。

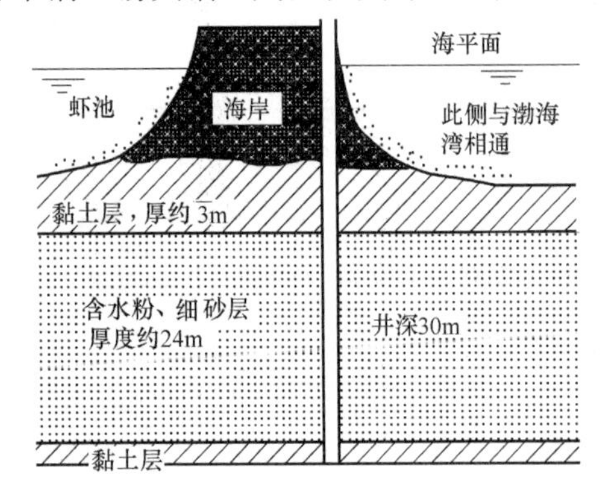

图 3-35　渗滤取水技术

8. 冬季海水温度过低的解决方案

我国沿海的年平均盐度：渤海 29‰～30‰，黄海 30‰～32‰，东海 32‰～34‰，南海 32‰～34.5‰。当盐度为 1‰时，冰点温度为－0.53℃；盐度为 2.47‰时，冰点温度为－1.33℃；盐度为 3.5‰时，冰点温度为－1.91℃。近年，渤海湾近海已经连续多年出现结冰现象。采用海滩打井渗滤取水技术的方式能有效解决冬季海水温度较低的难题。即海水取水采用海水渗井的方式取水，通过抽取岸上海水渗井中的海水作为热泵的水源，而非直接抽取海洋表面的海水（见图 3-35）。由于潮汐、波浪以及海水自身的热对流作用，冬季海水温度在垂直方向上趋于一致。而海滩含水层中的海水由于附着在含水层的孔隙中，受附着力的影响，不参与上述作用或影响很小，因此，含水层中的海水温度能保持较高的温度（见图 3-36）。笔者在曹妃甸的试验表明（井位如图 3-37 所示），渤海湾近岸

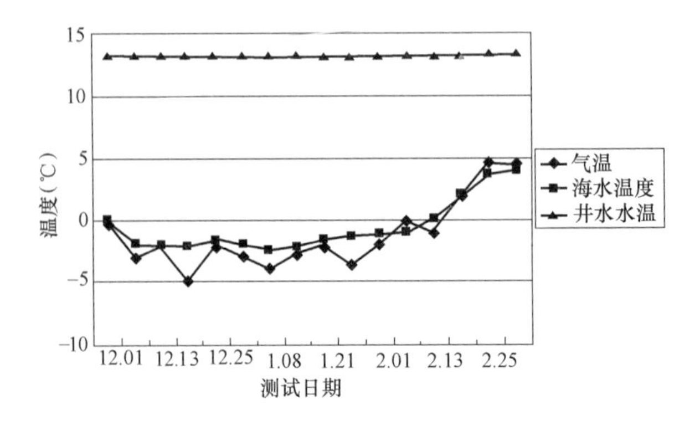

图 3-36　气温水温变化对照图

海水在结冰的情况下，通过井水抽取的海水温度仍能达到13.4℃。

从中国地质调查局天津地质矿产研究所环境与水资源调查研究室编写的“渤海湾及环渤海泥质海岸带近现代地质环境变化研究”科研报告了解到，在环渤海湾的淤泥质海岸中，普遍存在一层1～2m厚的粉砂或中细砂地层，埋深在3～5m之间。浸泡在海水中的砂层无疑会附存着大量的海水或者直接与海水相通。黄海、东海大多数为淤泥质海岸，南海近岸多为沙砾质，都易采用渗井、渗渠取水方式。

图3-37 曹妃甸现场试验情况

9. 环境影响分析

(1) 正面影响

海水源热泵系统的使用可以减少使用传统空调带来的对全球变暖和气候变化的负面影响。海水在换热后进入海洋之前还可以进行二次应用，如水产养殖、海水淡化等，环境效益显著。

(2) 负面影响

海水源热泵系统对环境也存在着负面影响。系统从海洋的深层带抽取大量的海水，经过热交换后排放到海洋表面，巨大的热量排入海洋，导致海水局部温度发生变化，这些变化可能会产生不可预料的影响。由于海水源热泵系统都是根据当地实际情况设计的，在设计时必须采取有效的措施来减少建造和运行过程中对环境所产生的潜在影响。因此，国外的普遍做法是在施工前必须有一个环境影响评价报告。包括排水对海洋温度的变化所导致的海洋生物、水产养殖的影响的调查和分析，以及陆上输配系统大量地下埋管对环境可能产生的影响，如果在运行过程中使用了化学药剂，还得考虑剩余排放的化学药剂对环境的影响。

从国外海水源热泵系统运行情况看，只要在建造前经过合理的设计和评估，在实际运行中对环境的影响都可以降低到标准规范要求的范围内，甚至这种影响可以忽略。国内对电厂取排水系统引起的海洋环境变化做了大量研究，这些研究结果表明，在取水温升在8℃的情况下，水流量不超过60m^3/s的范围内，温排水对海洋环境影响很小。这里所说的影响，其标准主要是根据我国《中华人民共和国海洋环境保护法》、《海水水质标准》GB 3097—1997规定的内容以及当地水产养殖业不同鱼类的生长习性特点。

3.4.5 我国近海海水温度特点

我国近海海水的温度状况，除取决于热量平衡的分布与变化外，受气象条件、海流、地形等影响也较大。渤海和黄海北部易受大陆气候的影响，水温的季节变化最大；黄海南部和东海的水温与海流、水团的分布关系密切；南海的水温状况显示出若干热带深海的特征——终年高温，地区差异和季节变化都小。

根据我国近海水温分布的特点，可把水温归结为冬季型、夏季型和过渡型3种类型。

冬季型出现在11月至翌年3月，为全年水温最低季节。此时表面水温高于气温，陆上气温低于海上气温，故沿岸水温低，外海水温高。表面水温自北向南逐渐递增。等温线密集，水平梯度大，等温线分布大致与海岸平行，高温水舌与水流方向一致。夏季型于6～8月出现，这时太阳辐射增强，使中国近海表层水温普遍升高，成为一年中水温最高的季节。因气温高于水温，沿岸水温高于外海，所以水温分布比较均匀，水平梯度小，等温线分布规律性差，南北温差小。过渡型发生在4～5月和9～10月季节交替时期，其中春季为增温期，秋季为降温期。过渡型的主要特点是温度状况复杂多变且不稳定，规律性差。

1. 水温的水平分布

渤海辽东湾冬季表层水温为－1℃左右，渤海南部为0℃左右，渤海中央水温约2℃，温度自中央向四周递减，东部高、西部低，沿岸浅水区并有冰冻出现。表层以下各层水温分布趋势基本相同。夏季渤海沿岸浅水区及表层水温增温很快，使辽东湾、渤海湾及莱州湾都成为高温区，水温达26～28℃，而渤海中央成为相对的低温区，水温为24～26℃。

黄海冬季各层水温分布都较规则，沿岸低，外海高，黄海中央为一高温水舌由南向北伸展。黄海北岸表层水温－1～2℃，东岸2～6℃，西岸3～5℃，中央为5～12℃。黄海夏季表层水温升至26～28℃，但在成山角和朝鲜半岛西南部附近，各自出现一个低温区，中心温度低于24℃。

东海冬季表层水温以等温线密集和冷、暖水舌清晰为其主要特征。浙、闽沿岸仅6～14℃；夏季沿岸水温升至27～28℃；除长江口附近有一弱而极薄的暖水向东北方向伸出外，东海表层水温均为27～29℃，分布极为均匀。但在个别地区出现上升流，形成低温区。如舟山群岛附近，8月表层水温为23～25℃，比周围海域低2～3℃。台湾海峡地区冬季等温线密集，呈东北—西南向分布西部表层水温14～16℃，东部为17～23℃；夏季表层水温达27～28℃。

台湾以东海域终年受黑潮控制，四季高温，冬季表层水温24～25℃，夏季为28～29℃。

南海北部浅水区和北部湾，水温易受陆地及气象条件的影响。冬季水温较低，一般在16～22℃，等温线分布大致与海岸平行，温度由岸向外海递增，到南海中部表层水温达25～26℃。南海夏季表层水温均达28～29℃，但因西南季风的作用，导致越南中部、南部以及海南岛东岸等出现深层冷水涌升现象，造成夏季的低温区，温度分别为25℃和23℃。

2. 水温的变化

据资料分析得知，我国近海水温年变化以8～9月最高，1～3月最低。最高值出现以表层最早，表层以下最高值出现时间随深度的增加而推迟，底层最晚。表、底层最高温度出现的时间可相差1～4个月。与最高水温出现的时间不同，最低水温出现的时间从表到底基本上是同时的，相差仅1个月左右。这是因冬季对流混合向下传递热量较快的缘故。

渤海表层水温以8月最高，约28℃；1～2月水温最低，约－1～2℃。3～6月增温最快，增温率平均每月4～5℃；10～12月降温最快，降温率平均每月5～6℃。

3.4.6 我国海岸的类型及特点

海水源热泵系统需要抽取海水进行热交换，海岸类型决定了海水源热泵系统的取水方式，直接决定了热泵系统的效能和经济性。因此，发展海水源热泵技术有必要对我国的海岸类型及海水温度变化特点有一个全面的认识。

1. 我国海岸状况及构造特点

我国海岸的性质，一般以杭州湾为界点，南部地质构造以持续上升为主，在地貌上多为山地丘陵海岸，在垂向上高低起伏大，在平面上岬角、海湾交替分布，海岸曲折，海岸以侵蚀为主。北部地质构造以下降为主，如辽东湾、莱州湾和渤海湾等，在地貌上多为平原海岸，海岸地形单调、缓坦，海岸线平直，海滩辽阔，海岸以淤积为主。

海岸是波浪和潮汐有显著作用的沿岸地带，是海洋和陆地相互作用、相互接触的地带。它的宽度可从几十米到几十千米，一般可分为上部地带，中部地带（潮间带）和下部地带三个部分（见图 3-38）。上部地带，又称为陆上岸带，一般风浪和潮汐都不可能作用到。是过去因海水作用而形成的阶地地形，它的特征是海蚀崖、海蚀穴、海蚀阶地和平台。潮间带，由海滩和潮坪两部分组成，在这一带是海浪活动最积极、作用最强烈的地带。下部地带又称水下岸坡带，一般从低潮时海水到达的地方算起，到波浪、潮汐没有显著作用的地带。

海岸的类型多种多样，根据其形成动力、气候等原因，可分为：侵蚀海岸、堆积海岸、冰碛—冰蚀海岸、构造海岸、生物海岸等几种。由于我国的东部、北部海岸主要是堆积和侵蚀海岸，因此主要针对这两种海岸形式的海水源热泵系统的取水和换热进行了分析。

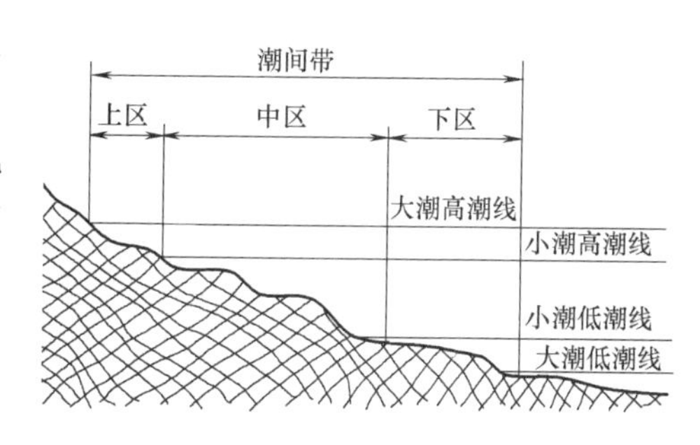

图 3-38　海岸的结构

2. 侵蚀海岸取水方式及优缺点分析

侵蚀海岸大都比较陡峭曲折，其形成不仅与波浪、潮汐等活动作用有关，还与地质构造陆上风化作用有关，它们一般是由比较坚硬的岩石组成的。由于海岸陡峭，沿岸海水较深，一般是修建港口的好地方。以海水为低温冷热源的海水源热泵中央空调如果是毗邻这种类型的海岸，可以直接抽取海水换热或者将盘管直接放入海底换热。工程原理图如图 3-39 和图 3-40 所示。

图 3-39　海底埋盘管技术

图 3-40　直接抽取海水

直接抽取海水或海底埋盘管方式的优点是工程造价便宜，使用维护简单。

在杭州湾以南的华东、华南沿海都能见基岩海岸，在杭州湾以北，则主要集中在山东半岛和辽东半岛沿岸。此外，在我国的第一、第二大岛的台湾岛和海南岛，其基岩海岸更为多见。我国的基岩海岸长度约5000km，约占大陆海岸线总长的30%。因此，直接抽取海水或海底埋盘管方式的海水源热泵中用空调潜在的工程量是很大的。目前，在青岛成功应用的几个工程，基本都是采用这种取水方式。

直接抽取海水或海底埋盘管，和地下水相比，水温随气候温度变化较快。这是因为海水在对流和潮汐作用下，海水冷却或增温很快，并且海水温度随水深变化不大。15m以下地下水水温基本不受季节气候变化的影响，常年在15℃以上。但海水水温变化的周期仅比气温延迟一个月左右，只是变化幅度较小，冬季海水水温在垂直方向上趋于一致。这样就使得在气温最低的1、2月份，水温也较低，对热泵机组的制热系数*COP*影响较大。以威海附近的海域为例，气温变化和海水温度情况如表3-14和表3-15所示。

烟台长岛海区历年各月水温表 **表3-14**

月水温(℃)	1	2	3	4	5	6	7	8	9	10	11	12	年
平均	4.7	2.5	2.7	4.7	8.6	14.0	18.9	22.1	20.9	17.1	13.0	8.5	11.5
最高	9.1	7.2	8.1	11.6	15.7	22.9	25.0	27.3	25.3	22.8	17.7	12.8	27.3
最低	0.6	−1.2	−1.2	0.8	3.9	7.9	12.9	15.4	16.7	13.4	8.8	3.8	−1.2

烟台长岛县历年气温表 **表3-15**

月份	1	2	3	4	5	6	7	8	9	10	11	12	年
气温(℃)	−1.6	−0.8	3.7	9.7	16.0	20.5	23.9	24.5	21.1	15.7	1.4	1.3	11.9

3. 堆积海岸的地质构造

堆积海岸是由一些松散的、软细的砂质组成，如三角洲海岸，有海滩、沙堤、沙嘴等。在一些粉砂质海岸上，往往有大量的贝壳、贝壳皮等组成的贝壳堤。可分为砂砾质海岸（见图3-41）和淤泥质平原海岸（见图3-42）。辽东湾、莱州湾和渤海湾等，在地貌上多为淤泥质平原海岸，海岸地形单调、缓坦，海岸线平直，岸滩平缓微斜，潮滩极为宽广，有的可达数十公里。

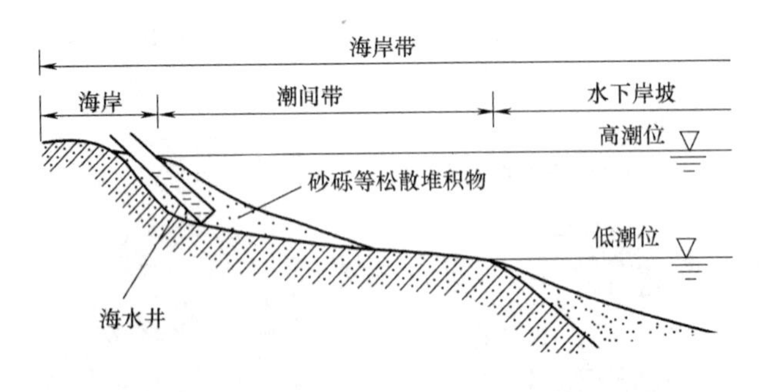

图3-41 砂砾质堆积海岸的地质构造示意图

海岸的组成物质较细，大多是粉沙和淤泥。由于堆积海岸潮间带一般较宽，一般可达数十千米，因此如果应用海水源热泵技术，直接取水比较困难。即便用长管道抽取海水，

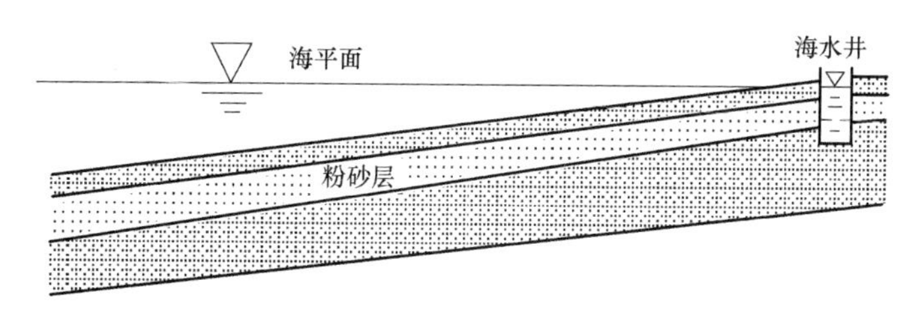

图 3-42 淤泥质平原海岸的地质构造

由于海水较浅，受气温变化影响较大，影响供暖和制冷效果。针对此种情况，可以利用海水渗井的取水方式，即利用全塑料或其他耐海水腐蚀成井工艺，在潮间带区域开凿海水井，然后抽取井中的海水通过钛合金板换换热或其他耐腐蚀换热设备后供给热泵机组。

海水井方案是否可行的关键是通过此种方式是否能抽取到海水。通过分析堆积海岸的地质构造可知，无论是砂砾质海岸还是淤泥质海岸，都有含水层或直接连接海水的通道。

3.4.7 海水源热泵工程实例

瑞典首都斯德哥尔摩坐落在 14 座岛屿之上，是公认的世界上最美的城市之一。斯德哥尔摩占地 200km^2，在几十年前就实现了区域供热，到目前已覆盖了整个城市和市郊。每年销售热量约 5700GWh，6000 多个用户，输送管网长度达 765km。近年来区域供冷也发展迅速。

斯德哥尔摩没有天然气，1985 年以前区域供热主要是通过燃油和电供热。1985～1986 年，斯德哥尔摩建设了总供热能力为 280MW 的世界上最大的 Ropsten 海水源热泵站，用于区域供热，占城市中心管网输送总量的 60%以上。海水源热泵站负责城市供暖的基础负荷，燃煤（油）锅炉或者热电厂负责调峰。供暖时，45℃回水首先经过海水源热泵站，通过 3 级热泵加热，温度升高到 80℃左右后进入燃煤锅炉或热电厂，继续加热到 100～110℃用于城市热网供水。

热泵站由 3 个子站组成，Ropsten1 号站建于 1985 年，有 3 台双级串联压缩的离心式热泵机组，3 台热泵机组分别为 VP21、VP22 和 VP23，制冷剂为 R22，每台热泵机组供热能力均为 28MW。Ropsten2 号站建于 1986 年，机组分别为 VP24、VP25 和 VP26，制冷剂为 R22，每台热泵机组供热能力均为 28MW。以上 6 台热泵机组在 2003 年以前每台的年供热量均为 145GWh。Ropsten3 号站建于 1986 年，共 4 台热泵机组，制冷剂目前为 R134a，热泵机组编号分别为 VP91、VP92、VP93 和 VP94，每台热泵机组的制热能力约为 25MW，4 台热泵机组的年供热能力均为 135GWh。1995 年以后，Ropsten3 号站开始用于城市区域供冷。

Ropsten1 号站和 Ropsten2 号站建在一起，Ropsten3 号站建在海面上，和 1、2 号站不同的是采用了潜水泵取水的方式。1、2 号站的海水取水泵站有两个取水口，一个在海面下 3～4m，另一个在海面下 15m。海水取排管线 3 供 3 回，每根管线有两台水泵。如图 3-43 所示。

海水取水管道用松木制成，直径约 3m，管道长 170m（见图 3-44）。

（1）Ropsten 海水源热泵站的工作原理

图 3-43　1、2 号泵站海水输送水泵

图 3-44　木质管道的制作

1 号、2 号和 3 号站为串联工作，每个热泵站内的热泵机组为并联，如图 3-45 所示。海水泵从距离海水泵站 170m 处的取水塔提取海水，将海水直接输送到 1 号站的 3 台机组的开式喷淋式蒸发器，蒸发器材质为不锈钢。热泵机组提取海水中的热量加热区域供热的回水，使其温度升高约 7～8℃。2 号站的工作原理与 1 号站相同，与 1 号站的热泵机组供热侧是串联关系，水源侧为并联关系。2 号站继续将供热回水的温度进一步提升 7～8℃，然后进入 3 号站进行第三次温度提升，提升大约 7～8℃，3 号站的供热原理与 1、2 号站完全相同。经过海水源热泵 3 级加热后的供热水进入附近一个燃煤（增压循环流化床）燃油（调峰）热电厂进行最后的第四次升温，热水被加热到 100～110℃后作为供水进入区域供热管网。被提取能量后的海水在海水泵站被排入波罗的海。

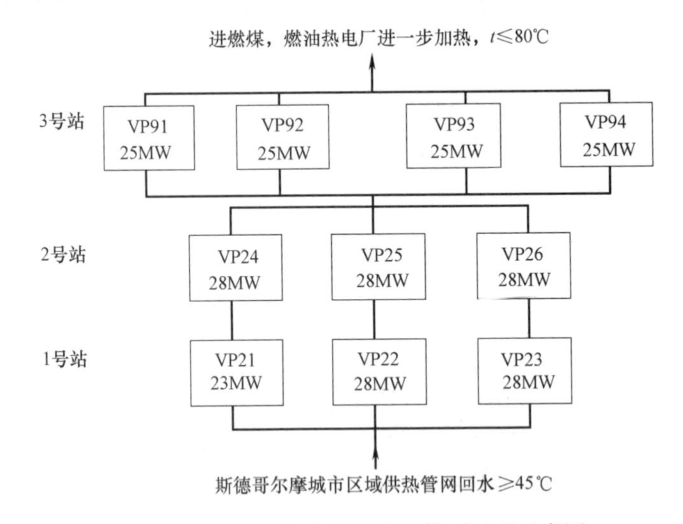

图 3-45　Ropsten 海水源热泵站供暖原理示意图

该大型海水源热泵站所用热泵机组与常规热泵机组有以下不同：一是采用了开式喷淋式蒸发器，蒸发器的材质采用的是不锈钢（见图 3-46）。二是采用了补气增焓技术，这是由于热泵输出温度要求较高，3 级加热输出 70℃以上，而海水的温度又比较低，3℃左右。热泵机组的工作原理如图 3-47 所示。

Ropsten1、2、3 号海水源热泵站每年总共可以为斯德哥尔摩区域供热管网提供热能

图 3-46　喷淋式不锈钢蒸发器

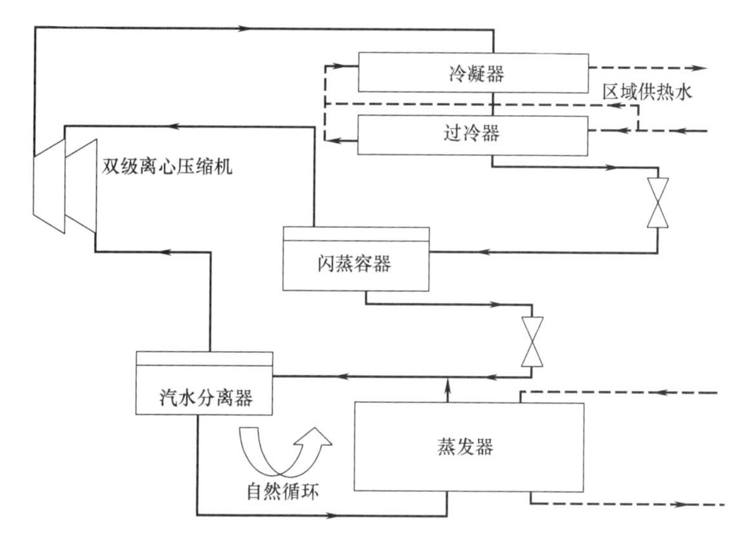

图 3-47　瑞典 Ropsten 大型海水源热泵机组工作原理图

约 1410GWh，整体供热 *COP* 约在 3 左右。

（2）大连某港口海水源热泵项目

大连港矿石码头建筑单体（冷热）空调面积 20180m^2，所有建筑临海依山而建。全年满足 130 人/d 的生活热水需求。海水取水采用海水渗井的方式。热泵机组与海水采用间接换热的方式。

冬季利用海水作为热泵的热源，经热泵机房内的板式换热器后被冷却到 1.5℃排至大海。在板式换热器的另一端，20%的乙二醇与海水换热后将热量传输到热泵蒸发器，热量经过热泵机组提升，在高温端产生 45～55℃的热水，与终端板式换热器换热后送至用户。

夏季，热泵机组则转换为冷水机组使用，海水按照与冬季同样的方式经板式换热器循环。不同的是，换热后的冷却水用于冷却热泵（冷水机组）冷凝器。海水作为热泵机组的冷源，25℃的海水经板式换热器后被加热至 35℃，在板式换热器的另一端的乙二醇由 36℃被冷却到 26℃，热泵机组的冷凝热被乙二醇水溶液带走。同时，蒸发器产生 5℃的冷水，与终端板式换热器换热后送至用户。

热泵机组上述运行模式与传统的冷却塔冷却方式相比，能够获得更低的冷凝温度，大大减少额外电耗，结合灵活的部分荷载能力、更集中高效的控制方式，大大提高了系统的*COP*值。同时，空调冷凝热提供45～50℃的卫生热水。

在海水管网系统入口处装有自动自清洗过滤器，过滤精度为0.05μm，可以对系统的沙子等杂质进行清洗，当过滤元件内杂质积累到一定程度时，过滤器自动启动反冲洗机构，不需要人为干涉。同时，为了防止海水系统滋生海生物，在海水泵房里设立一套O—NaClO电解海水防污装置，它通过电化学的方法产生离子来杀死海生物，以保证海水管网正常运行。对于海水管网系统在过渡季节停止中产生的少量海生物，可以通过系统再运行时产生的O—NaClO杀死并且过滤排掉。

冬夏季制热（冷）负荷情况见表3-16。

夏季制热（冷）负荷情况 **表3-16**

工程名称	空调面积（m^2）	设计冷量（W/m^2）	冷量合计（kW）	设计热量（W/m^2）	热量合计（kW）
综合楼	800	110	880.00	85	680
维修保养间及工具材料库	1200（500）	110	55	95	114
门卫	20	110	5.5	80	4
装车楼	150	—	—	100	15
商检制样楼	400	110	44.00	95	38
污水处理间	260	—	—	95	24.7
流机库	800	—	—	95	76
1号变电所	1200	—	—	80	96
2号变电所及中控室	1600（500）	140	70	80	128
海水淡化处理站	1100	—	—	95	104.5
加压泵站	120	—	—	80	9.6
机房	500	—	—	65	32.5
铁路楼	150	—	—	95	14.25
降压站	800	—	—	95	76
预留	3500（1500）	110	165	90	315
小计	11179	—	1219.5	—	1727.55
卫生热水热负荷	—	按35人考虑，水耗量55t/d，3h从15℃升到47℃		—	100
合计	—	—	—	—	1827.55

海水源热泵年电能消耗情况：夏季100d/a，冬季120d/a，每天运行时间8.5h，公休日利用系数为1×5/7=0.7。每天所需负荷波动不同，日运行系数取为0.7。一年中季节变化所需负荷波动不同，年运行系数取为0.7。水泵采用普通泵，运行系数取为1.0。计

算公式为：

每小时耗电量×年运行天数×日运行小时数×年运行系数×公休日运行系数。

年运行费用为：夏季制冷耗电＋冬季供暖耗电＝403913kWh（见表 3-17、表 3-18）。

海水源热泵年制冷能耗　　表 3-17

项　　目	热泵机组	水　　泵
设备	RHSB680HM×2 台	二次冷却水循环泵 1 台 冷冻水循环泵 2 台
电量	89797kW	40800kW
总耗电量	130597kW	

海水源热泵年供热能耗　　表 3-18

项目	热泵机组	水泵
设备	RHSB680HM×3 台	二次冷却水循环泵 3 台 冷冻水循环泵 2 台
电量	183046kW	90270kW
总耗电量	273316kW	

按电价 0.7 元/kWh 计算，年用电费用为：28.3 万元，其中冬季供暖面积约 20180m²，夏季空调面积 11179m²。折合全年运行费用约 25 元/m²，其中供暖约 4.5 元/m²，制冷约合 17 元/m²。而且 130 人的全年生活热水费用也包含其中。

3.5　污水源热泵系统建筑应用

3.5.1　污水源热泵及其特点

城市污水是一种蕴含丰富低位热能的可再生资源，在中国、日本，特别是北欧的一些国家已经得到一定程度的应用。污水源热泵空调技术是以城市污水作为建筑供暖供冷中的低品位热源和排热汇，通过热泵技术，解决建筑物冬季供暖、夏季供冷和全年热水供应的系统技术。

城市污水在全国范围内夏季水温 20～28℃，冬季 10～18℃，并且在整个季节内基本恒定，因此热泵系统供暖或者供冷相对于空气源热泵系统或常规空调系统性能更稳定，能效比更高。相对于地下水水源热泵和地源热泵，不占用地下空间，对地下水无任何影响，同时，靠近污水处理厂的污水源热泵泵站可以做到规模较大，实现城市区域供暖和供冷。

污水源热泵系统也有其自身的局限，例如，原生污水源热泵只要靠近污水主管网，取回水方便，机房布置灵活，但存在污水换热侧易堵塞、易结垢等技术问题，以及原生污水热量提取与污水处理工艺中要求污水保持一定的温度之间的矛盾。采用二级以上排放的污水源热泵系统，都是在污水处理厂的附近，一般离中心城区较远，供暖管网建设费用较高，循环系统能耗也提高。

随着技术的进步和城市的发展，污水源热泵系统遇到的技术问题正在逐步解决，整体向着更有利的方向发展。

3.5.2 污水源热泵技术的国内外发展现状

对于城市污水源热泵空调系统的研究，日本、挪威、瑞典及其他一些北欧供热发达国家起步很早，但由于城市污水水质的特殊性，一直以来进展缓慢。瑞典是最早将污水源热泵技术应用于城市区域供热的国家。世界上第一个城市污水源热泵系统于1981年6月在瑞典斯德哥尔摩Sala镇投入运行。1981年，在瑞典赛勒建成利用污水区域供热热泵站以后，发展很快，到1983年又建成8座；1983年，挪威的第一个城市污水源热泵系统在奥斯陆投入运行。这两个系统均采用淋激式换热器直接提取污水中的热量。到1987年，瑞典的污水源热泵站已超过100多座，总供热能力已达到1200MW，成为世界上应用大型污水源热泵的代表国家之一。在此期间，日本、美国等国家也相继建立了一批大型城市污水源热泵系统，单个项目总装机容量达1600MW。

日本也是很早就系统研究城市污水热能利用的国家，1983年开发了壳管式污水水源热泵系统，利用具有自动防污功能的壳管式换热器实现污水的流动和换热，污水在管内流动，清水在管外壳体内流动，使用现有的水源热泵机组，通过二次换热实现蒸发或冷凝过程。日本东京从1987年开始启动污水源热泵项目，至2008年已经有超过12个污水源热泵系统在运行，日用水量7000m^3，总供热能力为8900kW，总供冷能力为11640kW。国外典型的污水源热泵系统工程如表3-19所示。

国外典型的污水源热泵系统工程　　表3-19

地点	水质	容量(kW)	投入时间	系统工艺	能耗系数
挪威奥斯陆	一级出水	8500	1983年	SE-SSHP	制热2.6
瑞典塞勒	净化水	39000	1982年	ST-SSHP	制热3.4
东京落合污水处理厂	二级出水	580	1987年	ST-SSHP	制热3.4
东京汤岛污水泵站	一级出水	210	1987年	ST-SSHP	制热3.2
东京后乐污水泵站	一级出水	3000		ST-SSHP	制热3.5

注：ST-SSHP：shell-robe sewage source heat Pump，壳管式污水源热泵。

我国城市污水源热泵技术相对于发达国家起步较晚，北京工业大学于1999年在北京市高碑店污水处理厂开发了一套污水源热泵试验工程，为900m^{2}的建筑供热。2004年，密云污水处理厂的2000m^{2}办公楼使用了污水源热泵。2005年北京的高碑店、北小河、酒仙桥、卢沟桥4座污水处理厂都用上了污水源热泵技术。2005年，清河北岸的宝盛里小区建成污水源热泵供暖、供冷系统，为8万m^{2}的居民建筑提供冷暖。2008年，39万m^{2}的奥运村建筑供暖和制冷也采用了污水源热泵技术。我国近期污水源热泵系统工程如表3-20所示。

我国近期污水源热泵系统工程实例　　表3-20

地点	水质	建筑面积(m^2)	投入时间	系统工艺	能耗系数
高碑店污水处理厂	二级出水	900	2001年	I-SSHP	制热3.96
大庆开发区某办公楼	原生污水	700	2001年	I-SSHP	制热4.0
哈尔滨马家沟	原生污水	600	2002年	I-SSHP	制热3.75
大庆恒茂商城	原生污水	15000	2003年	I-SSHP	制热3.9

3.5.3 污水资源特点

城市污水是重要的资源，由各类用途的建筑及工矿企业排出，也有部分来自雨雪。如今，大部分污水都进入污水处理厂进行处理，达标之后回用或排放。城市污水具有以下特点：

1. 污水资源量巨大

随着国民经济的发展，我国城市污水排放量和处理量也快速增加，2006～2010 年，全国污水排放总量年平均增长率为 4%。

近 10 年的数据表明，我国城市污水排放总量大，且呈现逐年增加的态势，已基本接近黄河全年流量（约为 580 亿 m^3）。其中生活污水排放量逐年增加，占废水排放总量的比率也在逐年增加，增长速度相对较快，年均增长 13 亿 t；工业废水排放量呈跌宕式缓慢增长，渐趋稳定的趋势，年均增长 5 亿 t。

截至 2010 年底，我国城镇生活污水设施处理能力已达到 1.25 亿 m^3/d，设市城市污水处理率已达到 77.5%。根据“十二五城镇污水处理及再利用规划”，计划到 2015 年，全国所有设市城市和县城具有污水集中处理能力，污水处理率进一步提高，城市污水处理率达到 85%。“十二五”期间，还将新建污水管网 15.9 万 km，新增污水处理规模 4569 万 m^3/d，升级改造污水处理规模 2611 万 m^3/d。

由此可见，在我国现阶段推进城市化进程中，污水排放量和处理量都相当可观，以处理后的中水平均水温 13℃估算，如果全部采用水源热泵供暖，平均供暖负荷为 $45W/m^2$，则供暖面积超过 19.6 亿 m^2。由此可见，采用污水源热泵系统解决城市建筑的供暖、供冷和生活热水是一个十分巨大的市场。仅以北京为例，每天产生的污水超过 300 万 t，污水处理率已经超过 85%，如果全部加以利用，供暖面积将超过 2000 万 m^2，供冷面积也将超过 1000 万 m^2（见表 3-21）。

2008 年前北京各污水处理厂建设计划与潜能计算结果 **表 3-21**

水系名称	还清时间（年）	已(在)建污水处理厂		日处理量（万 m^3）	可供暖面积（万 m^2）	可供冷面积（万 m^2）	供热水量（m^3/d）
通惠河	2006	已建	高碑店污水处理厂	100	860	416	28000
		在建	定福庄污水处理厂	4	34.4	16.64	1120
坝河	2006	已建	北小河污水处理厂	4	34.4	16.64	1120
			酒仙桥污水处理厂	20	172	83.2	5600
		在建	北小河污水处理厂	6	51.6	24.96	1680
			酒仙桥污水处理厂	20	172	83.2	5600
			东坝污水处理厂	2	17.2	8.32	560
清河	2008	已建	肖家河污水处理厂	2	17.2	8.32	560
			清河污水处理厂	20	172	83.2	5600
凉水河	2005	已建	吴家村污水处理厂	5	43	20.8	1400
		在建	五里河污水处理厂	4	34.4	16.64	1120
			卢沟桥污水处理厂	10	86	41.6	2800
合计		已建	158 万 t		1333	644.8	43400
		在建	268 万 t		2279	1102.4	74200

根据日本东京都下水道局的测算，在有可能加以利用的城市热能中，城市污水的热量最高，约占城市主要热排放热量的39%。各种余热排放的比例如图3-48所示。

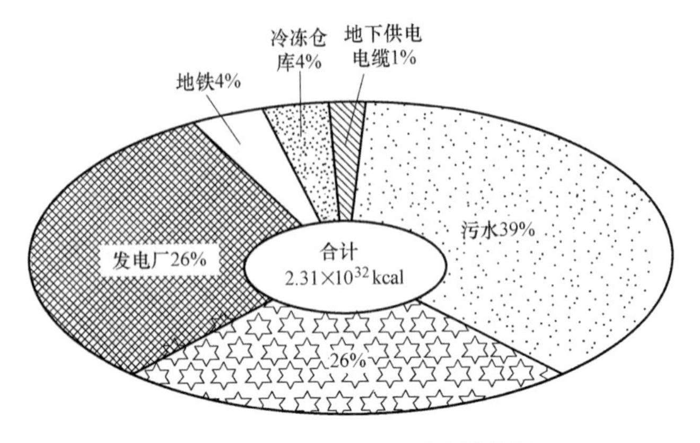

图3-48　东京都的主要城市排热量

2. 水体分布广

我国能源资源分布不均，煤炭等矿产资源有60%分布在华北，水力资源有70%分布在西南，而经济发达、工业和人口化较集中（约占全国人口总数的37%）的南方八省一市的能源却比较缺乏，煤炭量占全国的2%，水力资源仅为10%。而城市污水热能分布于各大中城市市区内，与人口及城市工业化程度成正比，将城市污水作为一种新能源，在适当优化能源结构的同时，可以缓解能源缺乏及分布的不均匀性问题。在目前可利用条件下，污水源热泵能为15%以上的建筑物供暖供冷。

3. 水量和温度一年四季波动较小

城市污水作为一种低温热源，具有一年四季水量相对稳定，水温变化较小，热能存储量大而且易于通过市政管网收集的特点，适宜作为水源热泵的低位热源和热汇。

北京高碑店污水处理厂长期测量数据显示，冬季污水水温为13～17℃，高出气温大约20℃，夏季污水水温为22～25℃，比气温低大约10℃，水温冬夏变化幅度较小。日本东京地区的监测数据也显示，1月份和8月份的大气和河水温差均在20℃左右，而城市污水的温差只有12℃。相对于其他江河湖海形式的地表水，城市污水具有数量较稳定、温差变化小的特点，是一种较为稳定的热源。

4. 原生污水水质较差

城市原生污水中含有大量容易堵塞热交换器等机械设备的悬浮物、油脂类物质，以及容易使管道腐蚀的硫化氢等。原生污水中悬浮物、油脂类以及硫化氢的含量要比二级处理水高出数倍乃至几十倍。因此，城市原生污水源热泵技术的一个关键技术是防堵塞技术。

另外，污水的黏度是清水的10倍以上，紊流状态下最低流速比清水高出许多，因此，同样流速下，换热效果低于清水。系统在污水管道流速、换热器面积设计方面要充分考虑这一因素。

3.5.4　污水源热泵系统基本形式及构成

污水源热泵系统根据热泵与污水换热是否通过换热器分为直接利用和间接利用两种。

直接利用的方式又分为两种：一种是污水经过污水处理厂处理，达到2级或以上排放标准，可以直接进入水源热泵机组，这种系统形式最简单，运行最可靠，是一种理想的形式。另一种是原生污水的直接利用形式。以挪威、瑞典为代表的一些北欧国家，于1983年开发的淋水式蒸发器污水源热泵系统，原生污水首先经过粗效的过滤，然后喷淋到蒸发器外侧，污水呈膜状流动状态下与制冷剂换热。运行3～5d后用高压水冲洗蒸发器换热管，以去除沉积、附着在换热面的污物（图3-49）。从污水热能提取方式看，北欧国家以这种直接提取方式为主，因此，污水热能输送能耗低，更有利于提高系统能效比。

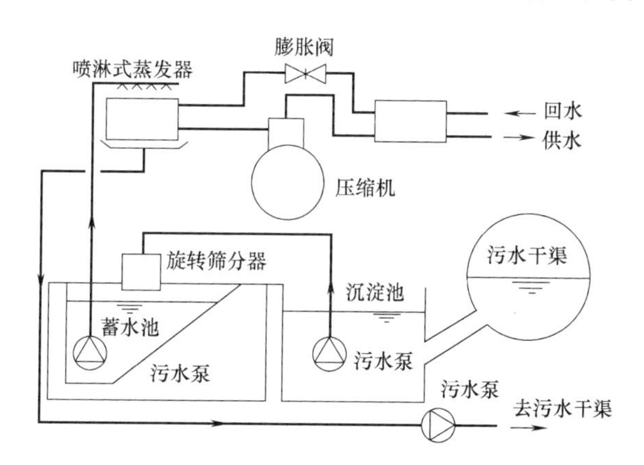

图3-49　具有筛分器和喷淋蒸发器的直接取水式污水源热泵系统原理图

从污水源热泵系统的规模看，北欧国家主要发展大型污水源热泵站，其供热规模总量在国际上处于领先地位。

间接利用是污水通过换热器与热泵机组换热。这种方式以日本为代表，技术研发最早，也最完善。1987年首次在东京Ochiai污水处理厂污水源热泵系统中使用，运行效果良好。该系统制冷*COP*达到4.65，供热*COP*达到3.59。

原生污水间接式利用热泵系统如3-50图所示，主要由污水源热泵机组、污水换热器、阻垢机（或者自动过滤筛、旋转反冲洗滤网）及相应的泵和切换阀门组构成。原生污水经过污水一级泵送入污水阻垢机（或者自动过滤筛、旋转反冲洗滤网），经阻垢机将污水中的大尺寸污物滤出送回到污水干管中，经过过滤的污水经过污水二级泵送入污水换热器中，换热后被送回阻垢机中。冬季工况，污水换热器从污水中取热，将热量送入污水源热泵的蒸发器侧作低品位热源使用，经过热泵热力循环过程，在冷凝器侧释放热量，送入供热系统中。夏季工况，污水源热泵在制冷工况下运行，机组冷凝器侧的污水换热器和阻垢机联合运行，实现传统制冷系统中的冷却塔功能，将热量散到污水中，实现污水作为冷源的功能。

我国目前污水源热泵系统，绝大部分采用间接换热的方式。在防堵塞技术及换热器自动清洗方面逐渐形成了自己的特色。

3.5.5　污水源热泵关键技术及要点

城市污水从能源品位、热容量、换热性能、时空分布和获取难易程度来说，是一种比较优良的低位冷热源，但原生污水由于水质恶劣，给工程应用带来许多困难，比如堵塞问题、软垢问题等，与开始循环有关的取排问题、排气问题、水力稳定问题。此外，污水的

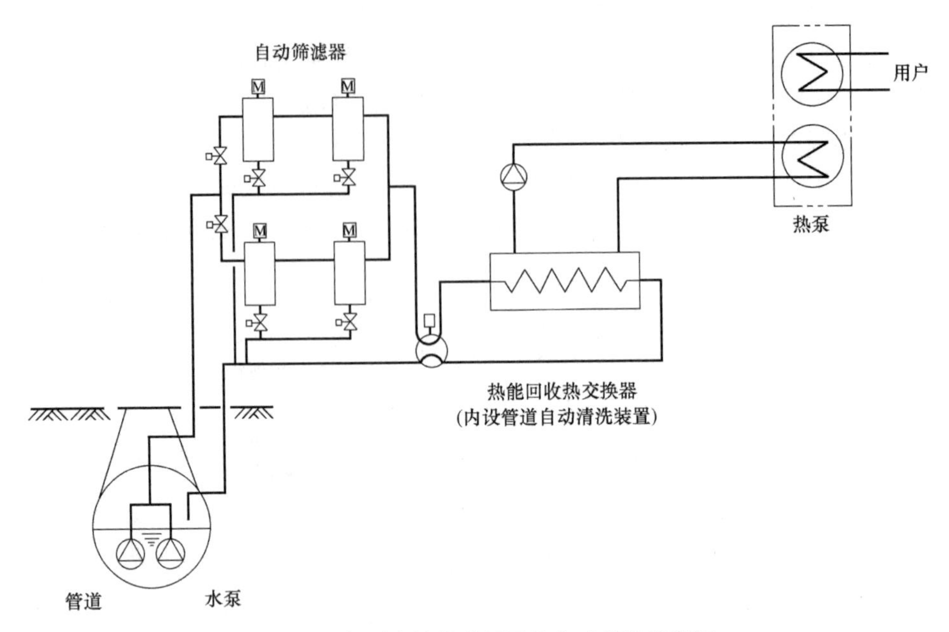

图 3-50　城市污水热能利用回收方式系统流程图

流动与换热特性从热工角度来看也是个新问题。

1. 堵塞问题

通过对城市原生污水的污杂物的分级浓度的测定发现，城市原生污水中污染物的总浓度在 2.63～3.34kg/m³之间，其中>4mm 的污杂物总浓度在 1.03～1.13kg/m³之间，对换热器容易造成堵塞的柔性丝条状杂物普遍集中在>4mm 的污杂物内。1.1kg/m³左右的污杂物浓度是一般普通过滤装置难以承受的。例如，1 万 m³的某工程大约需要污水 150m³/h，则每天污杂物截留量为 4.08t，这是传统过滤方式无法承受的。

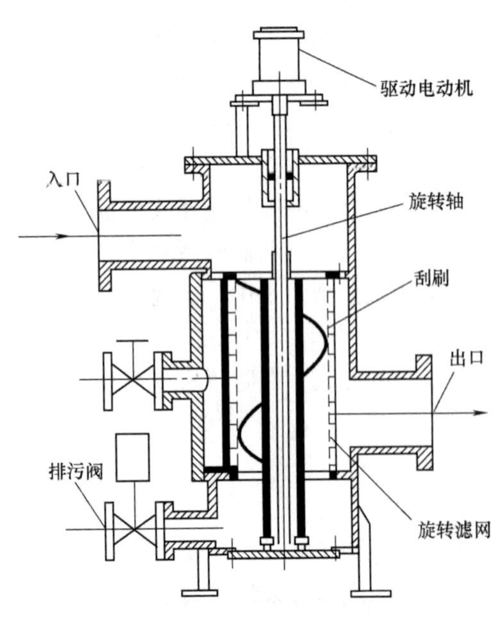

图 3-51　自动清污过滤器

换热设备的防堵塞技术，北欧国家早期主要采用机械过滤（或筛分器）和沉淀技术，近几年格栅式传送带和四通换向反冲洗技术在大型污水源热泵中得到了应用。日本在防堵塞技术方面开发了闭式污水自动清污过滤器（见图 3-51）和开式自动旋筛过滤器（见图 3-52）。该设备主要由桶状旋转滤筛、刮刷、驱动电动机和排污阀等部件组成。筒状滤筛用于过滤污水中的杂质，电动机带动滤筛旋转，挂在滤筛上的污杂物被刮刷清除，然后被反冲排回污水干渠，实现污水取水除污过程的连续稳定运行。

开式自动旋筛过滤器如图 3-52 所示，由旋转筛滤筒、刮刀、反冲洗喷嘴、电动机、污水入口、污水出口、排污口和壳体构成。该设备可以实现连续稳定过滤污水和滤面清洗再生，保证了后端热泵机组运行的稳定性。

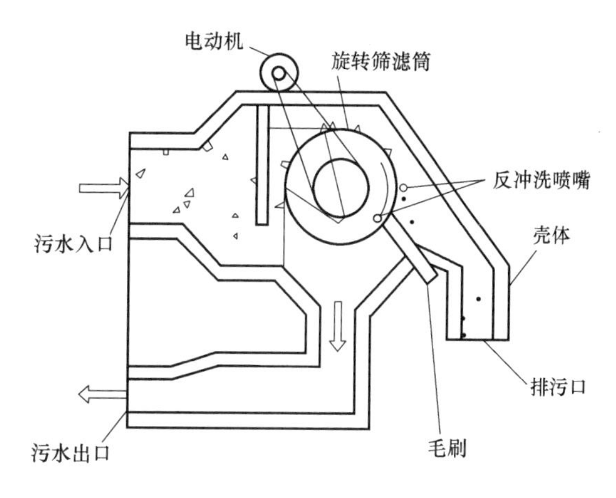

图 3-52　自动旋筛过滤器

我国在污水源热泵防堵塞技术方面，哈尔滨工业大学孙德兴教授提出的“设置有滚筒格栅的城市污水水力自清方法与装置”比较好地解决了这个难题，目前在国内原生污水源热泵系统应用较广。该装置又称“滤面的水力连续自清装置”(见图 3-53)。滤面自身旋转，在任意时刻都有部分滤面位于过滤的工作区，另一部分滤面位于水力反冲区。在滤面旋转一周的几秒到十几秒时间内，每个滤孔都有部分时间在过滤的工作区行使过滤功能，另一部分时间在反冲区被反洗，以恢复过滤功能，这里称之为滤面过滤功能的再生。污水经由过滤后去换热设备无堵塞换热，换热后的污水回到污水热能处理机的反冲区对滤面实施反冲，并将反冲掉的污杂物全部带走至排放处。该装置不惧怕任何污杂物含量的污水，工作可靠，价格低廉；再一个优点是无需人工清理污杂物。

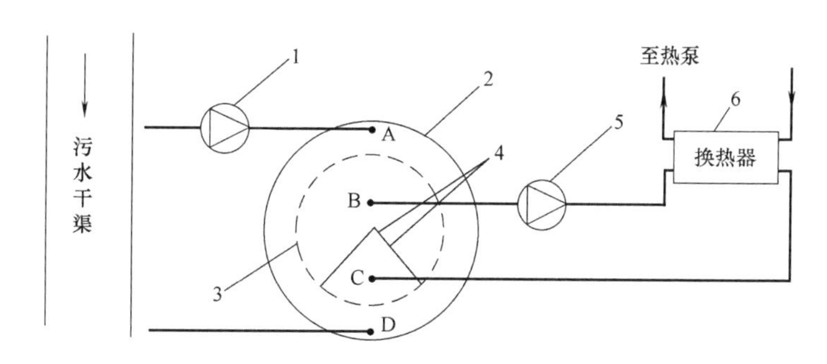

图 3-53　滤面过滤功能水力连续再生装置原理图

1—一级污水泵；2—外壳；3—旋转滤网；4—内挡板；5—二级污水泵；6—污水换热器

2. 软垢问题

采用防堵塞及过滤面再生装置后，换热器的阻塞问题基本解决，但其中仍含有一定数量的悬浮物和化合物，导致换热面上的软垢生长速度快，成分复杂，厚度大，严重影响流动换热。换热面的污染问题已成为原生污水源热泵发展的主要技术障碍之一。目前常用的解决方法有以下几种：

(1) 在线水力反冲洗——高压头强力轮替冲洗工艺，如图 3-54 所示。这项技术也是哈尔滨工业大学孙德兴教授团队完成的，其工作原理为：在管壳换热器封头内设置在电机带动下可以自动旋转的主轴（兼作进水管），主轴两侧通过轴承分别与管板和封头连接。高压冲污水泵吸入的非清洁水通过主轴上的接头进入主轴内腔中，再经主轴出水口进入随主轴一同旋转的冲污注水头，强力注入换热管束内进行冲污，冲污注水头随着主轴的旋转紧贴各个换热管的入口转动，从而完成轮替冲洗的过程，完成冲污后的非清洁水通过污水出口或污水进口和污水出口排出。

(2) 实时机械除污——分拉环式和螺旋式刮削除污。螺旋式除垢方法是在换热管内置螺旋形毛刷，并通过轴承的机械装置实现其连续低速转动而实现除垢。拉环式除垢方法是在换热管内设置刮环，并通过拉索和环轮机械装置实现其往复运动和除垢。工程实测数据表明，采用在线实时除垢技术后，换热器的传热系数可提高 30%～50%，管壳式换热器的传热系数可达 1500W/(m^2·℃)。

日本开发的污水换热器和自动清洗系统如图 3-55 所示。污水换热器的换热管不同于普通壳管式换热器的换热管，其内置有滑动毛刷，两端设有毛刷容纳管，毛刷在水流换向时沿管内壁往复滑动，达到清除换热管内壁污物的作用。为改变污水的流向，日本发明了四通换向阀。

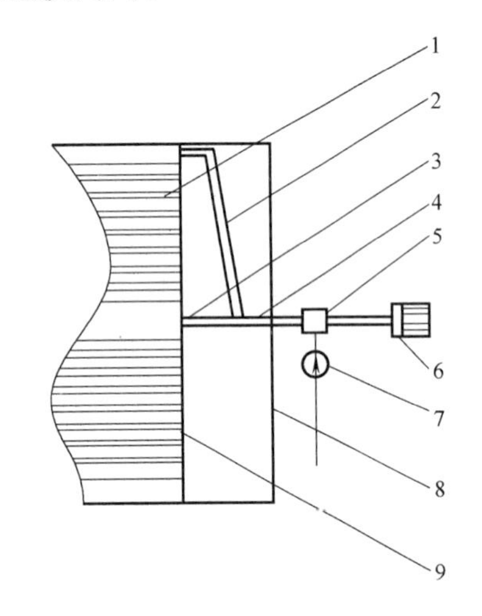

图 3-54 强力自冲污换热器结构图

1—换热管束；2—冲污注水头；3—主轴出水口；4—主轴；5—接头；6—电机；7—高压冲污水泵；8—封头；9—管板

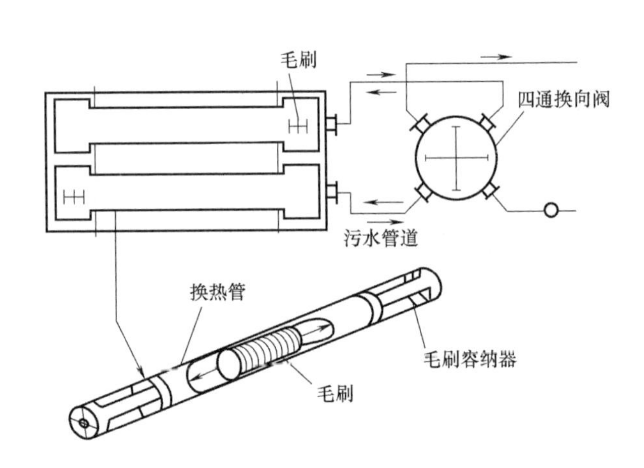

图 3-55 污水换热器及其自动清洗系统

(3) 胶球在线清洗技术

胶球清洗是 20 世纪 80 年代首先在国外发展起来，起初是在热电行业凝汽器系统中使用，整套清洗装置使用时需要配套胶球清洗泵及胶球收、放旁路设备。其除垢机理是：密度与水相近的海绵胶球通过管内微受压缩，胶球受流体的推动力在管内流动，并借助海绵体的弹力对管壁施加压力达到除垢的目的。其系统结构如图 3-56 所示。

文献研究表明，胶球清洗装置在国内的使用情况并不理想，不仅收球率低，而且二次滤网和收球网结垢腐蚀严重。综合起来有以下几个问题：①收球率低。比较好的系统，收球率也在 80%以下，最差的情况根本收不到球。②不适用于水质较差的场合，胶球在管中只能依靠循环水作动力，清除冷却管内壁上的薄层淤泥和水垢。若循环水中含有较多的杂物，如水生动物、垃圾、碎石及各种有机物，不仅会堵塞二次滤网，使循环水压差减小，流量减小，不利于胶球的循环，而且会堵塞凝汽器的管孔，妨碍胶球的通过。③不能用于对胶球具有腐蚀作用的水源。④对于由化学反应而形成的析晶污垢则不能完全清除。⑤安装困难，结构复杂，材料消耗多，操作和维护不便，故障率较高。

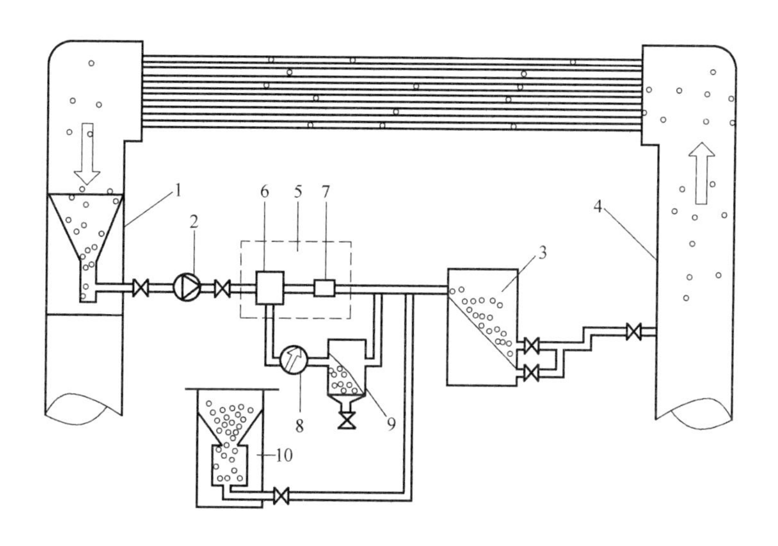

图 3-56　胶球清洗系统结构

1—滤网；2—胶球泵；3—集球室；4—球喷射泵；5—胶球监测器；6—分配器；7—胶球计数器；8—分配器调节装置；9—收球网；10—装球室

（4）取排问题

污水取排系统的设计，不仅关系到系统需水量的满足与系统的稳定可靠性，并且涉及市政、交通等方面的一系列问题，以及投资费用、管理与维护。因此，污水取排系统的设计应该根据项目的实际情况与工程需要对其进行合理的选择与设计。从污水管渠内取水，取排水口一般分列式布置，取水口位于上游，取排水口相距 8 倍吸口直径。

管材：根据国内外的相关试验结论和工程经验，室外污水管道一般可选用铸铁管，或者 PPE、PVC 管；室内管道和换热器可选用内外防腐的碳钢管。阀门：污水子系统尽量减少阀门安装。水泵进口无需底阀，出口无需逆止阀，无需设置旁通管道，水泵进出口均应装设闸阀。水泵：必须选择污水泵或者排污泵，一般为单级吸管道泵或者湿式潜水泵。污水泵一般采用开式叶轮，而且叶片数量少，只有 2～5 片，流道宽，可输送含有尺寸在 40～90mm 范围内的纤维或者其他悬浮杂质的污水。由于污水源热泵系统大都是间歇运行，一天之内污水泵的启停频繁，而且污水泵的自身结构决定了它的自吸能力很差，因此污水泵站必须设计成自灌式，不建议采用真空泵或者水射器抽气引水。若采用管道式污水泵，一般污水水面需高于水泵吸入口 0.5～1.0m，而且在自流管的进口和端头分别安装闸阀和法兰盲板，便于检修和清洗。在条件允许时，每台水泵应该设置各自的吸水管，吸水口朝下，而且各自的出水管必须从顶部接入压水干管；若选用污水潜水泵，则应设置集水池，并且从压水管上接出一根 50mm 的支管深入到集水池底部，定期开启将沉渣冲起，由水泵抽走。

3.5.6　污水源热泵设计规划要点

1. 规划设计条件

污水源热泵站选址宜靠近污水水源收集区。方案设计前应对污水参数进行详细调查，应收集尽可能长时间的相关监测调查资料，并对污水输送管线与污水源热泵站选址进行工程勘察。污水源热泵系统形式的选择应以安全、可靠、稳定为基本准则，应综合考虑污水流量、污水水质、污水水温和当地的气候条件等因素，进行全面的技术经济分析。

污水参数的现场调查应包括污水水量与污水水温的各季节变化情况和典型天的逐时变化数据，应调查污水的全年最大流量和最小流量，以及全年最高水温和最低水温。设计工况下污水水源可利用的温降（温升）不宜小于3℃。污水水源为城市原生污水时，冬季流出蒸发器的污水温度应满足污水处理厂处理工艺的最低要求，夏季流出冷凝器的污水温度不应高于35℃。

2. 污水处理措施

对污水处理应采用物理处理方法，应该根据现场条件和工程的具体情况选择具体措施。常用过滤设备是格栅和筛网，格栅主要用于截留污水中大于栅条间隙的漂浮物，一般布置在污水进水口，以防止管道、机械设备及其他装置的堵塞。筛网的网孔较小，一般小于10mm，主要用以滤除废水中的纤维、纸浆等较小悬浮物。原生污水中含污物较多，人工清理费时费力，故选择性能优良的具有连续自动除污功能的取水除污器非常重要。

目前，国内尚没有统一的可用于换热器的原生污水水质标准，因此，在选择设备时，应尽量选择有污水源热泵工程经验的取水除污器、污水专用换热器和热泵生产厂家。

3. 取排水管线

原生污水中含有大量杂质，极易堵塞管道与阀门。即使安装阀门也宜采用不易被堵塞的阀门，不应使用蝶阀。压力表阀门平时关闭，仅在检查污水子系统是否出现堵塞故障或判定换热器是否需要清洗时使用。由于污水可取用的温差的限制与水质较差等原因，造成污水取水量大、污垢问题严重与换热效率低，因而污水管道内的最低流速不得小于0.7m/s，否则容易产生管内污物沉淀。一般水泵吸水管流速宜采用0.8～1.2m/s，压水管流速宜采用1.2～1.5m/s；污水干管的管径不应小于100mm。

污水取水孔处应根据污水水质特点采用设置格栅或沉沙池等措施。设置格栅的目的是防止大尺度污物（一般指大于90mm）进入系统，应根据当地水质特点对格栅定期检查清理。污水干渠内的污杂物可能较多，采用具有切削功能的装置可将大尺度污物切割搅碎，以免增加系统过滤和清理的负担。闸门的设置应便于操作检查和维修。

为减少系统水泵能耗，应优先考虑采用自流管（渠）取水的方式。在设计中应校核系统从取水到机房再到排水点的各处水位，采取相应措施，严防污水倒灌。

4. 污水泵

一般为湿式潜水泵，可输送含有尺寸在40～90mm范围内的纤维或者其他悬浮杂质的污水。污水泵吸水管上一般应装设软接头、阀门和压力真空表；出水管上应装设软接头、止回阀、阀门和压力表。污水泵进口不设置底阀，以减小管道堵塞的可能性。

城市原生污水的流动阻力特性与清水有很大差异，相同紊流条件下，阻力系数大3倍以上。设计中要防止因污水阻力过大导致水泵性能曲线与管网性能曲线交叉点，即水泵的实际工作点前移，导致水泵流量小于设计流量，进而造成污垢的增长，从而影响系统的节能效果，甚至导致系统停止运行。

5. 取水除污器

取水除污器可采用污水防阻机、自动筛滤器、自清洗过滤器与多级过滤网等技术。由于运行时污水流量大、污物浓度大，传统过滤技术无法承受，而且容易造成二次污染，建议选用取水除污器可采用如下装置：

（1）污水防阻机

由转筒滤面（或平板滤面）与驱动装置组成，污水干渠中的污水由污水泵输送至污水防阻机进行过滤，污水经过滤后由污水循环泵输送至壳管式污水专用换热器，经换热后的污水返回污水防阻机，反洗滤面将污杂物带至污水干渠，其混水率不应超过 5%，因混水造成污水进出口温差损失不应超过 1℃。经换热后的中间传热介质作为热泵机组的冷热源，保证机组正常运行，过滤与反冲洗同时进行。

（2）自动筛滤器

主要由孔式旋转筛滤筒和毛刷等构成。其工作原理为：当污水中的浮游物堵塞筛滤筒时，毛刷将随着旋转工作的筛滤筒进行上下刷洗，被刷洗掉的污物和截留的浮游物一同汇集到筛滤器的底部。对于截留在筛滤筒表面的毛发等纤维物质，经筛滤器内的刀片进行切割后，与筛滤器底部的污物一同定期自动排出。此外，为去除附着在筛滤筒内外表面的污垢，筛滤器还具有自动水力反冲洗的功能，一般反冲洗的时间间隔为 8h，每次反冲洗时间为 60s。

（3）自清洗过滤器

此装置是一种通用过滤设备，用转筒滤面过滤，通过设定滤面进出水压差或时间来进行反冲洗，反冲洗水为过滤后的水。其原理与普通的过滤器相同，只是滤面材料与生产工艺有很大区别。

（4）过滤格栅

由网眼直径不同的多组滤面构成，例如一级网眼 40mm、二级网眼 8mm、三级网眼 1mm。此方法能解决阻塞问题，但是滤网占地面积大，维护困难。

（5）污水防阻机

污水防阻机有容器型防阻机与淹没型防阻机，容器型防阻机是外观呈容器型的污水防阻机。淹没型防阻机是裸露安装在取水头部的污水防阻机。

3.5.7 污水源热泵工程实例

1. 密云县檀州污水处理厂污水源热泵

（1）项目概况

北京市密云县檀州污水处理厂坐落于美丽的潮白河畔，是密云县城唯一的污水集中处理点，每日承担着密云县城近 24000m^3 的污水的处理。污水水质稳定，常年温度在 13～15℃之间。厂内有约 10000m^2 建筑（写字楼，厂房，车库等），利用未经处理的城市污水为热源供本厂的供暖及部分制冷（只有办公楼需要制冷），还可供生活热水使用。它在制热时以污水为热源，而在制冷时以污水为热汇。由于污水处理厂污水供应充足，提取和排放的热量能够满足供暖制冷的需要。该项工程是密云县檀州污水处理厂原燃煤锅炉房的改造工程。由于原燃煤锅炉每年造成一定的大气污染，为适应北京市环境保护的需求，决定对这套供热系统进行改造，不再使用燃煤，因此采用了既能供热又能制冷的污水源热泵系统。污水处理厂改造分为两部分：一部分是办公楼的改造，另一部分是设备厂房的改造。办公楼内安装的是能够制冷制热的风机盘管，设备厂房内安装的是散热性能较好的钢串式散热器。

（2）系统原理及设计

冬季，污水温度约12～15℃，经过换热器换热后排出温度约为7～10℃，系统提取污水中的热量作为水源热泵机组的低温热源，进入热泵机组蒸发器，热泵冷凝器出水作为供暖系统循环水，供/回水温度为50/45℃。夏季，污水温度约为14～18℃，经过换热器换热后的排出温度为19～23℃，污水带走系统中的热量作为水源热泵机组制冷时的冷却水，热泵蒸发器出水作为供冷系统循环水，供/回水温度为7/12℃。该热泵具有热回收功能，在冬夏季工况运行的同时确保了生活热水的供应。用户侧供水通过分集水器分别供到每个单体楼。系统冬、夏季工况的转换通过切换站房系统中的阀门来实现。

1）供暖空调设计参数

冬季室外空调计算温度－12℃；

冬季室内设计温度18～24℃；

夏季室外空调计算温度：33.2℃，湿球温度：27.3℃；

夏季室内空调设计温度22～26℃。

2）负荷计算

估算综合楼供暖热指标为60W/m^2；

总设计供热制冷面积为10000m^2，实际供暖面积为6000m^2；

总设计供暖热负荷为600kW；

总冷负荷以70%建筑需制冷，按80W/m^{2}计算，则总冷负荷为560kW。

3）所需冷热源情况

冬季水量需求：80t/h，温差为5℃；

夏季水量要求：120t/h，温差为5℃。

污水处理厂的流量为1000t/h，远大于设计水量需求。

4）系统设计

系统采用间接换热的方式，13℃的污水首先经过粗细格栅两级过滤，通过污水泵打入自动除污器，然后进入换热器，与热泵机组过来的循环水换热后温度降低到9℃后，再返回污水干管，如图3-57所示。

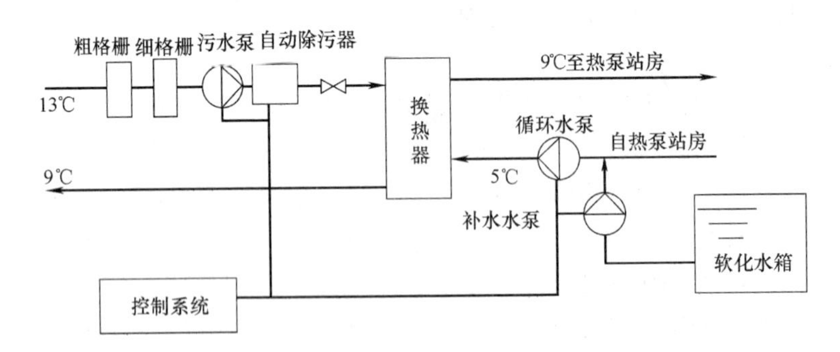

图3-57　污水源热泵污水换热系统原理图

（3）项目重点及难点

利用未经处理的污水作为水源进行供暖制冷，是水源热泵的一种方式，由于污水中悬浮物、污垢沉淀物较多，而且污水的酸碱度较大，极易对换热器产生腐蚀、结垢、堵塞等现象，从而严重地影响传热效率。通过实验测试，城市原生污水动力黏度（15℃）较清水动力黏度（15℃，$1.14\times10^{-6}m^2/s$）大 40 倍左右，即 $4.56\times10^{-5}m^2/s$。

如此高的黏度、腐蚀性和悬浮物对换热器的材质、表面粗糙度和内部结构设计都提出了很高的要求。最终作为项目参与方的北欧相关专家组根据实地污水采样检测，经过长时间的研究，确定了该污水换热器的材料，采用各种新型材料及表面处理技术，解决了防腐、堵塞和结垢等问题。该换热器部件采购于芬兰、瑞典、丹麦等国家，最终由马来西亚组装成型。项目运行以来，换热器未出现任何腐蚀、堵塞和结垢的现象，基本能够满足污水热泵系统正常运行的需要，证明这种换热器比较适合中国国内的污水水质现状。

污水在进入沉淀池前先经过一道粗格栅，以拦截污水中较大颗粒的漂浮物和悬浮物，拦截的栅渣由人工清除。污水从沉淀池出来后再经过一道细格栅，以拦截污水中小颗粒的漂浮物和悬浮物，拦截的栅渣每隔大约半个小时自动传输到垃圾池。经过两道格栅的过滤，污水中的大小颗粒漂浮物和悬浮物已经基本被拦截，而后再进入污水换热器，这样可以避免换热器的堵塞。

（4）运行情况

该污水源热泵系统从 2003 年 1 月 10 日投入运行后，经历了北京近年来最寒冷的冬天，充分考验了污水源热泵机组的性能。机组运转状况良好。2004 年 2 月 6 日～26 日的数据如下：

污水温度：11～17℃；

蒸发器进口温度：10～16℃；

蒸发器出口温度：6.5～14℃；

冷凝器进口温度：37.5～44℃；

冷凝器进口温度：40～46.9℃；

生活热水温度：50～55℃。

经测试，2 月 6 日～26 日这段时间，系统的能效比达到 3.81，电价 0.5 元/kWh，120d 供暖期，折合单位面积供暖用电成本 13.59 元/m^2，生活热水的费用也包含在其中。

（5）项目优点

1）环保

污水源热泵是利用了污水原水作为冷热源，进行能量转换的供暖空调系统。供热时省去了燃煤、燃气、燃油等锅炉房系统，没有燃烧过程，减少温室气体和其他大气污染物的排放；供冷时省去了冷却水塔，避免了冷却塔的噪声及霉菌污染。不产生任何废渣、废水、废气和烟尘，使环境更优美。

2）节能

污水源热泵机组可利用的污水温度冬季为 11～15℃，污水温度比环境空气温度高，是较好的低温热源；夏季污水温度为 17～21℃，污水温度比环境空气温度低，是较好的散热体。这种温度特性使得污水热泵比传统空调系统运行效率要高 20%。

3）节资

该系统还可以集供暖、空调制冷和提供生活热水于一身。一套热泵系统可以替换原有的供热锅炉、制冷空调和生活热水加热的三套装置或系统，从而也增加了经济性（见图

3-58 和图 3-59）。

4）稳定

污水的温度相对稳定，其波动的范围远远小于空气的变动，是很好的热泵热源和空调冷源。污水温度较恒定的特性，使得热泵机组运行更可靠、稳定，也保证了系统的高效性和经济性。不存在空气源热泵的冬季除霜等难点问题。

5）自控程度高

根据系统特点，选用 4 台压缩机的机组，系统根据负荷的波动自动选择压缩机的启停，提高系统运行效率；自动控制程度高，运行过程无需专人值守；管理相对容易，机组维护费用低；使用寿命高达 15 年以上。

污水干渠中的污水经过“全自动液体过滤器”将污水中的杂质过滤掉并将杂质排放回污水排水管中，过滤后的污水直接进入污水源热泵机组进行换热，经换热后的污水依然排放到污水干渠下游。整个过程污水一直处在密闭的管路及设备中，只提取污水中的热量，不消耗污水。

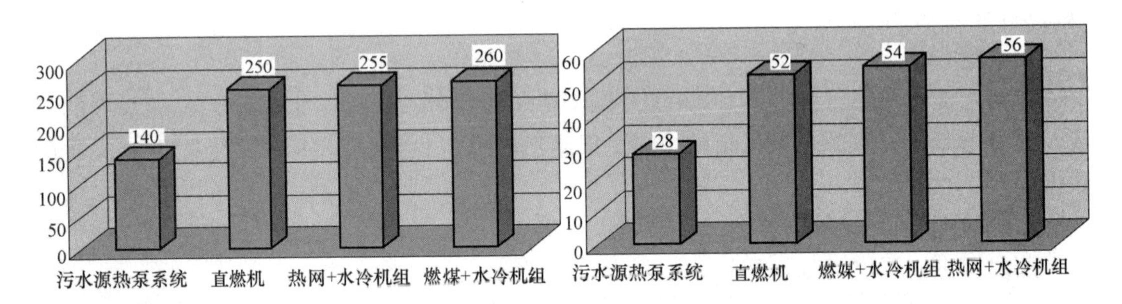

图 3-58　污水源热泵系统 1 万 m^2 初投资比较表（单位：万元）

图 3-59　污水源热泵系统 1 万 m^2 运行费用比较表（单位：万元）

2. 延庆县法院、公安局污水源热泵

北京市延庆县是首批国家级生态示范区，全国花园城市。县法院、公安局两个建筑，应用总面积约 1.3 万 m^2。项目附近有县污水处理厂，日处理能力 2 万 t，排水排放标准为Ⅱ级。污水处理厂的排放水通过引水管路引至项目机房，经热泵能量转换后再送回至排水主管路。

项目初投资约 320 万元，比采用传统的冷水机组＋锅炉方式增加 50 万元。年运行费用小于 40 元/m^2，年运行费用节约 23 万元。空调系统寿命周期内投资运行成本具有突出优势。

每年节约标准煤约 200t，减排二氧化碳约 337t，减排二氧化硫约 4.4t。

该项目于 2002 年 11 月竣工投入使用，系统运行稳定，冬夏季效果优良，用户十分满意。

3. 辽宁省 14 座污水处理厂

辽宁省政府为改善辽河流域生态环境，全面部署了“县级污水处理厂”建设工作。首批新建 14 座污水处理厂集中采用了污水源热泵系统，总供暖面积约 70000m^2。项目总制热量 3130kW，采用同方 SGHP170M 型 11 台、SGHP420M 型 3 台。每年节约标准煤 900t，被列为省政府重点项目，获得了国家专项财政拨款。

本章参考文献

[1] 孙德兴，张承虎，吴荣华．哈尔滨工业大学．利用低位热源供水显热进行除霜的凝固潜热型热泵．中华人民共和国，ZL 200610009617.5.

[2] 孙亚罡．松花江水源热泵系统在吉林市应用的可行性分析［D］. 哈尔滨：哈尔滨工业大学，2006.

[3] 郁永章主编．热泵原理与应用［M］. 北京：机械工业出版社，1989.

[4] 朱静，武汉地区在船用空调中应用江水直接冷却的可行性分析［J］. 第十八届全国暖通空调制冷学术年会，2012.

[5] 吴浩，王勇，李文等．地表水源热泵以长江水作为低位冷热源的可行性分析［J］. 制冷与空调（四川），2009，23（1）：12-15.

[6] 杨霞 华俊杰，江水源热泵技术在上海世博会中的应用分析［J］. 能源世界——中国建筑节能网 http：//www.chinagb.net.

[7] 王子云，付祥钊，王勇等．重庆市发展长江水源热泵的水源概况分析［J］. 重庆建筑大学学报，2008，30（1）：92-94，104.

[8] 文远高，连之伟，刘冬华等．热泵空调技术在武汉地区的应用状况及发展前景［J］. 流体机械，2003，31（6）：59-61.

[9] 邓波，龙惟定，冯小平等．大型地表水源热泵在上海世博园区域供冷系统中的应用［J］. 建筑热能通风空调，2007，26（6）：95-97.

[10] 陆耀庆主编．实用供热空调设计手册［M］. 北京：中国建筑工业出版社，1994.

[11] 刘兴中，范新．水源热泵系统介绍［J］. 清华同方技术通讯，2000（10）.

[12] 曲云霞，张林华，崔永章等．地源热泵及其应用分析［J］. 可再生能源，2002，（4）：7-9.

[13] 蒋爽，端木琳，李震等．海水空调——空调节能环保新技术［J］. 建筑热能通风空调，2006，25（4）：28-34.

[14] 李萍，郝斌．海水源热泵应用典范——世界最大型海水源热泵机组区域供热供冷设施［J］. 建筑节能．2004，14.

[15] 王刚，瑞典斯德哥尔摩 Ropsten 海水源热泵供热站设计，2005.

[16] 庞伟．海水源热泵技术在港口建设中的应用［J］. 水运工程，2007，（9）：141-145.

[17] 闫桂兰．污水源热泵系统的设计研究及污水换热器性能的改进［D］. 北京：北京工业大学，2007.

[18] 肖红侠，孙德兴，赵明明等．非清洁水源热泵系统换热器除污方法研究［J］. 节能技术，2007，25（6）：525-528.

[19] DB21/T 1795—2010. 污水源热泵系统工程技术规程［S］，2010.

第 4 章　地下水源热泵系统建筑一体化应用

4.1　地下水源热泵系统

4.1.1　基本原理与分类

地下水源热泵系统（Ground Water Heat Pump system，CWHPs），是采用地下水作为低品位热源，并利用热泵技术，通过少量高位电能的输入，实现冷热量由地位能向高位能的转移，从而达到为使用对象供热或供冷的一种系统。地下水源热泵系统适合于地下水资源丰富，并且当地资源管理部门允许开采利用地下水的场合。

地下水是指埋藏和运移于地表以下含水层中的水体。地下水分布广泛，水量也较稳定，水质比地表水好。因土壤的隔热和蓄热作用，水温随季节变化较小，特别是深水井的水温常年基本不变，对热泵运行十分有利。一般比当地平均气温高 1～2℃。我国水温约为 4℃，东北中部地区约为 8～12℃，东北南部地区约为 12～14℃，华北地区地下水温度约为 15～19℃；华东地区的地下水温度约为 19～20℃；西北地区地下水温度约为 18～20℃。由于地下水的温度恒定，与空气相比，在冬季的温度较高，在夏季的温度较低，另外，相对于室外空气来说，水的比热容较大，传热性能好，所以热泵系统的效率较高，仅需少量的电量即能获得较多的热量或冷量，通常的比例能达到 1∶4 以上。

与地下水进行热交换的地源热泵系统，根据地下水是否直接流经水源热泵机组，分为间接和直接系统两种。

1. 间接地下水换热系统

在间接地下水源热泵系统中，地下水通过中间换热器与建筑物内循环水系统分隔开来，经过热交换后返回同一含水层。

间接地下水源热泵系统与直接地下水源热泵系统相比，具有如下优点：

（1）可以避免地下水与水源热泵机组、水环路及附件的腐蚀与堵塞。

（2）减少外界空气与地下水的接触，避免地下水氧化。

（3）可以方便地通过调节井水水流量来调节环路的水温。

根据热泵机组的分布形式，间接系统可分为集中式系统和分散式系统。

（1）集中式系统

集中式地下水源热泵系统是指热泵机组集中设置在水源热泵机房内，热泵机组产生的冷冻水或热水通过循环水泵，输送至末端的系统。

集中式水源热泵系统的特点是：

1）冷热源集中调节和管理；

2）水源热泵机组的效率较分散式水-空气机组高；

3）机房占地面积较分散式系统大；

4）可以与各种不同末端系统结合，如风机盘管、组合式空气处理机组、辐射式供冷供热系统等。

（2）分散式系统

分散式系统是采用地下水作为低位冷热源的水环热泵系统。水环热泵系统是小型水-空气热泵的一种应用方式，即利用水环路将小型水-空气热泵机组并联在一起，构成以回收建筑物内部余热为主要特征的热泵供热、供冷的系统。

分散式地下水源热泵系统结合地源热泵系统和水环热泵系统的优点，其主要特点如下：

1）可回收建筑物内区余热；

2）机房面积较小；

3）控制灵活，可以满足不同房间不同温度的需求；

4）应用灵活，便于计量；

5）单从热泵机组能效比来看，小型水-空气热泵机组较水-水热泵机组低；

6）压缩机分布在末端，噪声较一般风机盘管系统大，需要采取防噪措施。

目前，国内地下水源热泵系统中，较多采用的是集中式系统。但是，分散式系统由于其调节、计量等方面的优势，正在得到越来越多的工程应用，具有较好的前景。

2. 直接地下水换热系统

当地下水水量充足、水质好、具有较高的稳定水位时，可以选用直接地下水源热泵系统。选用该系统时，应对地下水进行水质分析，以确定地下水是否达到热泵机组要求的水质标准，并鉴别出一些腐蚀性物质及其他成分。

从保障地下水安全回灌及水源热泵机组正常运行的角度，地下水尽可能不直接进入水源热泵机组。

4.1.2 国内外发展现状

1. 国内地下水源热泵的发展现状

由于我国国土面积大，地源热泵项目众多，很难对项目进行一一统计，但根据现有资料，可以对住房和城乡建设部公布的前后三批一共 212 个可再生能源建筑应用示范项目进行简单统计，在全国范围内均建设有代表体现和事宜当地自然条件特色的项目，具有代表性。从统计中也可以得到我国目前地下水源热泵在热泵系统应用中所占比例等基本信息（见图 4-1）。

根据中国建筑业协会地源热泵工作委员会（中国热泵委）对其成员单位相关工程信息的统计，我国土壤源热泵、地下水源热泵、地表水源热泵、污水源热泵这四种系统的使用比例如图 4-2 所示。

世界银行 2006 年发表的《中国地源热泵技术市场调查与发展分析》显示：地源热泵这一新兴技术受到广泛关注，但在实际统计中发现，从事这一技术应用的还是以中小企业居多（见图 4-3），说明地源热泵行业目前在我国还处于起步阶段。那么对于包含在地源热泵中的地下水源热泵的发展现状也是和与之基本一致。

2. 国外地下水源热泵发展现状

（1）北美地下水源热泵发展状况

1）美国地下水源热泵的发展情况

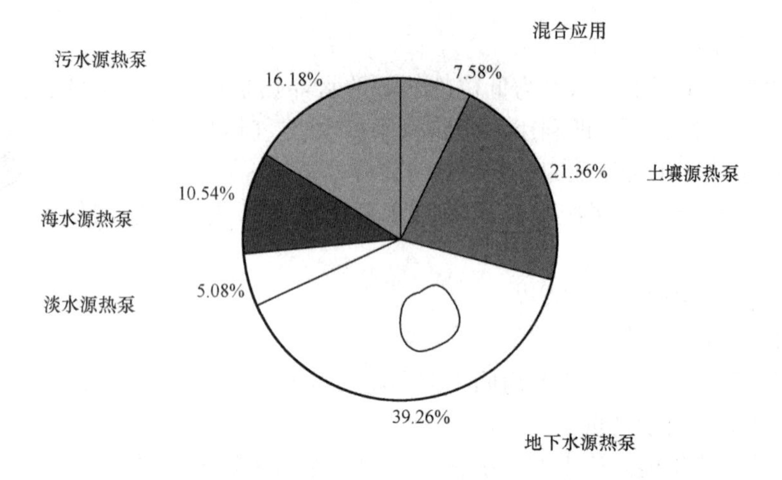

图 4-1 住房和城乡建设部示范项目各种地源热泵系统比例

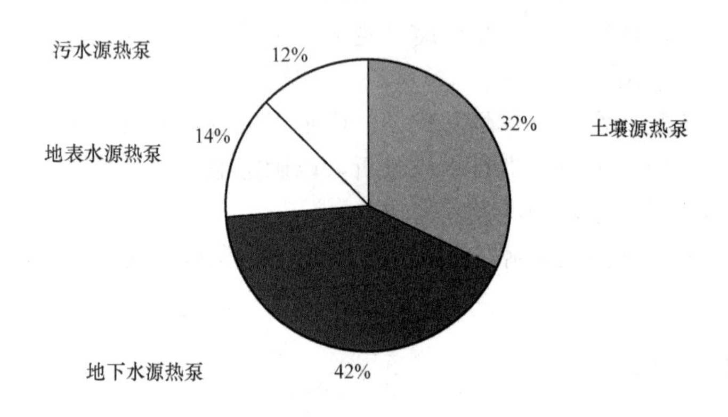

图 4-2 我国地源热泵使用比例

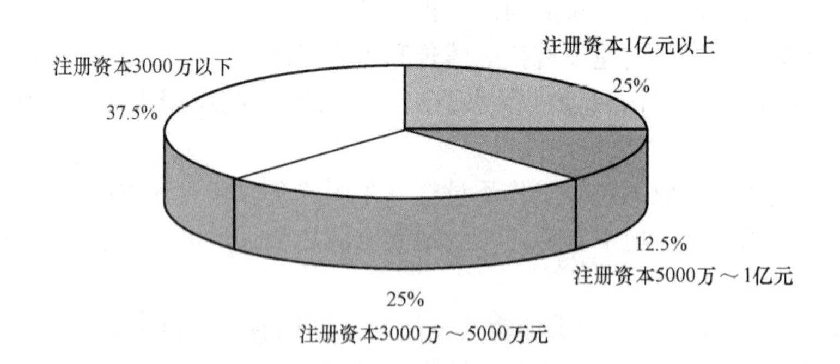

图 4-3 地源热泵企业规模比例

在美国，地源热泵就起源于地下水源热泵。早在 20 世纪 50 年代，美国市场上就开始出现以地下水或者河湖水为主作为热源的地源热泵系统，并用它来实现供暖，但由于采用的是直接式系统，很多系统在投入使用 10 年左右的时间由于腐蚀等问题失效了，地下水源热泵系统的可靠性受到了人们的质疑。

20世纪79年代末80年代初，在能源危机的促使下，人们又开始关注地下水源热泵。通过改进，水源热泵机组扩大了进水温度的范围，加上欧洲板式换热器的引进，闭式地下水源热泵逐渐得到了广泛的应用。经过十几年的发展，地下水源热泵技术在美国已经十分成熟，是一种被广泛采用的空调技术。针对水源热泵机组、地热换热器、系统设计和安装有一整套标准、规范、计算方法的施工工艺。

2）加拿大地源热泵的发展

加拿大是一个十分注重环保节能技术发展和应用的国家。当地源热泵技术凭借良好的环保和节能优势进入加拿大市场后很快得到了政府的大力支持。在地源热泵进入加拿大市场的初期，加拿大政府资助过一些重大的地源热泵示范项目，并在20多个省鼓励市政部门和公立学校、医院等率先安装地源热泵系统，20世纪90年代加拿大地源热泵系统开始迅速发展。为了推动可持续再生能源生产，保护环境，2007年1月，加拿大总理哈珀宣布了一个为期10年的加拿大政府能源计划，该计划将为再生生态能源提供15亿加元的扶持资金，旨在促进加拿大包括风能、生物能源、小型水力和海洋能源、地热、太阳能等可再生能源的开发，这个计划的实现对加拿大地源热泵技术的应用和发展有十分重大的意义。

（2）欧洲地下水源热泵发展状况

20世纪50年代，欧洲开始了研究地源热泵的第一次高潮，但由于当时的能源价格比较低，这种系统并不经济，因而未得到推广。1973年第一次石油危机之后，美国、日本已经有了热泵市场，两个国家都在运用各自的知识和经验来促进热泵的销售量，而当时欧洲的两个组织——欧洲经济共同体（EWG）和欧洲自由贸易联盟（EFTA）都在致力于用太阳能的研究解决能源问题，直到第二次石油危机之后，欧洲才开始关注热泵系统，逐步引入了用室外空气、通风系统中的排气、土壤、地下水等为热源的热泵机组。与美洲不同，欧洲的热泵系统一般仅用来供热或提供生活热水。

近年来，随着油价与电价比例的上扬，政府对降低能耗和环境污染的法律制定越来越严格。为了提高能源利用率，实现《联合国气候变化框架公约（京都议定书）》确定的减排义务，发展可再生能源和确保能源安全供应，欧洲议会和欧盟各国加强了对建筑节能技术的研究和管理，地源热泵作为一项有力的节能措施迎来了它的又一次高潮。

但是由于地下水源热泵中由地下水作为热源，它属于低温热源，在欧洲的很多国家对地下水源热泵系统的使用有严格的限制，导致了地下水源热泵应用并不十分广泛。

4.1.3 系统设计过程与重点

1. 资源勘查

在地下水源热泵系统方案设计前，应根据地源热泵系统对水量、水温和水质的要求，对工程场区的水文地质条件进行勘察。水文地质条件勘察可参照《供水水文地质勘察规范》GB 50027、《供水管井技术规范》GB 50296进行。

地下水源热泵系统浅层地温能勘查的目的是在充分利用现有水文地质、工程地质等资料的基础上，查明区域上和场地内地下水系统所蕴含的浅层地温能资源数量、质量以及分布规律，查明区域上和场地的浅层地温能资源的成因机制，为地下水源热泵系提供合适的地下水热源。

浅层地温能的开发利用与区域水文地质、工程地质以及区域气候特征息息相关。我国地域辽阔，由于各地区地质和水文地质条件的复杂性和多变性，导致各地区岩（土）层的导热性和水文地质参数差异巨大，在一个地区能成功应用的地下换热系统，在另一个地区往往不并不适用。目前，由于一些地下水源热泵系统工程承包方不了解该地区地质、水文地质条件和回灌工艺，盲目承包工程，导致出现了许多不该出现的问题，如抽取的地下水回灌不下去，不仅浪费了宝贵的地下水资源，还造成了不良的生态、环境和经济后果。因此，开展地下水源热泵系统浅层地温能勘查对于开发与保护浅层地温能资源、提供资源/储量及其所必需的地质资料，以减少开发风险、取得浅层地温资源开发利用最大的社会经济效益和环境效益，并最大限度地保持资源的可持续利用具有重要的意义。

地下水源热泵系统浅层地温能勘查主要解决以下两个问题：

第一，特定水文地质条件和气候特征下，地下含水层的流动和传热机制；

第二，地下含水层储能与水、热调蓄的能力。

从浅层地温能勘查范围来分，则可分为区域浅层地热资源调查以及场地浅层地热资源勘查。其中，区域浅层地热资源调查的目的在于进行区域浅层地热资源开发利用的适宜性评价，为区域浅层地热资源开发利用规划服务。主要调查内容包括区域水文地质条件、区域工程地质条件、气候条件、经济规划与格局；而场地浅层地热资源勘查则为热泵系统建设提供设计依据，勘查内容主要包括水文地质条件、工程地质条件、各种热参数试验、参与循环的水量和热量等。

根据勘查的目的，地区总的自然条件及其水文地质研究程度，地下水热泵系统勘查可分为普查、详查和勘探三个阶段。大范围区域性浅层地温能勘查属普查阶段工作；以城镇所在水文地质单元（或地质单元）为对象的小范围区域性浅层地温能勘查属详查阶段工作；场地浅层地温能勘查属勘探阶段工作。勘探阶段之后，为浅层地温能开发工作。

各阶段的勘查技术要点如下：

（1）充分利用现有的水文地质勘查和研究成果，初步查明大范围区域性水文地质条件。初步查明地下水含水层结构、厚度、埋藏、水位分布、水温分布、水量和水质及动态情况等。

（2）根据已有实测数据或经验数据，确定未知岩土体的热物理参数（热导率和比热）。

（3）根据已有实测数据、气象监测数据或经验数据，确定恒温带的温度和深度、大地热流值，并在冻土地区确定冻土层厚度。有条件的地区，初步掌握地温分布及动态。

（4）根据已有实测数据或经验数据，确定岩土体的孔隙率（裂隙率）、含水量、密度等物理参数。

（5）分析浅层地温能的热来源和热成因机制，提出浅层地温能形成的概念模型。

（6）主要采用热储法、放热量法、比拟法和水文地质学计算方法求取 D+E 级储量，估价其开发利用前景，提交普查报告。

另外，在浅层地温能开发工作中，应加强系统的动态观测工作，利用长期观测和开采过程中的实际资料，运用数值法对其进行工程研究，计算储量，并进行开发利用过程中的环境问题研究，建立浅层地温能的开发管理模型。

地下水源热泵系统勘察结束后应提交水文地质勘察报告，报告应分析地下水资源条件评估工程项目采用地源热泵系统的可行性，并提出地源热泵系统方案建议。建议应包括以下内容：

（1）抽水方式和回灌方式；

（2）抽水量和回灌量；

（3）抽水井和回灌井数量；

（4）热源井井位分布和井间距；

（5）热源井井身结构和井口装置；

（6）抽水泵型号和规格、泵管和输水管规格；

（7）供水管和回灌管网布置及其埋深；

（8）水处理方式和处理设备。

2. 水源热泵机组构成形式及工作原理

（1）有四通换向阀的水源热泵机组

该类机组多为水一空气机组，部分为小型水一水机组，水-空气机组原理图如图 4-4 所示。机组制冷时，制冷剂/空气热交换器 2 为蒸发器，制冷剂/水热交换器 3 为冷凝器。其制冷流程为：压缩机 1→四通换向阀 4→制冷剂/水热交换器 3→双向节流阀 5→制冷剂/空气热交换器 2→四通换向阀 4→压缩机 1。机组制热时，制冷剂/空气热交换器 2 为冷凝器，制冷剂/水热交换器 3 为蒸发器。其制冷流程为：压缩机 1→四通换向阀 4→制冷剂/空气热交换器 2→双向节流阀 5→制冷剂/水热交换器 3→四通换向阀 4→压缩机 1。

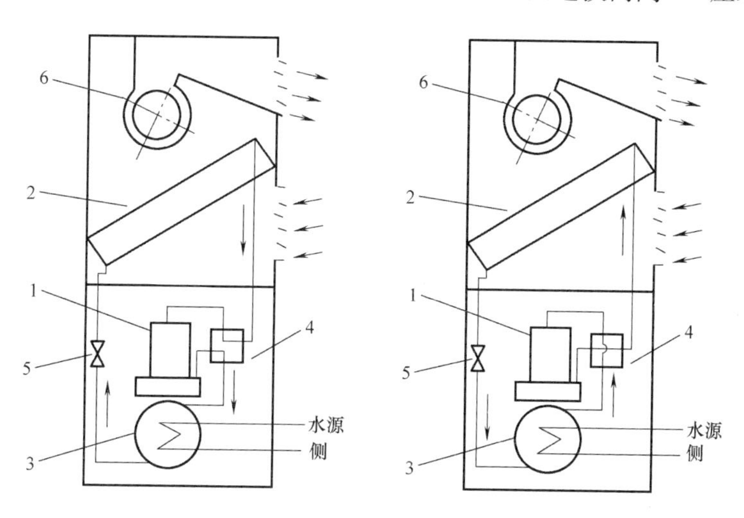

图 4-4 冷热风型水源热泵工作原理

1—压缩机；2—制冷剂/空气热交换器；3—制冷剂/水热交换器；4—四通换向阀；5—双向节流阀；6—风机

这种机组形式较多，按安装方式上可分为暗装机组和明装机组两种，暗装机组一般吊装在顶棚中或设置在专门的小型机房内，一般需要接风管，对噪声的指标要求相对低些，需与室内装修协调一致。明装机组一般不需要接风管，直接置于室内墙角或窗边，机组明装，安装维修相对方便。

（2）无四通换向阀的水源热泵机组

该类机组多为单冷型水源热泵机组，机组容量较大。机组制冷剂环路无四通换向阀，采用水路阀门转换来实现使用侧制冷和制热功能，蒸发器和冷凝器的功能不变。

这种机组按照结构形式不同，可分为整体式水源热泵机组和模块化水源热泵机组。机组容量较大时，压缩机一般具有能量调节手段，可实现部分负荷运行。模块化水源热泵机组由多个独立回路的单元机组组合而成，每个单元机组有独立的压缩机、冷凝器、蒸发器和节流装置等，通过水管将各个单元连接在一起。单元机组一般分为主机和辅机，主机带有控制系统，根据负荷变化的情况，自动调节制冷（热）量输出，保证与冷热负荷的匹配。由于采用了模块化设计，便于能量扩展，单元模块体积小，重量轻，搬运方便。

（3）机组部件

水源热泵机组一般由压缩机、蒸发器、冷凝器、节流装置、电控机构、贮液器、油分离器等部件组成，与常用的冷热水机组基本相似，所用的制冷剂主要有 R22、R134a、R407C、R4l0a、R404a 等。现就主要部件的应用情况做一些说明。

1）压缩机

活塞式压缩机制造工艺成熟，容易维护，性价比高，但存在湿压缩敏感，变负荷调节性能差的缺点，一般采用压缩机前置低压贮液器、间歇运行方式。由于单台压缩机容量大时启停运行对电网冲击较大，因此常用在小型水源热泵机组或模块化水源热泵机组中。

螺杆式压缩机零部件少，结构简单，易于维护，对湿压缩不敏感，容积效率高，运行可靠，可实现无级调节，常用于大型水源热泵机组。其夏季制冷运行季节性能系数比往复压缩机高 6%～20%，冬季供热运行性能系数比往复压缩机提高 12%～20%。因此，对于比较寒冷、热水温度在 56℃以上的场合推荐使用螺杆式压缩机。其缺点是噪声大，对噪声有特别要求的地方需对机房进行处理。

离心式压缩机具有易损件少，供气脉动性小，运转平稳可靠，可实现无油压缩，维护费用低，单机制冷量大，单位制冷量机组的重量轻、体积小、占地少、效率高等优点，不足之处是单机容量必须较大，变工况适应能力不强，而且噪声较大。需要注意其喘振区及高速轴的润滑。

目前，一台机组常采用多台压缩机并联运行，这样可以降低启动电流，配以一定的控制程序，可在部分负荷时轮流使用，延长压缩机使用寿命，并且部分负荷时效率比单压缩机机组要高。即使一台压缩机出现故障，其余压缩机仍可继续工作。

2）冷凝器和蒸发器

大型水源热泵机组冷凝器和蒸发器主要以壳管式为主，传热管多采用内外侧强化传热管。蒸发器可分为干式和满液式，其中满液式蒸发器属于液体和液体传热，因此传热效率比干式蒸发器高出 15%～25%，由于水走管侧，故水侧阻力小，易于维护及清洗。满液式蒸发器也存在两个缺点：第一，蒸发器水容量小，出水温度波动较大，容易被冻结，胀裂传热管；第二，制冷剂充注量较大，回油较为困难，采用满液式蒸发器时，油分离器作为水源热泵的重要部件。

由于板式换热器具有体积小、重量轻、传热效率高、加工过程简单等优点，近年来得到广泛的应用。冷凝器和蒸发器如采用板式换热器，可使机组设计得更为紧凑，制冷剂的充注量更少，但由于换热通道较窄，清洗较为困难，内部渗漏不易修复，冷凝器侧容易结垢，蒸发器侧容易冻结，因此需注意解决维护简便性和换热器可靠性问题。

套管式换热器传热效果好，具有结构紧凑、制造简单、价格便宜、冷却水耗量少等优点。但两侧流体的流动阻力较大，且清除水垢较困难，目前多用于小系统中。

3）节流装置

热力膨胀阀由于价格便宜，得到广泛的应用。由于制冷、制热工况不同，制冷剂循环量变化较大，必要时，需两个或多个热力膨胀阀以适应工况要求。在液态管路阻力大的场合，要注意适当加大相应膨胀阀的孔量，以免出现供液不足的情况。缺点是控制精度不高，有所滞后，在启动和负荷突变时，可能导致被调参数发生周期性振荡。

电子膨胀阀控制精度高，响应快，流量调节范围宽，可按预设的各种复杂调节规律动作，获得很好的过热度调节品质，使装置的启动和变负荷动态特性大为改善。因此，电子膨胀阀能够使得水源热泵机组控制更为可靠和节能。

4）控制系统

采用先进的控制系统使得水源热泵能够更加高效、可靠、稳定运行。目前，大多数水源热泵机组采用 PLC 可编程控制器进行控制，能够根据制冷和供热运行情况，对机组冷热运行进行精确显示、控制与保护，小型水源热泵的控制系统基本停留在开停机、参数显示和具有简单保护功能水平上。

用户操作界面常采用触摸屏控制，可以突破语言障碍，操作人员可以通过表示为图形的按键进行快捷操作，可以选择运行时间、故障查询、运行状态、参数设定、调节显示、操作界面等子菜单，实现冷水进出温度和热水进出温度，蒸发压力、冷凝压力及温度，油过滤器压差和油温，电机温度，电子膨胀阀开度，压缩机运行小时数及机组运行小时数等的显示，并进行有效的操作和控制。

冷热水温度控制采用 PID 控制算法可保证蒸发器和冷凝器出水温度恒定，避免机组频繁启停，有效保持机组运行的稳定性和经济性。通过连续监视蒸发器冷水进口温度以精确控制机组负载，并控制机组启动时蒸发器出水温度降低速率在 0.1～1.1℃/min，有效避免冷水出水温降速率过快导致的能量浪费，提高机组性能系数，延长机组寿命。

机组的控制，应能自动控制各制冷回路以及各回路中的每台压缩机的启停及上下载顺序，以均衡各回路及压缩机的运行时间。实现冷水及冷却水泵的联锁，保证机组高效安全运行。

故障预诊断和报警，机组启动前通过快速模拟检测确认机组的各个开关量、传感器、电压和压缩机是否正常。运行中通过人机界面显示各种设置点及实际运行参数，监视机组运行，必要时报警。还能对机组进行有效的保护，如冷水出水温度过低、油压过低、制冷剂压力过高或过低、漏电流、电机过载、电压过高及过低和缺相、冷（热）水流量低保护等。一些机组可以提供百余种显示和报警信息，根据报警信息再采取相应的方法即可解除。

5）水质处理

从保障地下水安全回灌及水源热泵机组正常运行的角度，地下水尽可能不直接进入水源热泵机组。直接进入水源热泵机组的地下水水质应满足以下要求：含砂量小于 1/200000，pH 值为 6.5～8.5，CaO 小于 200mg/L，矿化度小于 3g/L，Cl^- 小于 100mg/L，SO_4^{2-} 小于 200mg/L，Fe^{2+} 小于 1mg/L，H_2S 小于 0.5mg/L。

当水质达不到要求时，应进行水处理。经过处理后仍达不到要求时，应在地下水与水源热泵机组之间加设中间换热器。对于腐蚀性及硬度高的水源，应设置抗腐蚀的不锈钢换热器或钛板换热器。当水温不能满足水源热泵机组使用要求时，可通过混水或设置中间换热器进行调节，以满足机组对温度的要求。

根据地下水的水质不同，可以采用相应的处理措施。

① 除砂。地下水要经过水过滤器和除砂设备后再进入机组，目前多采用旋流除砂器，也可采用预沉淀池。前者初投资较高，后者投资较低，但采用开式水箱，氧气容易进入，加速设备的腐蚀。

② 除铁。我国地下水的含铁量一般都超过允许值，因此在使用前要进行除铁。除铁的方法一直是供水工程的研究课题之一。曾采用曝气氧化法，但效果不够理想。现多使用除铁剂或催化氧化进行除铁，尽管初投资和管理费用增加，但效果很好。

③ 软化。目前供暖空调行业多采用软化水设备除去地下水中的钙、镁离子并将水软化以达到用水标准。

④ 较为常用的是加装换热器和对管道、阀门进行处理，推荐采用的是铜镍合金板式换热器，内外衬环氧树脂的管道合阀门、镀锌钢板、塑料以及玻璃纤维环氧树脂管材。当潜水泵采用双位控制时，应加设止回阀，以免停泵时水倒空，氧气进入系统腐蚀设备。一般不推荐采用化学处理，一是费用昂贵，二是会改变地下水水质。

4.1.4 地下水源热泵适应性研究

1. 评价内容

区域适宜性评价是以全国、一个省或一个区域为评价范围，考虑地质条件、水源温度、水质、环境影响、投资、节能效果等多种因素，对该区域或项目的地下水源热泵系统利用提供较为客观的综合性评价，并为该区域的资源利用发展规划提供指导。

另外，针对具体项目适宜性评价，是讨论单个项目应用水源热泵系统的适应条件和可行性。这方面可以按现行规范、标准，以及本书其他章节的内容进行。本节主要讨论区域适宜性评价的问题。

对于在一个区域采用地下水源热泵系统是否适宜，从主要取决于两类因素：

一方面是直接与该地区自然资源条件和社会资源条件相关的因素，如该地区地下水的富水性、水温、回灌条件等，又如人口密度、人均GDP等社会条件。

另一方面是采用地下水源热泵系统能够产生的经济、环境、节能效益。即在具备基本应用条件的情况下，水源热泵的系统优势。

2. 系统应用的适宜性评价

地下水源热泵系统的节能、经济和环境效益的评价问题比较复杂，影响因素很多，主要有建筑负荷特性、系统运行特性、地区气候特点、地质状况、设备价格、设备使用寿命、当地的能源价格和电力价格等。地下水源热泵系统在某一地区应用时虽然能得到很好的节能效益，但是可能会由于资金投入高、当地能源价格低、电力价格高等原因使得水源热泵系统并不经济。除了节能效益和经济效益之外，还应注意到采用地下水源热泵系统所带来的环境效益。从环境经济学的角度看，发展经济与保护环境是对立统一的关系，两者在发展中缺一不可，而以往的研究中多数都是仅仅从节能、经济和环境效益中某一方面进行定性或定量的分析。

4.2 浅层地下水源热泵系统建筑应用

4.2.1 基本概念与特点

地下水分为三种类型：上层滞水、潜水和层间水。其中潜水是指埋藏于地表以下、第一个稳定含水层里的具有自由水面的重力水。潜水的埋藏深度易受地形、气候和地质构造的影响，其中以地形的影响最大。山区地形切割强烈，潜水埋藏深，有的深达数十米至数百米，含水层厚度相差很大。平原地形切割微弱，潜水埋藏浅，一般仅数米，甚至露出地表，含水层厚度相差不大。潜水通过透水层与地表相通。大气降水、地表水、凝结水可通过透水层的空隙通道，直接渗入，补给潜水。因此，同一地区的潜水水位埋深对降雨变化敏感。一般来说，潜水补给来源充裕，水量较丰富，特别是在平原地区，埋藏较浅，开采容易。因此，潜水一般可作为地下水源热泵的主要水源加以合理开采。

通常所说的浅层地下水是指地质结构中位于第一透水层中、第一隔水层之上的地下水。由大气降水、地表径流透水形成，埋藏浅，更新较快，水质较差，水质与水量均受降水和径流影响。典型代表为井水（非机井），也就是利用地下水的潜水部分。

4.2.2 浅层地下水源热泵系统的应用与分析

在实际工程中浅层地下水水源热泵应用比较广泛，它的设计步骤与地下水源热泵系统相同，在这里就不一一赘述了，下面就通过几个实际的工程案例来具体说明浅层地下水源热泵系统是如何被应用到建筑当中和它对建筑节能所做的贡献。

1. 乌兰察布市职业技术学院

（1）工程概况

乌兰察布市职业技术学院新校区位于章盖营核心区的西南部，南临京呼高速公路，西临商都街，北临兴和路，东临霸三街；该校区交通便利，面向京呼高速公路构成章盖营核心区的南大门，是新区的城市景观窗口。乌兰察布市职业技术学院新校区发展规模为在校生1万人，建筑面积39万m^2。新校区设置四系两部，即生物技术系、机电技术系、经济管理系、建筑工程系、基础教学部、综合能力教学部。作为全新的高职校园规划设计，充分体现高等教育的目标和职业教育的理念，塑造景观、人文、科技为一体的先进校园（见图4-5～图4-7）。

空调系统采用5台水-水型中温热泵机组，系统的总装机制热量为7268kW，总装机制冷量为6954kW。机组热源侧设抽水井8眼，回灌井13眼，井深130m，动水位40.8～42.5m，静水位37.1～38m，降深3.5～5.4m，系统设置7台空调循环泵，5台地水循环泵，建筑物末端采用地板辐射采暖系统。

（2）测试结果

测评机构于2010年1月7日～9日对该示范项目进行了冬季工况现场测试。

1）室内温度测试结果

在实训楼布置3个温度测点、教学楼布置2个温度测点、学生宿舍布置2个温度测点、食堂布置2个温度，对热泵的供热效果进行监测。布置的9个温度测点的测试温度全

图 4-5　项目鸟瞰图

图 4-6　学生宿舍楼

图 4-7　教学楼

部达到设计要求，供暖保证率为 100%。9 个测点的平均温度为 21.1℃，最高温度为 23.4℃，最低温度为 19.3℃。

2）热泵机组实际运行工况性能测试结果

根据对乌兰察布市职业技术学院新校区室内温度的实测结果，热泵系统供暖区的室内应用效果良好。

经过对该地源热泵系统的检测得出，机组制热量为 1304kW，机组平均输入功率为 314.7kW，热泵机组地源侧和空调侧的进、出口水温变化情况如图 4-8 所示。

由测试结果可以得出热泵机组在测试期间实际运行工况下的平均制热性能系数为 4.14。

地源侧进口水温变化曲线基本平直，平均温度为 11.7℃，说明测试期间地源侧供水温度相对稳定。

空调侧循环水供回水温差基本恒定，供水温度在 36.1～36.4℃之间，测试期间供回水平均温差为 4.3℃，说明被测机组运行稳定。

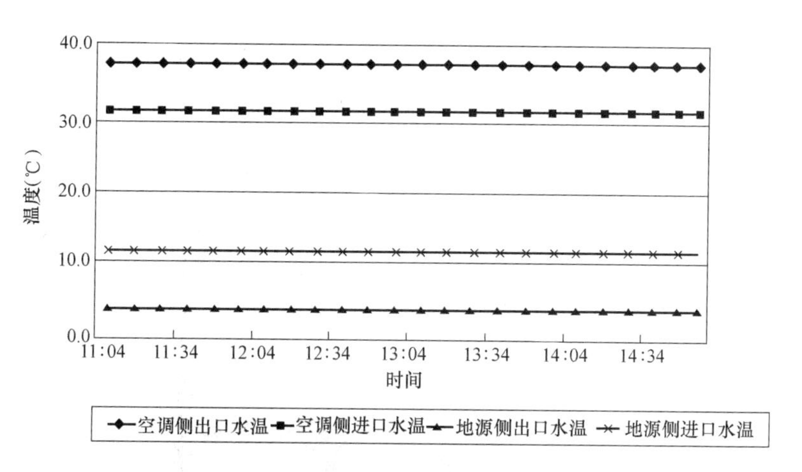

图 4-8 热泵机组两侧介质温度变化曲线

3）热泵系统性能测试结果

热泵系统全天实际运行工况下的平均制热性能系数为 2.68，具体测试结果见表 4-1，热泵系统电耗构成比例见图 4-9。

热泵系统全天实际运行工况下性能测试结果　　表 4-1

序号	测试项目	实测结果
1	系统总制热量(kWh)	122227.8
2	系统总耗电量(kWh)	45562.4
3	热泵机组耗电量(kWh)	32650.4
4	水泵耗电量(kWh)	12912
5	热泵系统性能系数(kWh/kWh)	2.68

注：1. 系统性能测试时间为 2010 年 1 月 7 日 15：00～1 月 9 日 15：00。

2. 热泵系统性能系数$=\frac{\text{系统总制热量}}{\text{系统（热泵机组＋水泵）总耗电量}}$。

该地源热泵系统的供暖季节煤量，二氧化碳、二氧化硫、粉尘减排量见表 4-2 和表 4-3。

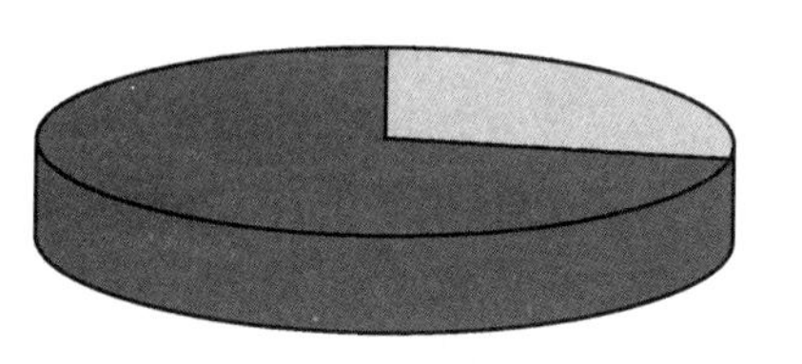

图 4-9 热泵系统电耗构成比例

2. 国家大剧院

（1）工程概况

国家大剧院位于人民大会堂西侧，总建筑面积 22 万 m^2。室外设置露天水池面积约 35000m^2，储水量 15000m^3，水深 400mm（见图 4-10）。为防止冬季池水冻结和夏季微生物滋生，需要对池水冬季加热夏季冷却。池水加热冷却的冷热源采用中央液态冷热源环境系统，冷热源机房与池水水处理站相衔接，末端设备利用池水水处理循环水系统。池水循环及处理共设四个站房：东北、西北站，东南、西南站。

供暖季节煤量　　表 4-2

供暖方式	热负荷(kWh)	年耗电量(kWh)	年耗标煤量(t)	总能耗折算成标煤(t)	节煤量(t 标煤)
地源热泵	8424435.1	3143445.9	0	1103.2	523
燃煤锅炉		297684.3	1521.8	1626.2	

二氧化碳、二氧化硫、粉尘减排量表　　表 4-3

标煤节约量(t/a)	CO_2减排量(t/a)	SO_2(t/a)	粉尘减排量(t/a)
523	1291.8	10.5	5.2

图 4-10　国家大剧院

2003 年 12 月 15 日至 2007 年 10 月 15 日完成整个景观水池加热冷却工程的施工，于 2007 年 11 月 25 日开始调试运行。

(2) 空调系统设计

1) 设计原始条件

① 北京市冬季大气压 1020.4mbar，夏季大气压 998.6mbar；

② 冬季供暖温度−9℃，空调温度−12℃，最低日平均温度−15.9℃；

③ 夏季空调温度 33.2℃，空调日平均温度 28.6℃；

④ 最冷月平均室外计算相对湿度 45%；

⑤ 冬季平均室外风速 2.8m/s；

⑥ 冬季日照率 67%；

⑦ 水池面积 32980m^2（东北、西北各 11047m^2，东南、西南各 5443m^2）；

⑧ 池水深约 0.40m；

⑨ 水池储水量 15000m^3；

⑩ 东北、西北站，池水循环水量各为 775m^3/h；东南、西南站，池水循环水量各为 332m^3/h。景观池水系统总循环水总量 2215m^3/h。池水循环周期为（15000÷2215）× 6.8h。

2）池水设计参数

冬季最冷季池水不冻温度 $t_s \geq 1.5$℃，夏季最热季池水温度 $t_s \leq 28$℃。

3）池水加热、冷却负荷分析计算

冬季池水热负荷由水面蒸发和瀑布蒸发损失热量、水面传导和瀑布传导损失热量、池底和池壁传导损失热量、水池位于车库等建筑上方的得热量、管道和设备散热损失及补充水加热所需热量、太阳辐射得热量形成。

经热负荷分析计算，确定池水冬季热负荷为 11340.57kW，热负荷指标为 324.0W/m^2；

经冷负荷分析计算，确定池水夏季冷负荷为 10325kW，冷负荷指标为 295W/m^2。

4）池水加热、冷却负荷模型试验数据分析

国家大剧院景观池水加热负荷的确定是设计难点，室外池水水面热损失计算无可靠的数学模型，为此设计初期方案阶段参照室内泳池热损失计算办法进行，并初步确定系统装机容量。然后建一模拟水池，并对模拟水池进行测定，获得大量可参考数据，并对初期设计进行调整。模拟水池与大剧院水池在外形上有很大不同，模拟水池的数据用于国家大剧院景观水池是否可行、工程可靠性还有待于运行的检验。

① 模型试验概况

为了验证理论计算冷热负荷的准确性，设置室外景观水池，水池半径 8.08m，池水深 0.57m，水池面积约 205.00m^2，池水水量 116.85 m^3。池水循环流量 24.5m^3/h，循环周期 4.8h。

水池供回水管：水池供水管沿水池内壁一周形成封闭管路，其上开 60 个 Φ12mm 的小孔向外喷水；水池的回水管位于水池中央，直径为 Φ100mm。

温度测点的设置：A. 在室外景观水池草坪上设置室外空气温度测点（测点 1）；B. 在池中设置 3 个温度测点测定池水温度（测点 2、3、4）；C. 在加热供（回）水侧设置温度测点测定供（回）水温度（测点 5.6）；D. 在加热机房内设有巡回监测仪，可自动巡回监测并逐时打印温度参数。

② 模型试验数据

流量：运用超声波流量测定仪测量加热管水流量为 35.50m^3/h。

耗热量：最大耗热量为：66.06kW，最大热负荷指标为 322.24W/m^2；

平均耗热量为：50.06kW，平均热负荷指标为 244.20 W/m^2。

5）冷热源系统形式的确定

国家大剧院室外景观水池加热可采用多种方法，如城市热力、燃气锅炉浅层地能热等。经经济分析推算，城市热力、燃气锅炉运行成本难以与浅层地能热泵相比，最终确定采用浅层地能热泵系统为景观水池加热。

浅层地能景观水池加热系统之所以运行节能是因为冬季池水温度 $t_s = 1.5$℃，浅层地热能温度为 $t_x = 12$℃，相比之下，浅层地能为高温热源，井水可直接对池水加热，即可满足池水不冻要求。夏季池水温度 $t_s = 28$℃，浅层地能温度为 $t_x = 12$℃，相比之下，地下水为低温冷源。

6）景观水池加热、冷却系统

将地下温度为 12℃的水抽取上来，通过水-水换热方式将池水的热量传给地下水，池水温度降低。即夏季通过换热器将池水获得的太阳辐射热散放到水井中，而使池水降温，冬季把井水中的热量提取出来，加热池水，形成一个冬储夏用、夏储冬用生态冷却加热循环系统

①“单井抽灌”井数量确定

冬季池水加热热负荷为11340.57kW，夏季池水冷却冷负荷为10325kW。中央液态冷热源环境系统，标准的“单井抽灌”井的结构参数为：井孔直径800mm，井管直径500mm，井深85m，抽水和回灌水管直径DN100，标准的“单井抽灌”井的性能系数为：井水循环量100t/h，抽灌水温差5℃，取热或制冷能力600kW，确定采用18口单井。

②“单井抽灌”井及主机设置

池水加热、冷却的冷热源采用中央液态冷热源环境系统，冷热源机房与池水处理站相衔接，末端设备利用池水水处理循环水系统。池水循环及处理共设4个站房：东北、西北站，东南、西南站。

由于水池水循环系统确定为4个循环水处理站，且每个站的循环流量均已确定，冷热源系统的加热冷却的热量与冷量只能通过站房各自的循环流量带入池内，故冷热源采集装置的数量应与各站的循环流量相对应。结合已确定4个站房的循环流量设置“单井抽灌”井。

东北站：“单井抽灌”井6口，HT760型热泵主机3台；西北站：“单井抽灌”井6口，HT760型热泵主机3台；东南站：“单井抽灌”井3口，HT760型热泵主机1台；西南站：“单井抽灌”井3口，HT760型热泵主机1台。

7）系统运行工况及节能减排

① 系统运行工况

国家大剧院池水加热系统于2007年11月25日开始调试，2007年12月14日试运行至2008年2月23日停机，经一个冬季运行的效果，其设计确定池水面积热负荷等相关设计数据是可靠的，其所设计的能量采集井数、热泵主机完全可保证系统正常运行。

国家大剧院景观水池加热系统设计、运行均无可参考样式，它不同于我们已习惯的供热系统，为此在设计上就考虑有几种运行方式，并在实际运行中进行调试：

井与主机全开工况：最不利工况（北京最寒冷季）；

开机停井工况：非寒冷季夜间（一台主机对一口井，其余井停止工作）；

井全开停机工况：非寒冷季，此工况为最经济节能工况。

针对上述三种运行工况对大剧院景观池水系统进行为期40天的运行调试。在调试运行过程中，根据北京气象预报提供温度、风速等参数以及在确保景观池水不冻的原则下，安全、稳定、经济运行，对上述三种工况进行分析对比，实现系统供水湿度的气候补偿，利用夜间低谷电，景观水池蓄能，减少水泵能耗，系统间歇运行，制定如下冬季经济运行方案。

(a) 冬季运行时间段（见表4-4）

日平均气温低于1.5℃共71d（12月14日至次年2月23日）。

(b) 冬季运行方案

如温度高于0℃，仅启动潜水泵不开主机，以使系统处于最佳节能运行状态。为指导运行及积累相关数据，于2007年12月14日开始对池水温度（池水温度探点10个，东

冬季运行时间段 **表 4-4**

运行条件	主机运行时间	主机运行时间段	潜水泵运行时间	潜水泵运行时间段	备注
室外温度≤1.5℃	24h	00:00～24:00	24h	00:00～24:00	温差≥4.0℃自控潜水泵运行台数
室外温度2.0～3.5℃	19h	15:00～次日10:00	5h	10:00～15:00	
室外温度≥4.0℃	0h	—	17h	17:00～次日10:00	

北、西北各 3 探点，东南、西南各 2 探点）进行记录，每天记录 7 次。从近 40 天的池水温度记录看：12 月上旬、中旬池水温度较高，其池水最高温度高达 13℃；12 月下旬至 1 月中旬池水温度有所下降，其池水最高温度为 9.95℃。另外，从池水温度记录看，东南、西南池水平均温度为 5.55℃；西北、东北池水平均温度为 5.12℃，东南、西南池水温度高于西北、东北池水温度。

② 系统运行出现的问题

国家大剧院景观水池在系统调试运行过程中发生池水结冰现象，池水结冰范围较大一次发生在 2007 年 12 月 28 日。去现场查看并分析池水结冰原因，其一是大风寒冷性天气，当天天安门地区最低气温－9.0℃，其风力级别达到 10～11 级，风速最大达到 28m/s，与系统设计参数不符。其二是池水回水不均匀、循环不畅，水池内区土建标高不一致，池水回水不均匀，池水形成了死滞区，特别是在正南、正北玻璃连廊处有横向分隔处（隔高超出水面），池水死滞区更为严重。

经多方协调，部分问题得到了解决，此后在 2008 年 1 月 18 日～2008 年 1 月 20 日天安门地区大幅度降温（最低气温－9.0℃、最高气温－3.0℃）且在连续阴天情况下保证大剧院池水不结冰。

此外，运行发现因其池水循环水泵设于水处理机房，冷热源机房根据冬季室外气象参数而调整池水流速难以实现（如在北京最冷月时，冷热源机房可增大流速，加强池水循环）。

③ 节能减排

通过对 1982～2002 年 20 年北京市观象台气象资料研究分析，1984～1985 年冬季最寒冷，冬季日平均气温低于 1.5℃共 71d，日平均温度平均值为－3.72℃。

池水冬季热负荷为 11340.57kW，池水冬季消耗的总热量为 1402.95 万 kWh，折合标准煤 1720t（见表 4-5）。

节能减排效果 **表 4-5**

燃料量（标准煤）(t)	减少排烟量（万标 m^3）	减排颗粒物(t)	减排 SO_2(t)	减排 NO_x(t)	减排 CO_2(t)
1720	2324	75	41	30	4370

（3）系统运行费用

1）运行耗电分析记录

国家大剧院池水加热系统一个冬季运行总电耗为 145.476 万 kWh（2007 年 12 月 14 日～2008 年 2 月 23 日，共计 71d），冬季加热平均池水水面电耗为 44.11kWh/(季・m^2)。

其中，东北机房电耗 50.28 万 kWh、平均池水水面电耗为 45.51kWh/(季·m^2)；西北机房电耗 52.08 万 kWh、平均池水水面电耗为 47.14kWh/(季·m^2)；东南机房电耗 21.708 万 kWh、平均池水水面电耗为 39.88kWh/(季·m^2)；西南机房电耗 21.408 万 kWh、平均池水水面电耗为 39.33kWh/（季·m^2）。

2）系统运行费用

国家大剧院景观水池中央液态冷热源环境系统经济性显著，系统单位水面积电耗仅为 44.11kWh/(季·m^2)，费用约合 22.05 元/(季·m^2)，如采用燃气锅炉加热，费用为 61.2 元/(季·m^2)，该系统运行费用仅是燃气锅炉费用的 36%。

国家大剧院景观水池中央液态冷热源环境系节能、减排效应明显，节约标准煤 1720t，减排 CO_2 4370t。

（4）方案设计特点

采用单井回灌技术采集浅层地表的热量和冷量来加热和冷却水池的中央液态冷热源环路系统，具有十分突出的优点，设备出投资少，运行费用低，可同时满足冬季池水加热。

单井回灌系统具有不移沙、不破坏地下水平衡、不污染地下水等优点。冬季室外平均温度低于−70℃（高于−7℃时用水-水换热方式运行）时启动能量提升器，不仅满足冬季最不利条件下池水加热所需热量及温度品质，系统安全可靠，同时由于采用了分阶段运行调节方式，冷热源环境系统的运行经济性更加突出。此外，采用单井回灌技术采集地源热量，无任何污染，是任何燃油、燃气锅炉都不可比拟的。

4.3 深层地热水源热泵系统建筑应用

4.3.1 概述

1. 定义

水源热泵的定义为，以水为热源进行制冷（制热）循环的一种热泵型空调装置。则深层地热水源热泵系统，即是以深层地热水作为低位热源，并利用热泵技术，通过少量的高位电能输入，实现冷热量有低位能向高位能的转移，从而达到为使用对象供热或供冷的一种系统。该系统适合于地下水资源丰富，并且当地资源管理部门允许开采利用地下水的场合。深层地下水的定义为，含水层底板埋深大于 150m 的地下水，区别于浅层地下水。

地下水位于较深的地层中，因隔热和蓄热作用，其水温随季节变化较小，特别是深井水的水温常年基本不变，对热泵运行十分有利。深井水的水温一般约比当地年平均气温高 1～2℃。我国华北地区深井水温为 14～18℃，上海地区为 20～21℃。

2. 国内外应用历史

深井地热水在世界上的广泛应用有很长的历史。美国西部的深井地热区，井深 300～400m 左右，即可开凿出 80～90℃的地热水。从地下环境保护的角度来考虑，美国各州有不同的政策，但总的不主张使用开式系统；如果需要使用，那么都严格要求同层回灌。法国的低焓能含水层热水温度在 50℃以上，井深由几百米至 1000～2000m 不等，其应用实现了梯级利用，并且严格实行“对井”制，即一个生产井，一个回灌井。巴黎盆地的地下水位，20 年来基本上维持水位不降，是很了不起的成就。波兰地下含水层热储的水温为

30～130℃之间，并采用了多种利用技术。日本1932～1955年共建设了35个热泵系统，当时均为深井水热源。

我国20世纪50、60年代曾以深井水作为冷热源直接处理空气或作为机械制冷的冷凝器冷却水。北京是世界上为数不多的、有深井地热水资源的首都之一。过去30年来，共开凿了深井地热水井200口左右，130多口井在正常使用。由于多数地热井水温在40～60℃之间，限于合理利用的温泉别墅。很少的比例用于地热直接供暖。1999年，在北京城南发现深度3800m处的88℃的地热水。申办2008年奥运会以来，北京有关部门进行了全面的物探，发现了三大块地热田，水温达70～80℃，井深达3500m左右。天津和塘沽地区在地热水供暖上也有较长历史。

3. 注意事项

和燃煤、石油等能源相比，地热不仅清洁，而且能反复利用，属于可再生资源。深层地下水有其自身的循环系统，一部分热水被抽上来之后，会从远方不断地得到补给，从这个意义上说，地热资源是取之不尽、用之不竭的。但据国外和上海市的经验，大量使用深井水超采地热导致地面下沉，且逐步造成水源枯竭。北京的深井地热水位每年下降2m。近几年，天津采用先进技术，严格实行“对井”制，才使地下水位逐渐回升。因此，如以深井为热源，可采用“深井回灌”的方法，并采用“夏灌冬用”和“冬灌夏用”的措施。

所谓“夏灌冬用”即把夏季温度较高的城市上水或经冷凝器排出的热水回灌到有一定距离的另一个深井中区，及将热量储存在地下含水层中，冬季在从该井中抽出使用作为热泵的水热源。“冬灌夏用”则与之相反。这样才可提高深层地下水的再生性能，使含水层不枯竭。目前国际上普遍采用这种方法，例如，巴黎大量开采地热供暖，并且100％的回灌，水位并没有下降。近几年来中国一些地热利用规模较大的城市，已经制定了回灌率标准，天津市要求新建地热工程达到100％回灌，北京也做出相同的规定。采用这一方法时，也应注意回灌水对地下水有无污染的问题。

另外，国外有些蕴藏有地热的城市，可以从地下直接抽取水温为60～80℃的热水，我国天津、北京、福州等某些地区亦具备地下热水可供使用。我国常把地下热水直接作为供热的热媒。若把一次直接利用后的地下热水作为热泵的低位热源用，进行“梯级”利用，就可以增大使用地下热水的温度差，提高地热的利用率，这在天津地区曾有过应用实践。

地热对金属腐蚀普遍存在而且很严重。地热水中最常出现起主要作用的腐蚀成分是氯（Cl）和溶解氧（O_2）。氯离子半径小，穿透能力强，因此容易穿过金属表面已有的保护层造成对碳钢、不锈钢及其他合金强烈的缝隙腐蚀、孔蚀与应力腐蚀等。在地下深层地热水自然状态下通常不含O_2，流出地面后空气中的O_2会溶入地热水，溶解氧也是地热水中最常见、最重要的腐蚀性物质。

4.3.2 工程应用实例

1. 北京南彩温泉度假村深浅、层地热能综合利用及地热水梯级利用项目

（1）建筑概况

北京南彩温泉度假村由北京市新天华业房地产开发有限责任公司投资开发，度假村位于北京市顺义区南彩镇箭杆河边，建筑面积为5.6万m^2，室外温泉面积为200m^2，同时

图 4-11　北京南彩温泉度假酒店设计效果图

提供 24h 卫生热水及温泉加热循环水。建筑物总制冷负荷 3828kW（供/回水温度 12℃/7℃）；建筑总热负荷为 3878kW，（供/回水温度 45℃/40℃）；生活热水加热负荷 1600kW（热水温度要求 50℃）；温泉游泳池加热负荷 1367kW（只预留接口）。图 4-11 为北京南彩温泉度假酒店设计效果图，图 4-12 为北京南彩温泉度假酒店平面图。

（2）系统运行方案

由于该地区的地热资源及浅层地下水资源较丰富，南彩温泉度假村项目针对当地资源，采取地热温泉洗浴，地热供暖，地热尾水结合水源热泵供暖，浅层地下水制冷的方案。共钻凿 2 眼地热井（1 抽 1 灌），地热井抽水井设计出水量 180m³/h，出水温度 53℃；10 眼冷水井（4 抽 5 灌 1 备用），冷水井单井设计出水量 100m³/h。

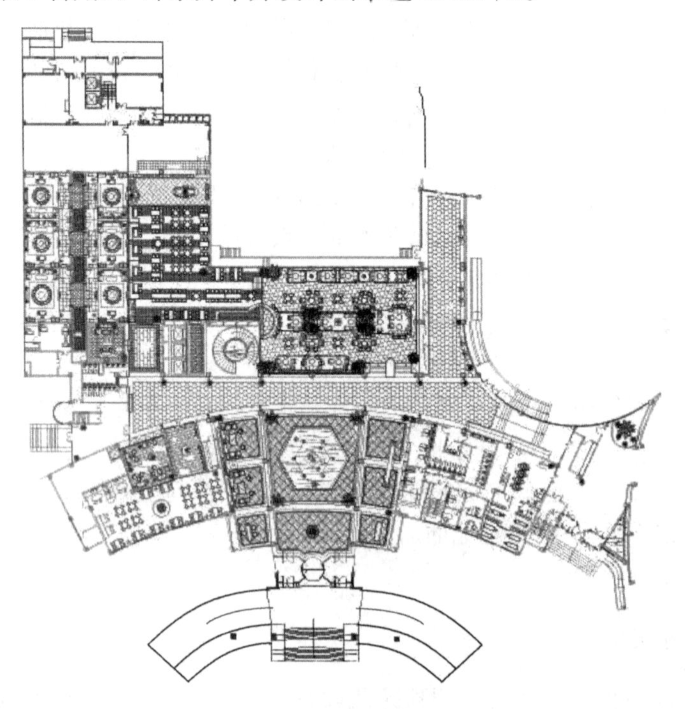

图 4-12　北京南彩温泉度假酒店平面图

1）冬季系统运行方案：冬季生活热水及温泉循环加热水（预留口）由地热井一级板式换热器的二次侧制取，提供总热量为 2093.4kW。建筑热负荷由水源热泵机组提供，热源采用地热井二级、三级板式换热器的二次侧制取 7℃/15℃水，从而实现热水的梯级利用。3 台水源热泵机组总制热量为 4201.3kW。10 眼（4 抽 5 灌 1 备用）冷水井作为备用。冬季系统运行原理图如图 4-13 所示。

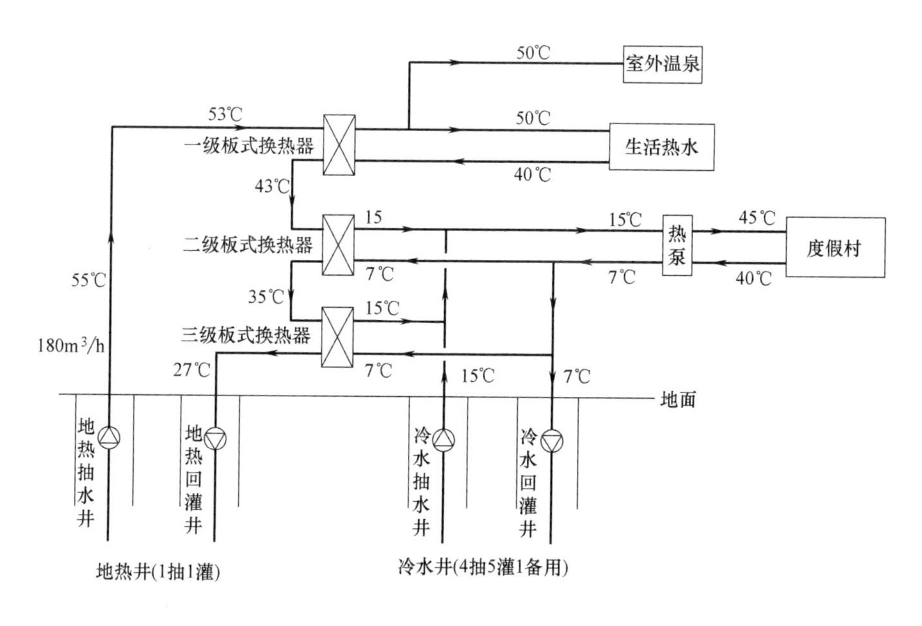

图 4-13　冬季系统运行原理图

2）夏季系统运行方案：建筑冷负荷由 4 台水源热泵机组（总制冷量为 4064.4kW）提供，10 眼（4 抽 5 灌 1 备用）冷水井作为系统的冷源。夏季生活热水及温泉循环加热水（预留口）由一台热泵机组（WPS280.2C）的热回收优先提供，热水量需求较大时，不足部分由地热井一级板式换热器的二次侧供给。夏季系统运行原理图如图 4-14 所示。

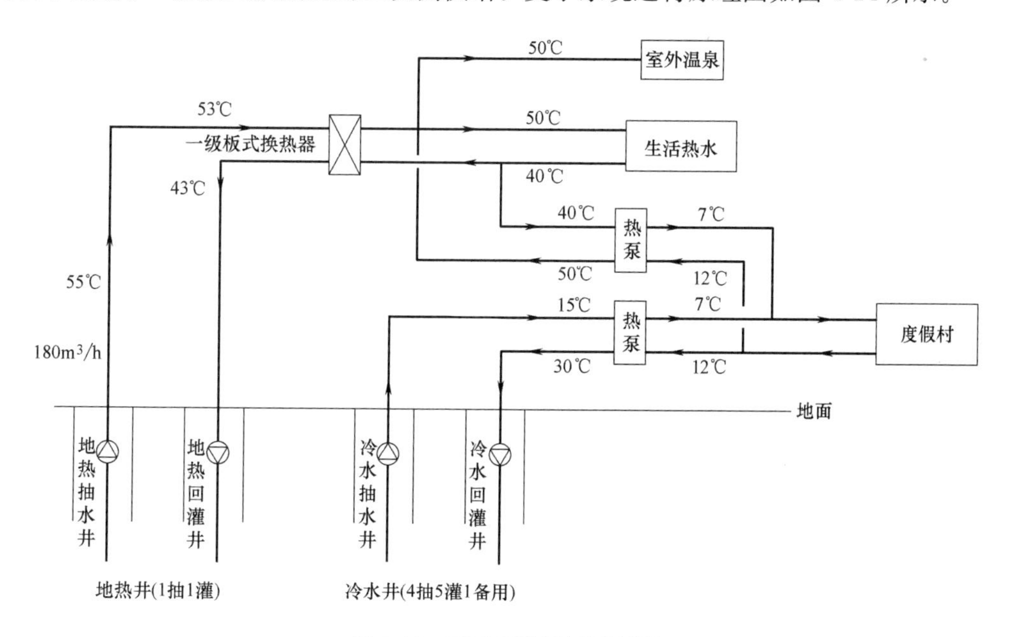

图 4-14　夏季系统运行原理图

3）春秋季系统运行方案：春秋季空调制冷是由 10 眼（4 抽 5 灌 1 备用）冷水井经过板换后提供冷水（供/回水温度 16℃/19℃），满足交替季节的制冷需求。春秋季生活热水及温泉循环加热水（预留口）由地热井一级板式换热器的二次直接供给。图 4-15 为系统过渡季节运行原理图。

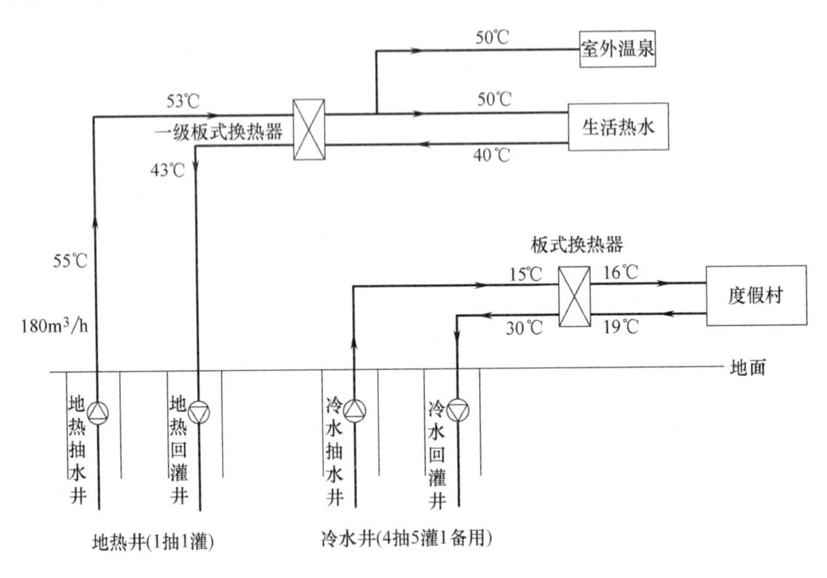

图 4-15　过渡季节运行原理图

（3）设备选型

根据一年四季系统运行方式，选择 4 台水源热泵机组，其中一台机组带有热回收功能，板式换热器设有一级、二级、三级和冷水井板式换热器，设备选型见表 4-6 和表 4-7。

水源热泵机组选型表　　　　**表 4-6**

名称	型号	设备参数	数量	备注
单螺杆式水源热泵机组	WPS 260.2B	制冷工况：制冷量 970.8kW，功耗 172.6kW； 制热工况：制热量 1047.1kW，功耗：233.3kW； 外形尺寸：3681×1346×2040mm	1	—
单螺杆式水源热泵机组	WPS 280.2C	制冷工况：制冷量 970.8kW，功耗 172.6kW； 制热工况：制热量 1047.1kW，功耗：233.3kW； 外形尺寸：3681×1346×2040mm	2	—
单螺杆式水源热泵机组	WPS 390.2B	制冷工况：制冷量 970.8kW，功耗 172.6kW； 制热工况：制热量 1047.1kW，功耗：233.3kW； 外形尺寸：3681×1346×2040mm	1	带热回收

注：夏季工况蒸发器进/出口温度：7℃/12℃，冷凝器进/出口温度 15℃/30℃；
　　冬季工况蒸发器进/出口温度：15℃/7℃，冷凝器进/出口温度 40℃/45℃。

板式换热器参数表　　　　**表 4-7**

备注	型号	设备参数	数量
一级板式换热器	BRH08-1.0-173.6-E-1	尺寸：1420×706×1932； 换热量：2065.6kW	1
二级板式换热器	BRS06AL-1.0-26.2-E-1	尺寸：970×660×17713； 换热量：1662.6kW	1

续表

备注	型号	设备参数	数量
三级板式换热器	BRS06AL-1.0-26.2-E-1	尺寸:970×660×17713; 换热量:1662.6kW	1
冷水井板式换热器	BRS18-1.0-502.86-E-1	尺寸:2690×1125×2485; 换热量:1789.3kW	1

(4) 总结

该项目结合建筑功能要求和自身优势，采用深层地热能（地热水）和水源热泵热回收（夏季）为度假村提供温泉和生活热水；冬季地热水的尾水作为水源热泵机组的热源，在地热水无法满足热负荷要求时，联合地热尾水和冷水井冷水作为水源热泵热源，为建筑供暖；夏季则直接利用浅层地热能（冷水井冷水）作为水源热泵冷源，为建筑制冷。

2. 北京工业大学深井地热供暖示范工程项目

(1) 建筑概况

北京工业大学经管学院楼、办公和实验室部分为 2000m^2 的 5 层建筑，周围有与之相连的两层教室共 10000m^2。中间有 20m 高的玻璃拱顶中厅，周围 8 个外门。由于“烟窗效应”，冬季室外的冷风通过常开的东大门大量灌入室内，致使大厅温度在 6℃左右，周围 5 层房间的内墙变成了散热的外墙。加上各办公室单层的大玻璃窗有冷风渗透，还限于施工时的经济状况，外墙保温作了简化处理，致使冬季室温在 13℃左右。

地热回灌井井深 2000m，比生产井深 400m。生产井的水温均在 52℃左右，两口井的出水量均大于或等于 70m^3/h。52℃左右的地热水，经过板式换热器后，循环水温度可达 50℃左右，直接利用级采用的是风机盘管机组。

(2) 回灌水温对系统的影响

回灌温度直接影响到地热能的利用率，对于允许的回灌量、回灌温度对热储的影响，需要相当长的时间实验认定。因此，一方面要尽量使用地热水的热能，维持到一定的尾水温度比如 20℃以下峰值负荷时，可以尝试短时间到 10℃左右，观察其长期影响。另一方面，在非峰值负荷时，也要减少抽取地下的热水量，不使大量热水在较高温度下回灌。比如：尽量避免 25℃以上的水回灌。因为地热能的能量，目前是依据地热水温度降至当地全年室外平均温度作为基准计算的。

选择水源侧能耐受进口水温（ESWT）为 30～35℃地热水的热泵，使之具有较高的热力循环 *COP* 值。按照 ARI-320 标准，水源热泵供热工况下，水源侧进口水温为 21℃，按照 ARI-325 标准为 10℃及 21℃。因此，一般厂家不提供能耐受 ESWT 为 30～35℃的热泵。选择了美国 ClimateMaster Inc 的 GSW-120 型水一水热泵。厂家建议使用中 ESWT 不超过 35℃。后来运行证明性能良好，特性曲线如图 4-16～图 4-19 所示。图 4-20 为不同运行条件下总效率 η 与地热水回灌温度 T_{02}（℃）之间的关系。

(3) 中试工程使用的系统级仪表

工程中试系统及仪表如图 4-21 所示。

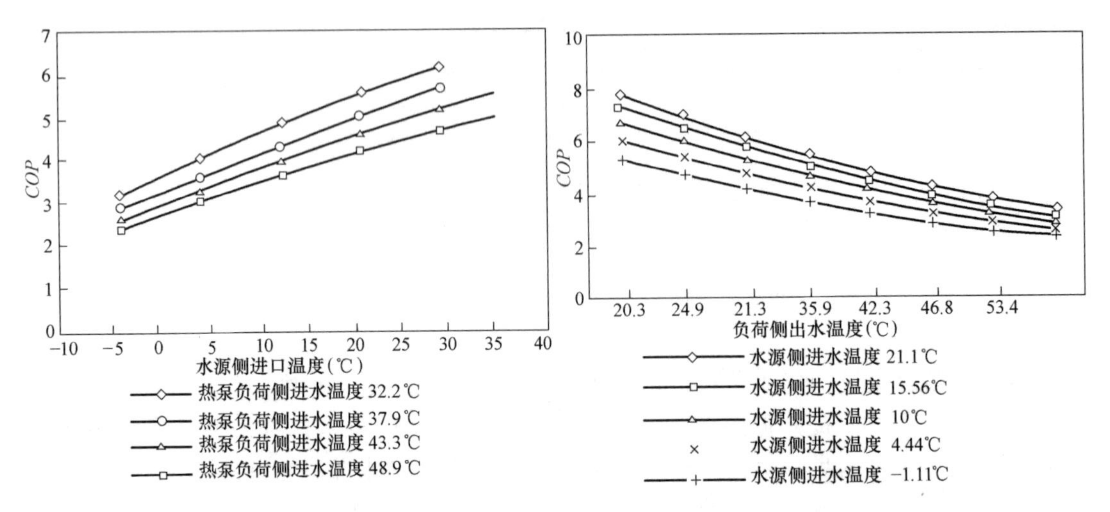

图 4-16　热泵 *COP* 与水源侧出水温 LSWT（℃）　图 4-17　热泵 *COP* 与负荷侧出水温 LSWT（℃）

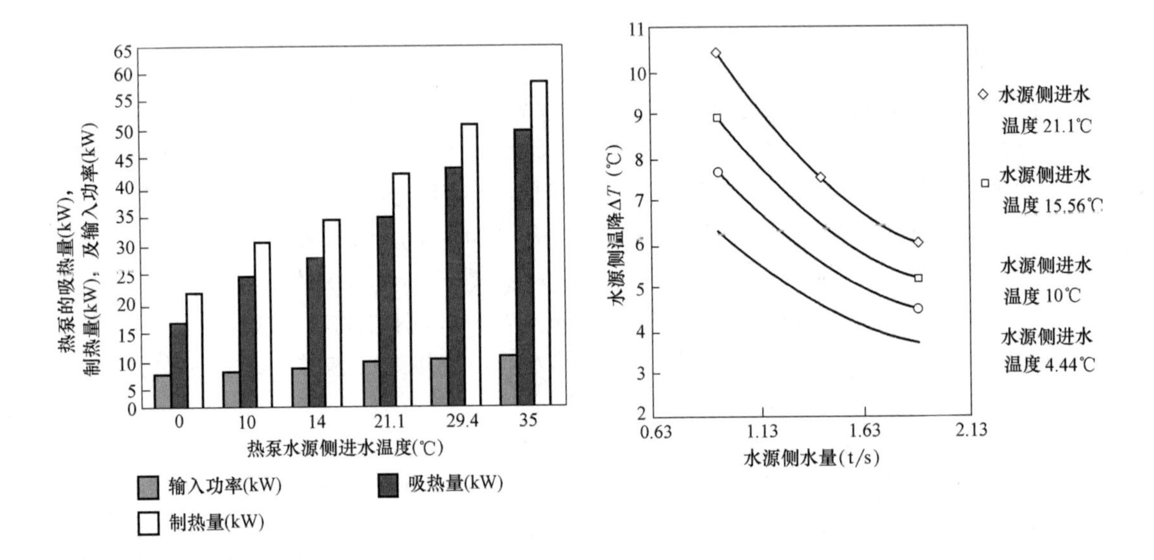

图 4-18　深井地热水水源侧进水温与制热量关系（水源侧进水温＝32.2℃，负荷侧流率 1.69L/s）

图 4-19　热泵水源侧水量与水温降关系

（4）运行效果

地热水经过板换热后，直接供暖及热泵间接供暖的建筑物，冬暖夏凉。大厅温度在16℃左右，温度梯度合理。室温由用户自行控制，部分由计算机网络控制，一般在 22℃左右。凡是有计算机网络控制的房间，室温都比较合理，在夜间不供暖时室温降至 12～16℃。动态测试一个半冬季，用户满意。

3. 北京国际鲜花港地源热泵、水源热泵、地热梯级利用项目

北京国际鲜花港建设项目是北京市主办 2009 年第七届中国花卉博览会的重要组成部分，于 2009 年 6 月建成，位于北京顺义区杨镇，总体规划 6000 亩。能源中心是整个鲜花港的核心建筑物，该中心整体为钢结构框架设计，总占地面积 3000 多平方米。鲜花港一

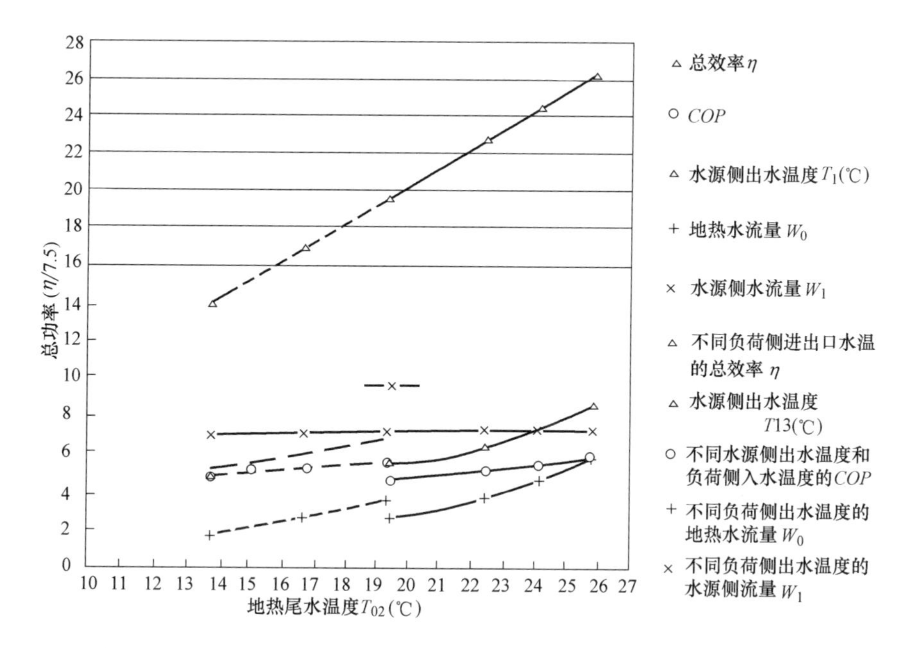

图 4-20 不同运行条件下总效率η与地热水回灌温度 T_{02}（℃）之间的关系

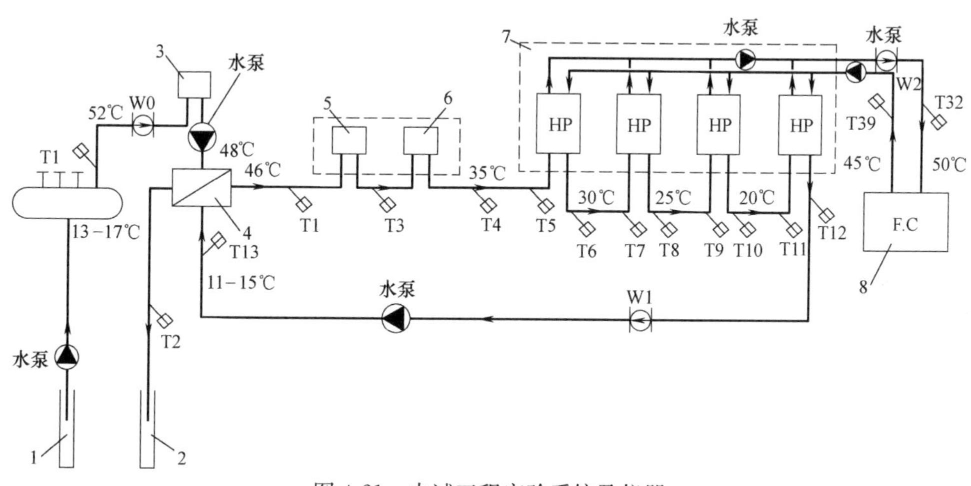

图 4-21 中试工程实验系统及仪器

1—生产井；2—回灌井；3-水处理设备；4—板式换热器；5,6—地热直接利用级；
7—地热作为辅助热源的间接利用级；8—终端供暖和制冷设备；
T1,T2,T3,T4,T5,T6,T7,T8,T9,T10,T11,T12,T13,T32,T39—温度传感器

期供热系统共钻凿 4 口地热井，深度为 2800m，出水温度为 45℃，钻凿 33 口水源换热井和 1900 多口 150m 深土壤源换热孔，深层地热水经过热泵机组处理，尾水温度降到 10℃左右后，全部回灌到地下。能源供热系统如图 4-22 所示。

地源热泵是一种先进、高效、节能、可再生、无污染的空调供暖方式，它通过利用地下浅层地热资源，实现建筑物供热制冷需求。经过测算，采用这种清洁能源系统，比电锅炉节能 2/3 以上，比燃气锅炉节能 1/2 以上，运行费用为普通中央空调的 50%～60%。每年节省标准煤 21486t，减少向大气排放二氧化碳 56293t、二氧化硫 183t、氮氧化物 159t、粉尘 967t。

图 4-22　北京国际鲜花港新能源供热系统

首次在设施农业上大规模开发应用“地源热泵、水源热泵、地热梯级利用结合燃气锅炉调峰”的优化组合新能源供热方式，相比传统燃煤、燃气锅炉供暖更环保更经济，也为北方设施农业节能改造提供了有益借鉴。

4.4　坑道水水源热泵系统建筑应用

4.4.1　概述

1. 定义

坑道定义为勘探和开采时在矿体或围岩中开凿成的空硐。坑道是开发矿产资源的基本建设工程，也是生产矿山进行采矿准备和生产探矿的主要工程。在矿井开采过程中坑道内会产生地下地质性涌渗水，这些自然地下水被称为矿井水或坑道水。图 4-23 为金门翟山坑道。另外，在井下采矿生产过程中的洒水、降尘、灭火灌浆、消防及液压设备产生的含尘废水也是坑道水的一部分。而坑道水水源热泵，则是指以坑道水为热源进行制冷（制热）循环的一种热泵型空调装置。

2. 坑道水利用的必要性和条件

我国矿产以井工开采为主，为了确保井下安全生产，必须排出大量的矿井水。矿井水在开采过程中受到粉尘和岩尘的污染，是煤矿及其他矿山具有行业特点的废水。一般矿井日排水量高达几千立方米，常年水温恒定在 20℃左右。

若直接排放不仅浪费水资源，也污染环境。如果对矿井水进行处理并加以利用，不但可防止水资源流失，避免对水环境造成污染，还可以缓解矿区供水不足、改善矿区生态环境、最大限度地满足生产和生活需要。

矿井水经处理后一般主要用于以矿区生产、绿化、防尘等用水；矿区周边企业的工业补充用水；矿区周边农田灌溉用水；居民生活用水。而矿井水用于水源热泵系统的工程还较少。据统计，目前全国煤矿矿井每年涌水量在 42 亿 m^3 左右，利用率仅为 26%左右。

为保障正常的生产、生活，矿区自身存在大量的冷、热需求，矿区建筑的供暖、空调

图 4-23　金门翟山坑道

需要大量的能量消耗。将矿井排水废热资源进行利用，既可以为矿井工业广场区域建筑冬天取暖和夏季制冷，也可以有效地实现节能减排。

随着矿井开采深度越来越深，坑道水温度也越来越高，且一年四季基本保持恒定，可以为水源热泵提供大量稳定的低品位热能。坑道水水量、水温稳定，处理后的水温常年保持在 15～18℃之间，水质达到饮用水标准，非常适用于水源热泵的应用。

3. 国家政策

水是社会文明、经济建设和人类赖以生存必不可少的自然资源，但我国是一个严重缺水的国家，人均占有的淡水资源在全世界排第 84 位，而且水资源分布极不均衡。煤炭在我国能源结构中占 70%以上，一方面，我国的煤炭绝大部分蕴藏在北方缺水地区；另一方面，随着煤炭产量的不断增长，又进一步加速了北方地区的缺水。

如何把井下排水作为一种水资源加以开发利用，已引起煤炭行业的广泛重视。因此，加速矿井水资源的开发和利用，寻求先进而又经济可行的工艺和技术处理矿井水作为生产和生活用水，已成为保证煤矿正常生产经营，提高企业综合效益，实现可持续发展的必由之路。

为促进矿井水资源化利用，节约水资源，根据《国务院关于做好建设节约型社会近期重点工作的通知》(国发〔2005〕21 号）及“十一五”规划纲要要求，国家发展改革委组织编制了《矿井水利用专项规划》(以下简称《规划》)。《规划》涉及全国主要产矿区，是我国矿井水利用工作“十一五”期间的指导性文件和项目建设的主要依据。规划基准年为 2005 年，规划期为 2006～2010 年，规划范围是年涌水量 60 万 m^3 以上的煤矿。《规划》主要针对煤矿矿井水，对于非煤矿矿井水利用，应参照《规划》执行。

在矿区采用煤矿坑道水水源热泵系统进行供热空调具有良好的资源优势和政策基础，以经过处理后的坑道水为水源热泵的冷热源，净化后的坑道水经过热泵机组换热后，直接进入自来水管网作为生活用水使用。这种环环相扣的水资源综合利用方式如果应用成功，将会为建设资源节约型、环境友好型社会和资源的综合利用方面在煤炭行业树立良好的示范作用。

4.4.2 工程应用

1. 范各庄、吕家坨两矿区坑道水水源热泵系统

开滦精煤股份有限公司下属的范各庄矿业分公司和吕家坨矿业分公司位于唐山市古冶区，地处燕山南麓，地势北高南低，北部为低山丘陵区，海拔 50～530m，地形波状起伏，侵蚀较强，冲沟发育；南部为冲洪积倾斜平原区，由滦河改道形成的多期冲洪积扇构成，高程 5～50m，地形平坦，河流两岸断续发育Ⅰ、Ⅱ级阶地。图 4-24 和图 4-25 分别为范各庄煤矿和吕家坨煤矿。

图 4-24　范各庄煤矿

图 4-25　吕家坨煤矿

（1）矿区建筑概况

范各庄矿业分公司有冷热负荷需求的建筑包括新建的净化水厂办公室和男、女更衣室以及已经运行的洗煤厂新厂房，负荷也相差很大。吕家坨矿业分公司矿井室和巷道则有冬季供暖需求以及供全煤矿 5000 名职工洗浴的男、女更衣室。

目前范各庄矿业分公司煤矿洗煤厂新厂房由于设备发热量巨大，夏季工人在厂房里工作常常有中暑的危险，急需对洗煤厂厂房提供冷负荷，进行降温；新建的净化水厂办公室距厂区的锅炉房较远，冬天的供暖问题不易解决，而且夏季办公区还需要降温；工业广场的男、女更衣室负担着全矿职工的洗浴，每天需要 2000t 的生活热水。按照《煤矿安全规程》规定："进风井口以下的空气温度必须在 2℃以上"，为保证矿井室和巷道防冻和井下的通风，吕家坨矿业分公司，需要每天 24h 不间断地向井内输送不低于 2℃的全新风。在非供暖期，每天需要 2000t 的生活热水。

工程建筑用能概况见表 4-8，室内设计参数如表 4-9 所示。

建筑面积与负荷需求　　　　**表 4-8**

序号	项目	示范面积(m^2)	备注
1	范矿男更衣室	8564	供暖、制冷、热水符合需求
2	范矿女更衣室	1387	供暖、制冷、热水符合需求
3	范矿洗煤厂厂房	9579.5	制冷负荷需求
4	范矿净化水厂办公室	241.7	供暖、制冷负荷需求
5	吕矿生活热水	—	热水负荷需求
6	吕矿矿井室和巷道	78000	供暖负荷需求
合计		97772.2	

室内设计计算参数 **表 4-9**

建筑性质	夏季		冬季	
	温度(℃)	相对湿度(%)	温度(℃)	相对湿度(%)
办公室	24～26	50～56	18	—
厂房	26～28	—	15	—
更衣室	26～28	<65	25	—

(2) 煤矿坑道水概况

范各庄矿业分公司和吕家坨矿业分公司的煤矿所处的煤系地层共有 3 层主要含水层，分别为 12～14 煤层间砂岩裂隙含水组、煤层顶板砂岩裂隙含水组和 5～12 煤层间砂岩裂隙含水组。含水随着开采过程涌出，由矿井直接排出。目前随着开采揭露面积的逐渐增大，煤矿矿井涌水量将持续增加。因此，矿井每年都要投入巨大的人力、物力来排出矿井坑道水，以保证采煤工作的正常进行。同时，根据国家节能减排的要求，坑道水不得直接排走，必须经过处理，加以利用。为此，范各庄矿业分公司和吕家坨矿业分公司的分别建立起净化水厂，将坑道水处理至饮用水标准，供矿区生产生活使用。范各庄和吕家坨矿煤矿每天可分别产生 12000 m^3坑道水，处理后的水温常年保持在 15～18℃之间，非常适用于水源热泵的应用。

(3) 设计目标

范各庄矿业分公司水源热泵部分：夏季，水源热泵机组为 19530.5 m^2的建筑提供冷量，冬季则为 10192.7 m^2的建筑提供供暖用能需求，全年为男、女更衣室提供洗浴热水需求，洗浴热水需求量为 2000t/d。吕家坨矿业分公司水源热泵部分：供暖期供应矿井室和巷道新风供暖负荷，风量为 160m^3/s，空气温度不低于 2℃，室外设计计算温度 21℃；非供暖期为男、女更衣室提供洗浴热水需求，洗浴热水需求量为 2000t/d。

(4) 煤矿坑道水水源热泵系统在该项目中的优势

该项目地处煤矿开采区，地下构造复杂，打井提取地下水风险极大，矿区没有地表水资源，只有煤矿坑道水，而煤矿坑道水水源热泵系统综合了地下水和地表水水热泵系统的优点：

1) 水源的水温、水量稳定，水质好，接近于地下水水源的条件，可以获得较高的系统效率。由于煤矿坑道水来自 1000m 左右的深层矿井，水温全年稳定，即使经过地面净化处理后，水温也稳定在 12～18℃之间；煤层结构确定后，其水量也基本稳定：迫于节能减排的要求，原来直接排放的坑道水，现在矿区必须经过净化处理，供给矿区的生产和生活使用。

2) 水源可在位于地面的净化水池抽取，无需专门为水源热泵系统打井，取水系统类似于地表水水源。煤矿坑道水是采煤工艺过程中产生的副产品，为了保证生产和安全必须排放至地面，采用煤矿坑道水进行水源热泵系统的利用是水到渠成的事情。

(5) 系统流程

通过坑道水泵，蓄水池的坑道水直接进入热泵机组，作为冷热源用于供暖和供冷。坑道水提取工艺按如下工序进行：蓄水→坑道水循环泵→坑道水源→管道输送→排入水池。

图 4-26 和图 4-27 分别为系统制热和制冷工况下的水利用流程图。

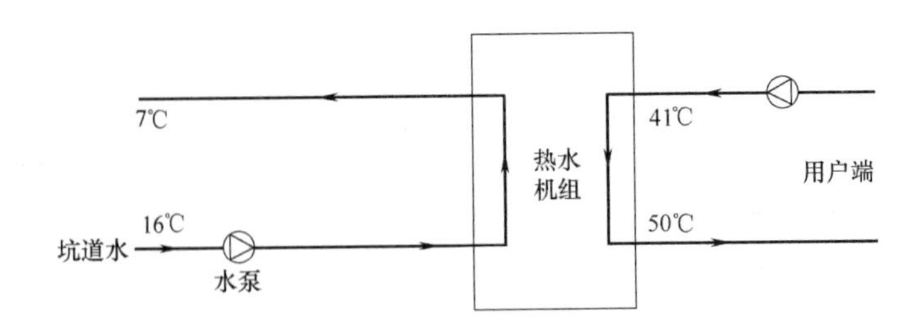

图 4-26　制热工况水利用流程图

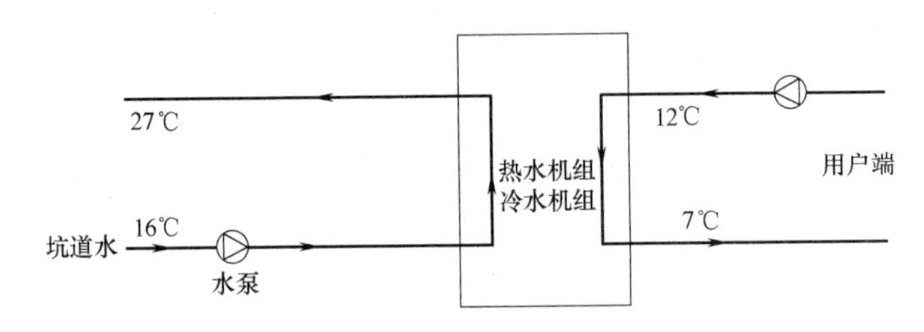

图 4-27　制冷工况水利用流程图

图 4-28 为范各庄煤矿坑道水水源热泵供暖空调部分系统原理图，图 4-29 为范各庄煤矿坑道水水源热泵热水部分系统原理图，图 4-30 为吕家坨煤矿坑道水水源热泵系统原理图。

（6）结论

相对矿区的供热、制冷的需求，煤矿坑道水水源的水量丰富，处理后的坑道水水温适宜，水质也可以满足水源热泵机组的要求，水源完全可以符合水源热泵供热空调系统应用的条件。

矿区有稳定的供热、制冷需求，常年需要生活热水用热，需求量大且稳定，矿区井口房需要加热通风，风量较大，设计计算温度远远低于民用建筑，达到 21℃，洗煤厂的设备发热量巨大，有较大的制冷需求。这些负荷需求都有利于充分发挥坑道水水源热泵系统的效能。

据资料统计，唐山市的大气环境污染日益严重，尤其是在冬季供暖季。造成大气环境污染的原因主要是能源消费结构以煤为主；而煤炭的消耗大部分又是用于冬季供暖。因此，如何在供热方式的选择上突出环境保护的制约，具有重要意义。坑道水热泵工程无需锅炉，没有燃烧过程，不存在固体废弃物、有毒有害气体及烟尘排放等问题，不消耗水资源，不污染地下物质，因而是环保的空调系统。

经过技术经济分析，煤矿坑道水水源热泵系统寿命期内的总节省费用远远多于系统增投资，动态投资回收年限为 6 年，每年节约的常规能源达到 5000.05tce，减少向大气排放二氧化碳 12350t，二氧化硫 100t，粉尘 50t，具有良好的节能、环保、社会经济效益，值得在全国类似矿区大力推广。

综上所述，在矿区采用煤矿坑道水水源热泵系统进行供热空调具有良好的资源优势和政策基础，以经过处理后的坑道水为水源热泵的冷热源，净化后的坑道水经过热泵机组换热后，直接进入自来水管网作为生活用水使用。这种环环相扣的水资源综合利用方式如果

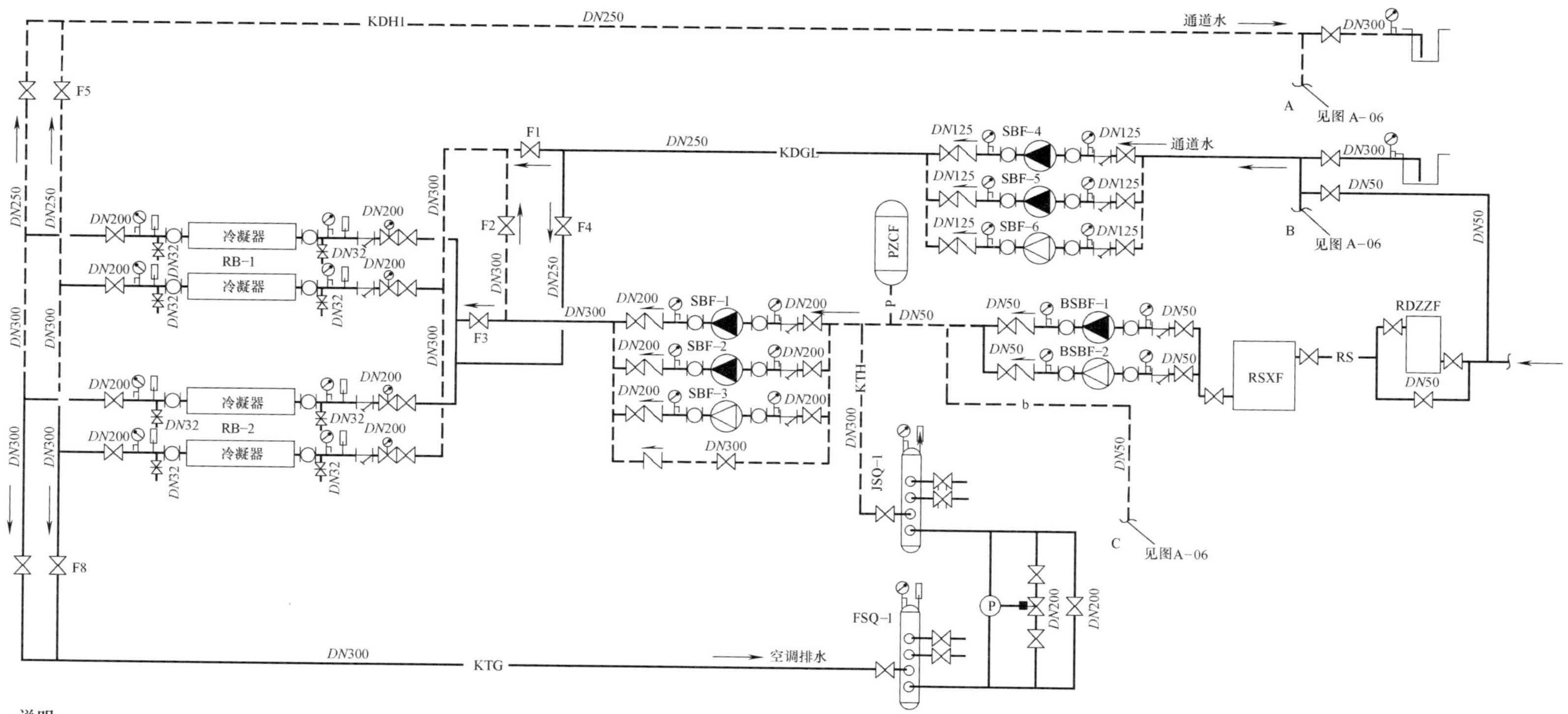

说明：

1. 制冷工况运行时，阀F1、F3、F5、F7开启，F2、F4、F6、F8关闭，坑道水流经热泵机组冷凝器，空调水流经热泵机组蒸发器；
2. 制热工况运行时，阀F1、F3、F5、F7关闭，F2、F4、F6、F8开启，坑道水流经热泵机组蒸发器，空调水流经热泵机组冷凝器；

图4-28　范各庄煤矿坑道水水源热泵系统原理图—供暖空调部分

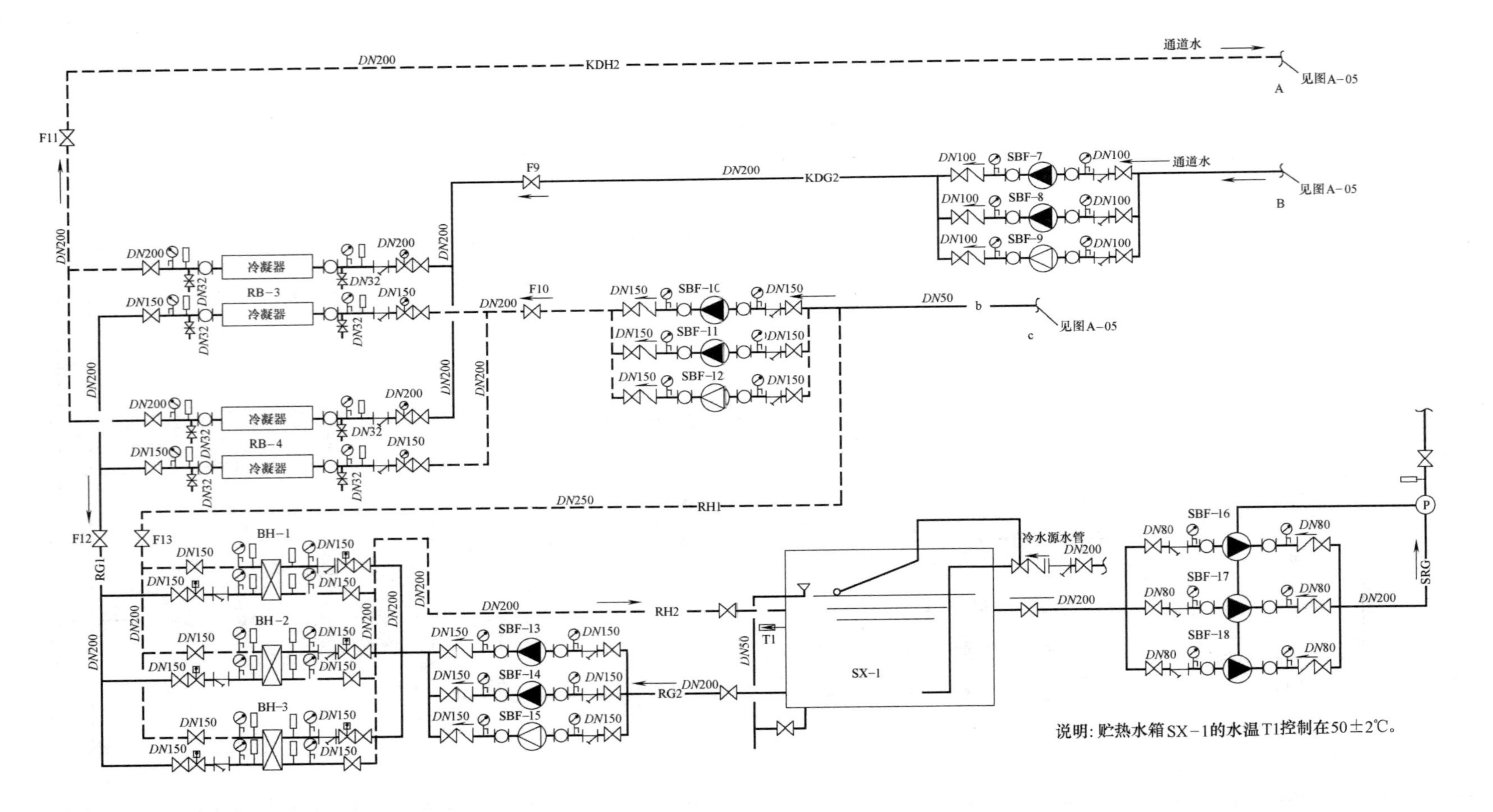

图 4-29　范各庄煤矿坑道水水源热泵系统原理图—热水部分

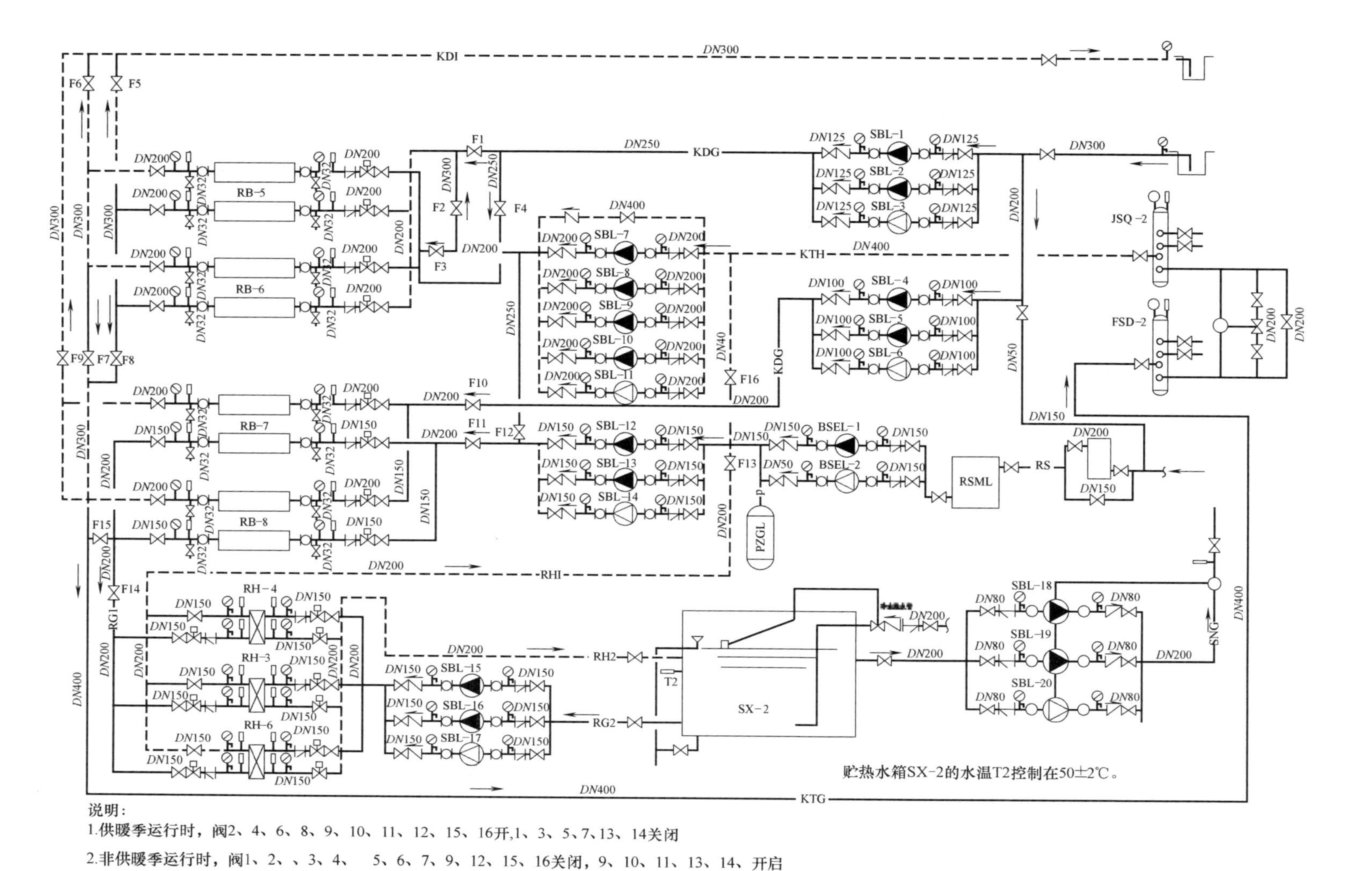

说明：

1.供暖季运行时，阀2、4、6、8、9、10、11、12、15、16开,1、3、5、7、13、14关闭

2.非供暖季运行时，阀1、2、、3、4、　5、6、7、9、12、15、16关闭，9、10、11、13、14、开启

图 4-30　吕家坨煤矿坑道水水源热泵系统原理图

应用成功，将会为建设资源节约型、环境友好型社会和资源的综合利用方面在煤炭行业树立良好的示范作用。

2. 冀东某矿深井降温水源热泵系统的设计

（1）概况

冀东某矿业公司开采埋深在730m以下的煤矿。由于高温岩层热、采掘机电设备运转时的放热、运输中的矿物和矸石放热，以及风流向下流动时自重压缩放热等原因，回采工作面的温度可达到30℃左右；同时由于该煤矿所处的煤系地层共有三层主要含水层，矿井中的相对湿度几乎达100%，闷热异常，工人现场工作环境较为恶劣。之前该矿业分公司采用通风的措施进行降温，即将主巷道温度降低的空气经过风机送至开采工作面，但是降温效果不理想。

目前随着开采面积的逐渐增大，矿井涌水量持续增加，日涌水量在10000 m^3/d，井下水温在26℃左右，坑道水汇至井下水仓后由抽水泵排至地面上。图4-31为某矿作业面巷道示意图。

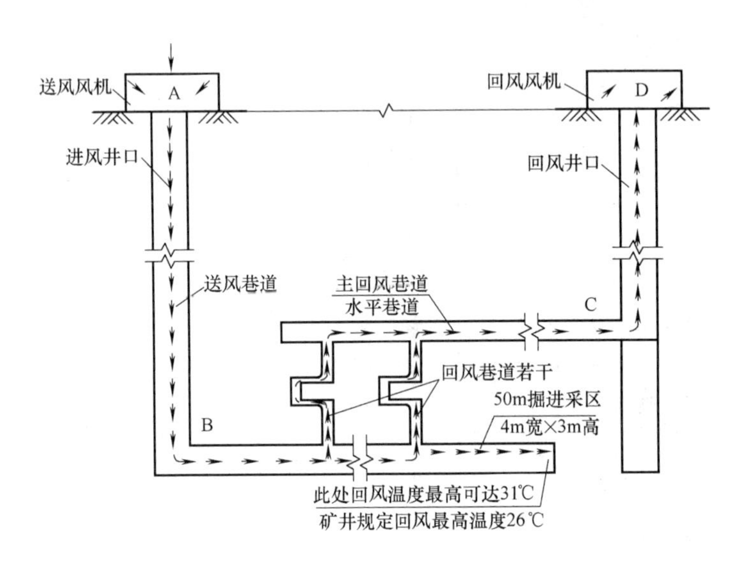

图4-31 某矿作业面巷道示意图

（2）冷源系统的选择

防治矿井热害技术可分为非机械制冷降温技术和机械制冷水降温技术，后者为当前主要的方法。对深井采用的机械制冷水降温方法较多，在实际工程上使用最多的是冰浆法和空调式降温技术。

冰浆法由制冰、输冰和融冰三个环节组成。它在矿井口附近建制冰机机房，利用制冰机制出的颗粒状或浆状（冰水混合物）物，通过风力或水力输送至井下融冰池，冰融化后，供冷泵将池中0～2℃的冰水通过管道输送至采掘工作面，采用空气冷却器或喷淋等方式散冷，降低工作面温度，满足工作面要求。优点是制冷速度快，效果好；其缺点是工作面湿度大，输冰管路易堵塞，系统复杂，造价高，运行费用高。

空调式降温技术法直接把矿井作为空调区，冷源采用常规的压缩式制冷机，制出的低温冷水通过风力或水力输送至井下，通过空气冷却器或喷淋，在井下风道内制取冷风。与冰浆法相比，其优点是使用设备较少，造价低，运行费用也少；其缺点是工作面湿度大，输冷管路长，在矿井口附近常常需要设置冷却塔或空气冷凝器。

由于该矿井存在温度为26℃左右日涌水量在10000m³/d的坑道水，与冰浆法和常规的空调式降温法相比，使用水源热泵技术的优点更加突出。首先，它无燃烧设备，无排烟污染，不存在爆炸、失火和中毒等安全隐患；此次，采用26℃左右的坑道水作为机组的冷却水，使得热泵在制冷工况中能处于较高效率点，*COP* 可达5.3以上，从而节约了用电耗能，具有良好的经济效益；另外，水源热泵系统构成简单，占地面积少，可直接安装在矿井下，大大减少了输冷管路。

（3）负荷计算

该矿矿井作业面巷道情况如图4-31所示，已知作业面巷道内所需的风量为15m³/s，部分井下掘进采区作业面（B-C区域）温度高达30℃。在未进行降温时，实测B点温度为28℃左右，相对湿度98%；C点温度为30℃左右，相对湿度几乎达100%。据统计，B点温度常年维持在28℃左右，回采工作面（B-C区）最高温度可达31℃。

根据《煤矿安全规程》规定，回采工作面（B-C区）设计温度宜取26℃，相对湿度取90%。经讨论，决定在掘进采区巷道内（B-C之间）布置一台组合式空调器，以达到降低送风温度的目的。即组合式空调器所需冷量包含两部分：一部分为B状态点（温度为28℃）到C状态点（温度为26℃）的冷负荷，另一部分为B-C区内所得的热量。处理过程如图4-32所示和负荷计算相关参数如表4-10所示。

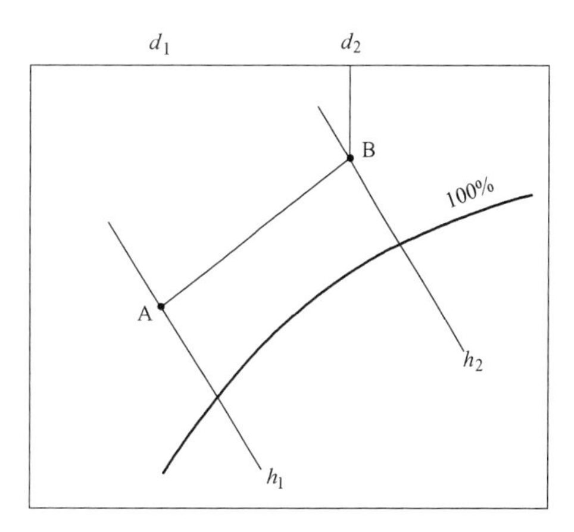

图4-32　在 *h-d* 图上湿空气状态变化

在 *h-d* 图上湿空气状态　　**表4-10**

状态点	干球温度(℃)	相对湿度(%)	湿球温度(℃)	含湿量(g/kg)	焓(J)	密度(kg/m³)	露点温度(℃)
A	26	90	24.7	19.2	75.06	1.2	24.13
B	28	100	28	24.4	90.38	1.2	27.9

$$Q=\rho\times V\times(h_1+h_2) \tag{4-1}$$

式中　Q——制冷量，kW；

ρ——空气密度，kg/m³；

V——通风量，m³/s。

经计算得：$Q_1=273$kW；$Q_2=262.44$kW。考虑到各设备（风机功率为44kW）的发热量及处理后通风降温后与采取管道壁温的温差修正，系统水泵、管道得热等情况，故在原计算值上增加安全值 K。

$$Q=(Q_1+Q_2+44)\times K \tag{4-2}$$

计算得：$Q=608$kW

（4）坑道水用量计算

制冷机组的制热量或制冷量与所耗功率之比称为能效比，即 COP（能效比，性能系数），它是表示制热效率或制冷效率的能耗指标。坑道水需要量为：

$$G_1 = Q \times (1 + 1/COP)/(c \cdot \Delta t) \tag{4-3}$$

式中 G_1——夏季坑道水需要量，m^3/h；

Q——机组制冷量，kW；

COP——能效比；

c——水的比热，取 4.18W/(kg·K)；

Δt——坑道水进出口温差，℃。

制冷工况下坑道水利用温差为 7℃，系统冷负荷为 608 kW，COP 取 5.3，则可计算得：$G_1 = 137\ m^3/h$。以全天 24h 工作考虑，则最大用水负荷为 3288 m^3/d，而该矿业公司矿井坑道水能够提供的水量为 10000m^3/d，完全可以满足工程所需水量。

（5）主要设备选型

矿井制冷降温的关键设备为制冷机组和空调机组。制冷机组内的制冷剂选择了无毒副作用，且符合煤矿安全生产要求的 R22。而空调机组需占用井下部分硐室的面积，该面积越小越好。考虑到实际情况和经济性两方面，实际设计需要处理的风量为 8m^3/s，其他 7m^3/s 旁通后与之混合。空调机组内表冷器选用光管束作机芯，机芯内设喷淋排管，换热效率高，可定期清洗光管外表面的积尘，具有良好的防尘除尘能力。其他主要设备如表 4-11 所示。

主要设备表 **表 4-11**

设备名称	设备参数	数量	备注
水源热泵机组	制冷量:608kW;功率:110.6kW	1 台	防爆
空调循环泵	流量:115m^3/h;扬程:45m;功率:55kW	2 台	一用一备
坑道水循环泵	流量:140m^3/h;扬程:26m;功率:11kW	2 台	一用一备
表冷器	冷量:590kW	1 台	10
风机	风量:28800m^3/h;全压:800～200Pa;功率:44KW	1 台	防爆

（6）系统原理

最后得出的该矿井水源热泵设计原理如图 4-33 所示。由电能驱动压缩机，使工质（R22）循环运动反复发生物理相变过程，分别在蒸发器中气化吸热、在冷凝器中液化放热，使热量不断得到交换传递。其中冷水供/回水温度为 7℃/12℃，冷却水供/回水温度为 26℃/31℃，升温后的坑道水由原潜水泵排出。

（7）结论

对冀东地区某矿业公司深井降温所采用的水源热泵系统的矿井冷负荷计算、系统设计、初期投资及运行费用等进行了介绍。与其他深井降温用冷源系统相比，水源热泵环保、初期投资少、运行费用低，具有良好的社会效益和经济效益。

3. 双热源热泵在云驾岭煤矿的应用

（1）工程概况

云驾岭煤矿隶属冀中能源邯郸矿业集团有限公司，坐落在河北省武安市境内，是一座生产能力 157 万 t/a 的现代化无烟煤大型矿井，煤矿得天独厚有大量的矿井排水，和一座

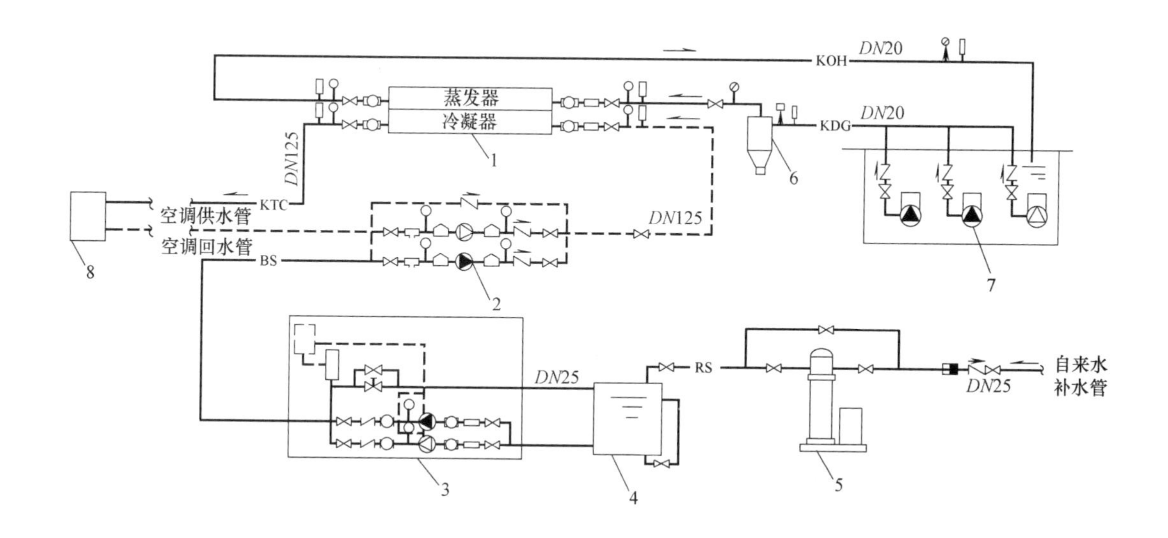

图 4-33　水源热泵系统原理图

1—水源热泵机组；2—空调循环泵；3—自动定压补水装置；4—软水补水箱；5—自动软水装置；6—除砂器；7—坑道水循环泵；8—空调机组

2×50MW 的坑口矸石热电厂（见图 4-34）。矿井根据自身条件，利用矿井水和电厂冷却水的特点，采用热泵技术，对工业广场的供热系统进行改造。

图 4-34　云驾岭煤矿

（2）废热资源

1）矿井正常涌水量为 340m³/h，最大涌水量为 375m³/h。矿井水排至地面后，进入污水处理站，处理后供给电厂发电。矿井排水冬夏季水温变化不大，基本在 18～20℃左右。

夏季可以利用矿井水制冷，对矿井工业广场的建筑供冷。水温按 20℃计算，吸取空调热量后的水温度为 35℃，则矿井水可吸收的热量为：

$$Q_{夏季}=1.163\times L\times(T_2-T_1)=1.163\times340\times(35-20)=5931.3\ \mathrm{kW} \tag{4-4}$$

式中　$Q_{夏季}$——夏季矿井水换热量，kW；

T_1——夏季矿井水温度，℃；

T_2——夏季矿井水温度，℃；

L——矿井水量，m^3/h。

夏季制冷能力：

$$Q=\frac{Q_{夏季换热}}{1+1/COP}=\frac{7850}{1+1/5.0}=6542kW$$

式中　Q——热泵机组输出冷负荷，kW；

COP——水源热泵机组制冷能效比，为 5.0。

夏季空调面积指标按 $100W/m^2$ 计算折合供热面积为：

$$6542/0.1=65420\ m^2 \tag{4-5}$$

即 6.5 万 m^2 建筑空调。

2）电厂冷却水

矸石电厂水塔冷却水对水蒸气进行冷却后，到达地面后水温一般在 20～40℃左右，循环水量为 $4000m^3/h$。

冬天可以利用冷却水制热，为矿井工业广场的建筑取暖。平均按 25℃水温计算，提取热量后的水温度为 8℃，则可以从电厂冷却水中提取的热量为：

$$Q_{电厂}=1.163\times L\times(T_2-T_1)=1.163\times4000\times(25-8)=102344kW \tag{4-6}$$

式中　$Q_{电厂}$——夏季矿井水换热量，kW；

T_1——夏季矿井水温度，℃；

T_2——夏季矿井水温度，℃；

L——矿井水量，m^3/h。

冬季供热能力：

$$Q=\frac{Q_{冬季换热}}{1-1/COP}=\frac{107577}{1-1/4.5}=138313kW \tag{4-7}$$

式中　Q——热泵机组输出热负荷，kW；

COP——水源热泵机组制热能效比，为 4.5。

冬季供热面积指标按 60W/m 计算折合供热面积为：

$$138313/0.06=2305217\ m^2 \tag{4-8}$$

即 23 万 m^3 建筑供暖。

（3）云驾岭煤矿冷热负荷情况

1）工业区建筑总面积 6 万 m^2，其中有 2.5 万 m^2 改造为中央空调式供热和供冷新系统；3.5 万 m^2 受建筑结构影响，不能改造，仍旧使用原来的散热器供暖形式，夏天采用空调制冷。供热总负荷 3900 kW，其中：中央空调的制热负荷 1645 kW，散热器的供暖负荷 2255 kW。制冷总负荷 3037 kW。

2）洗浴热水

云驾岭煤矿最大班用水量为 $200m^3$，每天 3 班。每天需要洗浴热水 600 m^3，将 10℃的水提高到 45℃，负荷为 2035 kW。

3）井口防冻

副井井口入风量 110m³/s；

室外历年极端温度平均值－13℃；

井口处空气混合温度 2℃；

井筒防冻耗热负荷为 2138 kW。

4）总热、冷负荷

供热总热负荷为：3900＋2035＋2138kW＝8073kW。

空调总冷负荷为：3037kW。

（4）系统原理及流程

热泵系统必须符合的要求：以电厂冷却水和井排水双水源为热泵系统取热源，热源温度可以在 7～50℃之间变化，系统中采用高温热泵机组和低温热泵机组优化匹配，系统可以同时输出 60～75℃的高温热水、40～55℃的中温热水和 7～12℃的空调冷水。

1）冬季，该系统用于提供常规供暖、中央空调、井筒防冻、生活热水热源

从电厂冷凝器出来的 25℃左右电厂冷却水首先进入机组，提取废热后回到电厂冷却塔水池。

热泵提取电厂冷却水废热，输出 40～55℃的低温热水和 60～75℃的高温热水，低温热水进入风机盘管末端中央空调系统与井筒防冻末端系统，由于提取 25℃左右的低温热水中的废热，热泵机组效率很高，*COP* 可以达到 5.0 以上；60～75℃的高温热水进入散热器的供暖系统，为部分没有改造的系统供暖。

2）夏季，该系统提供中央空调冷源和生活热水热源。

从矿井排出的 20℃左右的矿井水首先进入制冷工况的普通低温热泵机组冷凝器，吸收冷凝热后变成 30℃左右的低温热水，该水温是热泵机组制洗浴用水的最佳取水温度，低温热水进入另一套制取洗浴用水的热泵机组，被机组回收冷凝热后水温降低，回到水池。

用户侧流程：

① 制冷热泵向矿井水放热，输出 7～12℃的空调冷冻水，空调冷冻水进入风机盘管末端，由于冷凝温度为 20℃左右的低温矿井水，热泵机组效率很高，可以达到 5.0 以上。

② 制热热泵提取已经吸收了空调冷凝热的矿井水，输出 50～55℃的高温热水进入洗浴系统，为矿工提供洗浴用水。

（5）机组配备

根据以上参数选择高温型水源热泵机组型和低温热泵机组配合使用。

1）冬季 2 台高温热泵机组用于工业区建筑供暖，2 台高温热泵机组用于洗浴热水。6 台普通热泵机组用于空调供热和井筒防冻。

2）夏季普通热泵机组 6 台机组用于工业建筑制冷空调；2 高温热泵台机组用于提供热水。

3）过渡季只提供洗浴热水。由 1 高温热泵台机组用于提供热水。

高温型水源热泵机组安装 2 台，型号为 KDRB-SDR12000，名义制热量 1202.4kW，名义耗电功率（制热）312kW；安装低温热泵机组 6 台，型号为 KDRB-HE640，名义制热量 652.2kW，名义耗电功率（制热）136.6kW，名义制冷量 579.7kW，名义耗电功率（制冷）98 kW。

（6）运行情况

系统于2009年6月施工，2009年10月进入试运行，截至2010年9月底，已基本运行了一年，系统运转正常。

系统运行可靠，运行费用低，维护简单。每年减少燃煤4983t，减少CO_2排放12957.6t，减少SO_2排放99.67t。

通过现场工业试验证明，电厂冷却水、矿井水双水源废热回收技术开发是成功的，其主要技术性能和参数设计是合理的，达到了设计要求。

本章参考文献

[1] 徐伟主编. 地源热泵技术手册 [M]. 北京：中国建筑工业出版社，2011.

[2] 蒋能照，刘道平主编. 水源·地源水环热泵空调技术及应用 [M]. 北京：机械工业出版社，2007.

[3] 孙晓光，林豹，王新北主编. 地源热泵工程技术与管理 [M]. 北京：中国建筑工业出版社，2009.

[4] 清华大学建筑节能研究中心著. 中国建筑节能年度发展研究报告（2012）[M]. 北京：中国建筑工业出版社，2012.

[5] 徐伟主编. 中国地源热泵发展研究报告（2008）[M]. 北京：中国建筑工业出版社，2008.

[6] 全国科学技术名词审定委员会. 深层地下水 http：//baike. baidu. com/view/3815720. htm.

[7] 蒋熊照. 空调用热泵技术及应用 [M]. 北京：机械工业出版社，1997.

[8] 丁良士，张长春，尹富庚，于凤菊，王婧. 利用深井地热水作为辅助热源的水源热泵系统节能分析 [J]. 全国暖通空调制冷2002年学术年会论文集，2002.

[9] 钟银燕. 补贴助推地热能普及使用 [R]. 中国能源报，2009-8-17（21）.

[10] 毕文明，李正明. 深、浅层地热能在南彩温泉度假村的应用 http：//nt. shejis. com/2009/0505/article _ 14484. html.

[11] 何娇. 鲜花港采用地源热泵树标杆. 制冷快报 [2012-10-24]. http：//bao. hvacr. cn/201111 _ 2019883. html.

[12] 沈毅，王增长，王强，尹佳佳. 煤矿矿井排水的处理和综合利用 [J]. 科技情报开发与经济，2008，18（5）：215.

[13] 何涛. 煤矿坑道水水源热泵供热空调工程设计研究 [D]. 天津：天津大学，2009.

[14] 黄春松，李晓辉. 冀东某矿深井降温水源热泵系统的设计 [J]. 建筑热能通风空调，2010，29（5）：97-99.

[15] 栗兴华，沈春明，轩大洋，等. 冰浆降温系统在解决矿井热害中的应用 [J]. 采矿技术，2009，9（1）：91-93.

[16] 孙希奎，李学华，程为民. 矿井冰水冷辐射降温技术研究 [J]. 采矿与安全工程学报，2009，26（1）：105-109.

[17] 李亚民. 瓦斯发电余热制冷技术在煤矿热害治理中的应用 [J]. 安徽建筑工业学院学报，2009，17（3）：53-56.

[18] 冯兴隆，陈口辉. 国内外深井降温技术研究和进展 [J]. 云南冶金，2005，34（5）：7-101.

[19] He Manchao，Zhamg Yi，Guo Dong Ning，et al. Numericalanalysis of doublet wells for cold energy storage on heat and treatmeat in deep mines [J]. China Journal of Mining & Technology，2006，16（3）：278-282.

[20] Diering D H. Mining at ultra depth in the 21st century [J]. C MBulletin，2000，93：141-145.

[21] 刘庆顺. 双热源热泵在云驾岭煤矿的应用 [R]：冀中能源邯郸矿业集团云驾岭煤矿.

第5章　地源热泵系统建筑一体化应用

5.1　地源热泵系统

地源热泵系统以土壤作为热源或热汇，将土壤换热器置入地下，冬季将大地中的低位热能取出，通过热泵提升温度后实现对建筑的供暖，同时存蓄冷量，以备夏用；夏季将建筑物中的余热取出通过热泵排至土壤实现对建筑物降温，同时蓄存热量，以备冬用，实现真正意义的交替蓄能循环。由于地下热能储量大、无污染、可再生，地源热泵系统被称为21世纪最具发展前途的供暖空调系统之一。

地源热泵系统与传统的供热、制冷方式相比，具有如下的优点：

（1）使用清洁可再生能源，环保效果显著。地源热泵利用的是地表中清洁可再生的太阳能，制热时不需锅炉，无燃料燃烧时产生的污染物。制冷时不需冷却塔，避免了冷却塔运行时的噪声、功耗和水的损耗。与土壤只有热量交换，不消耗水资源，不污染地下土质。

（2）高效、节能，运行费用低。地下土壤冬季比环境温度高，夏季比环境温度低，保持较为稳定的状态。由于这一特点，地源热泵机组的运行能效比（*EER*）或性能系数（*COP*）较高。美国环保署估计，设计安装良好的地源热泵系统，平均来说可以比常规空调系统节约30%～40%的年运行费用。

（3）与空气源热泵相比，地源热泵性能不受空气温度变化的影响，冬季不存在除霜问题。采用地源热泵中央空调的建筑，室内温度稳定，运行费用低，设计上可加大新风量，保证室内的舒适度。

（4）一机多用，服务面广。地源热泵机组可供暖、制冷，还可提供生活热水，一套设备可以替代原来的锅炉加冷水机组两套设备，结构紧凑，节省机房面积。

（5）系统简单，维护费用低。地源热泵中央空调系统组成简单，地下或室外部分几乎不需维护，室内部分的维护只需普通的制冷空调工人即可胜任，并且可实现区域控制，便于物业管理。

但是从目前国内外的研究及实际使用情况来看，地源热泵也存在一些缺点，主要表现在如下几个方面：

（1）土壤换热器的换热性能受土壤的热物性参数的影响较大，通常土壤的导热率较小，土壤换热器单位管长的吸、放热量较小，当需要较大的换热量时，土壤换热器的占地面积较大。

（2）初投资较高，仅土壤换热器的投资约占系统投资的20%～30%。

（3）土壤换热器同时应满足年周期的吸放热平衡，以保持以年为周期的土壤热平衡，防止未知的土壤生态破坏。同时，还应该保持每日向土壤输入的热量（冷量）与土壤向周围散发热量（冷量）的平衡，以防止土壤当日温升（温降）过大，导致热泵机组能效降低甚至停机。

5.1.1 地源热泵系统的发展

1. 地源热泵在美国的发展

1985 年，美国仅有 1.4 万台地源热泵；到 1997 年，安装的地源热泵机组为 4.5 万套；1998 年为 5 万套，其中 46%采用垂直埋管闭式回路，38%为水平埋管闭式回路，15%是开式回路系统。1998 年，美国商业建筑中地源热泵系统已占空调总保有量的 19%，该项技术在新建筑中的应用高达 30%。到 2002 年，已安装了 50 万套，并且以每年 10%的速度稳步增长。最新的资料表明，2015 年，总数量将达到 200 万套。

美国所有州的电力公司都建立了奖励措施，来推动地源热泵在美国的应用。在佛罗里达州，海湾电力公司为家庭住宅安装的地源热泵提供 250 美元的奖励，并提供两年的供暖和空调投资的担保；在马里兰州，对于装备地源热泵的建筑提供财产税法案，为公司创造一个可选择的财产税信用制度，当地县提供信用担保；在马萨诸塞州，销售税仅有 5%，提供 63.9 万美元来奖励，设立建设补助基金。

目前，地源热泵技术在美国的研究主要集中在以下几个方面：

(1) 通过对地下换热器结构的研究与改造，减小土方投资和提高换热效率。可供选用的垂直地下换热器有单管换热器、U 形管换热器和管中管换热器。水平换热器的结构也由单管换热器发展为多管换热器和螺旋盘管换热器。螺旋盘管是指将连续管线盘成圆并叠在一起的结构。它减少了换热器的占地面积，提高了换热效率。

(2) 为了保证换热器周围土壤具有较高的传热系数，在安装地下换热器时，采取砂浆回填工艺。由于回填材料与盘管之间充分接触，保证了盘管周围回填物的高传热系数。目前对于回填材料的研究包括：新回填材料的开发，如何增加回填材料的传热性能，如何进行盘管与土壤的传热计算。

(3) 开发浅层排热技术，避免由于热泵在冬季从土壤中取出的热量小于夏季向土壤排入的热量，造成在运行一定时间后，地下换热器盘管周围土壤温度升高的现象。为了减少土壤温度升高对地源热泵的影响，盘管深度需要加大。采用水平螺旋盘管换热器、选择适当的回填材料和优选螺旋盘管的尺寸，能够达到浅层排热的目的。

(4) 运用地源热泵将热量从土壤带到埋在桥下的盘管中，融化落到桥面的积雪。地源热泵的开启靠输入的当地气象参数来控制。这种由地源热泵自动融雪的桥称为地热智能桥。

2. 地源热泵在欧洲的发展

与美国早期的迅速发展相比，在欧洲的部分国家，地源热泵的应用要相对落后。据 1999 年的统计，在欧洲的家用供热装置中，地源热泵所占比例：瑞士为 96%，奥地利为 38%，丹麦为 27%。地源热泵在英国仍然是有待发展的市场，2004 年统计，只安装了几百个地源热泵系统，主要用于供暖和热水供应，采用的是闭式系统。图 5-1 为到 2000 年欧洲国家地源热泵的装机容量。表 5-1 为 1999 年欧洲一些国家地源热泵供暖占总供暖的比例。图 5-2 为欧洲部分国家的已安装热泵和地源热泵的机组数目。表 5-2 列出了地源热泵应用领先国家的装机容量、年能量使用和已安装的数量。

欧洲一些国家地源热泵供暖占总供暖的比例　　表 5-1

国家	奥地利	丹麦	德国	挪威	瑞典	瑞士
比例(%)	0.38	0.27	0.01	0.25	1.09	0.96

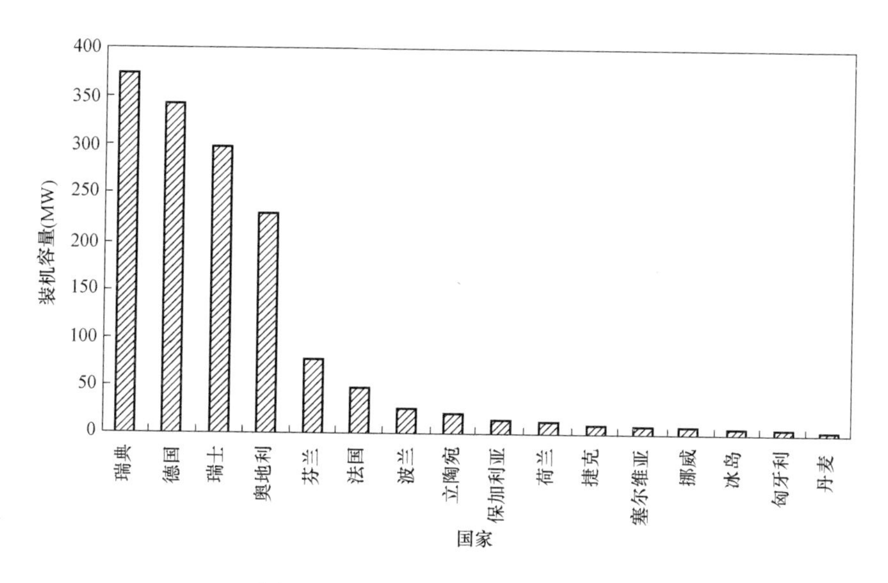

图 5-1 欧洲国家地源热泵的装机容量

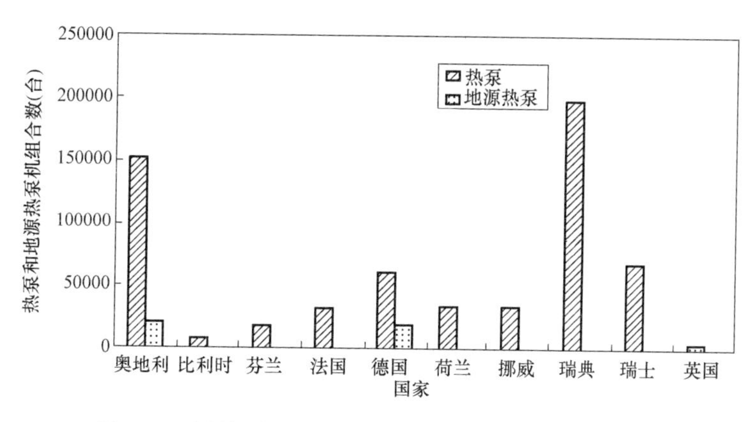

图 5-2 欧洲部分国家已安装热泵和地源热泵机组数量

地源热泵应用领先国家的装机容量、年能量使用和已安装的数量 **表 5-2**

国家	装机容量(MW)	年度能量使用(GWh/a)	装机数量(台)
奥地利	275	370	23000
加拿大	435	300	36000
德国	560	840	40000
瑞典	2000	8000	200000
瑞士	440	660	25000
美国	3730	3720	500000

3. 地源热泵在我国的发展

地源热泵在我国公共建筑中的应用始于 20 世纪 80 年代。上海闵行经济技术开发区某办公楼曾是我国第一项采用地源热泵系统的工程，1987 年筹建，1989 年 10 月投入运行，地下换热器为 135 个深 35m 的聚丁烯垂直封闭循环系统。

地源热泵在 20 世纪 90 年代逐步开始成为国内暖通空调界研究的热门课题。1998 年是我国在该领域内技术发展的一个里程碑。从这一年开始，国内数家大学纷纷建立了地源热泵的实验系统。1998 年，重庆大学建设了包括浅埋竖管换热器和水平埋管换热器在内的实验装置。青岛理工大学建设了聚乙烯垂直地源热泵装置；湖南大学建设了水平埋管地源热泵实验装置。另外，山东建筑大学和哈尔滨工业大学也先后开展了土壤耦合热泵的实验研究。

这些实验装置为我国深入开发地源热泵的研究提供了极为有利的工具。国内研究方向主要集中于地下埋管换热器，在国外技术基础上有所创新。例如：①地下埋管换热器（垂直套管式、U 形管式、水平埋管式）热工性能的研究，传热强化技术、传热模型的理论与试验研究；②土壤耦合热泵系统冬、夏季启动特性的实验研究；③地下埋管的铺设形式及管材的研究；④回填材料的研究；⑤土壤冻结对地下埋管换热器传热性能的影响；⑥系统设计安装问题的研究。

5.1.2 地源热泵系统的分类

目前，地源热泵系统依据制冷剂管路与土壤换热方式的不同有两种类型：一种是间接式土壤源热泵系统；另一种是直接膨胀式土壤源系统。前者将土壤换热器埋置于地下，利用循环介质与土壤进行热量的排放和吸收，制冷剂管路和大地不直接进行热交换，制冷剂相变过程在热泵机组的蒸发器和冷凝器完成。后者不需要中间传热介质，制冷剂管路直接与土壤进行交换。目前空调工程中常用的是间接式地源热泵系统，而根据换热器布置形式的不同，地源热泵系统相应地具有不同的形式与结构。根据换热器布置形式的不同，土壤换热器可分为水平埋管与垂直埋管换热器两大类，分别对应于水平埋管地源热泵系统和垂直埋管地源热泵系统，如图 5-3 所示。

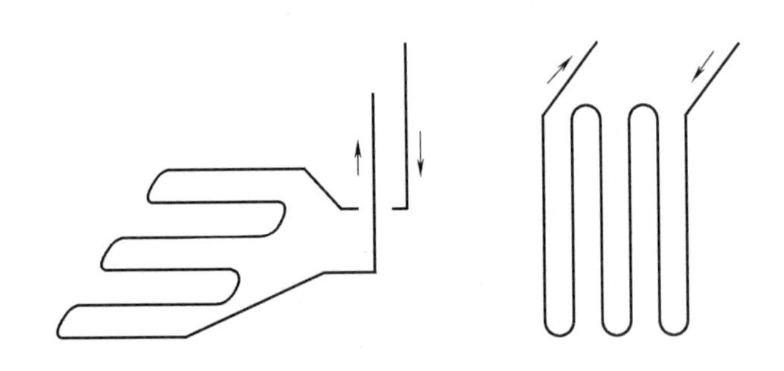

图 5-3　水平埋管系统和垂直埋管系统示意图

水平埋管方式的优点是在浅层软土地区造价较低，但传热性能受到外界季节气候一定程度的影响，而且占地面积较大。当可利用地表面积较大，地表层不是坚硬的岩石时，宜采用水平土壤换热器。按照埋设方式，可分为单层埋管和多层埋管；按照管型的不同，可分为直管和螺旋管两种。图 5-4 为常见的水平土壤换热器形式。

垂直土壤换热器是在若干垂直钻井中设置地下埋管的土壤换热器。垂直土壤换热器具有占地少、工作性能稳定等优点，已经成为工程应用中的主导形式。在没有合适的室外用

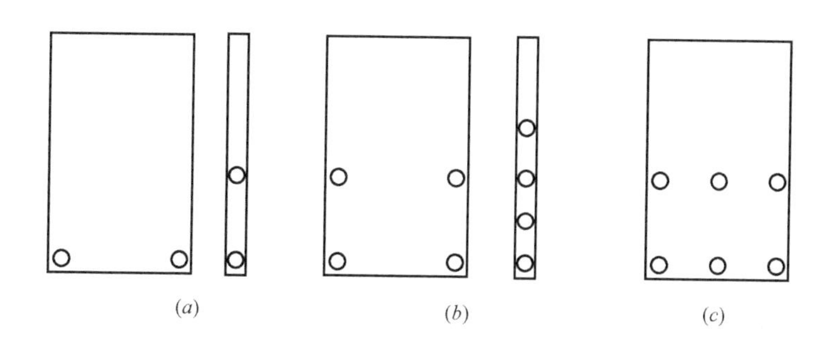

图 5-4　几种常见的水平土壤换热器形式

(a) 单或双环路；(b) 双或四环路；(c) 三环路

地时，垂直土壤换热器还可以利用建筑物的混凝土基桩埋设，即将 U 形管捆扎在基桩的钢筋网架上，然后浇灌混凝土，使 U 形管固定在基桩内，称为基桩埋管换热器。这种埋管方式对于密度较高的住宅区非常适用，它不需要很大的土地施工面积，而且降低了打井费用，机组运行效果与前两种形式相当。由于这种埋管方式受到技术力量和实际情况的制约，在国内的应用较少。图 5-5 为桩基埋管换热器施工图。

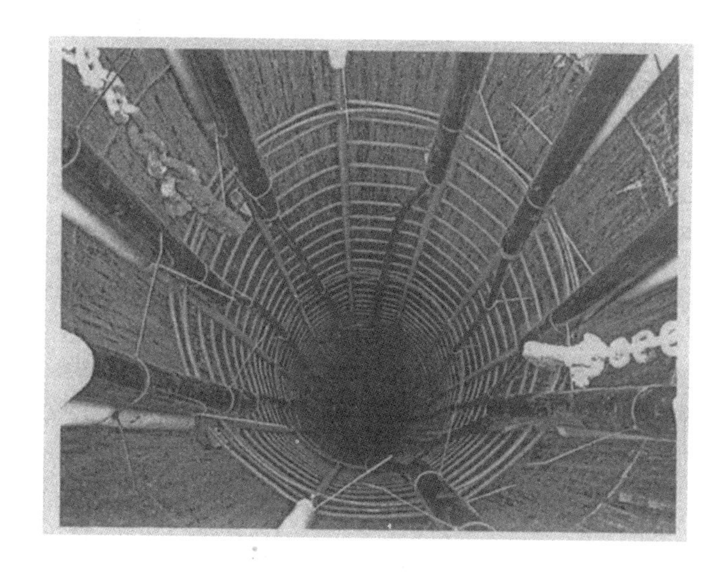

图 5-5　桩基埋管换热器施工图

垂直式土壤换热器的结构有多种，根据在垂直钻井中布置的埋管形式的不同，垂直土壤换热器又可分为 U 形管换热器与套管式换热器，套管式土壤换热器在造价和施工难度方面都有一些弱点，在实际工程中较少采用。垂直 U 形土壤换热器采用在钻井中插入 U 形管的方法，一个钻井可设置一组或两组 U 形管。然后用回填材料把钻井填实，以尽量减小钻井中的热阻，同时防止地下水受到污染。钻井的深度一般为 30～180m。钻井之间的配置应考虑可利用的土地面积，两个钻井之间的距离可在 4～6m 之间，管间距离过小会因各管间的热干扰而影响换热器的效能。下面的章节将分别就几类地源热泵系统作详细、具体的介绍。

5.2 竖直埋管地源热泵系统建筑应用

5.2.1 竖直埋管地源热泵系统介绍

地埋管地源热泵的埋管分为水平埋管和竖直埋管。目前，采用较为普遍的是竖直埋管。竖直埋管地源热泵系统示意图如图 5-6 所示。

图 5-6 地源热泵系统示意图

垂直埋管换热器通常采用的是 U 形方式按其埋管深度可分为浅层（<30m）、中层（30～100m）和深层（>100m）三种埋管，并根据 U 形管的不同分为单 U 形和双 U 形两种。

国内外学者对竖直埋管地源热泵系统进行了大量的模拟研究，主要针对地埋管换热器进行模拟。地埋管换热器模型大都基于线性源理论，国外近期提出了多种模型研究方法。Lamarche 等人提出了地埋管有限线性源模型的一种解析解模型，并和线性源模型的数值解模型进行了对比，两种模型的模拟结果很接近。这种解析解模型能够很容易得到不同结构的地埋管的换热结果。Lee 等人对圆柱源模型和线性源模型的地埋管换热计算结果进行了对比，发现随着钻孔尺寸的加大，两者的差别也增大，指出圆柱源模型比线性源模型更接近实际情况。Ozgener 等人用质量守恒、能量守恒、动量守恒方程建立模型，研究了有太阳能辅助的竖直埋管及水平埋管换热器的性能，得出热泵的 *COP* 为 3.12～3.64，而系统的 *COP* 为 2.72～3.43，并指出这种模型对所有地源热泵的设计、模拟及测试都很有帮助。Abu－Nada 等人提出了三维的圆柱源理论模型，并对 1 月份的使用情况进行了模拟，发现 U 形管出口温度随埋管深度的增加而升高，同时还与埋管的地理位置有关。Esen 等人用模糊理论提出了一个地埋管换热器模型，并得出了令人满意的结果。

5.2.2 竖直埋管地源热泵系统特点和优势

对于竖直埋管地源热泵系统而言，由于换热管埋管较深（一般都在 100m 以上），因此，和水平埋管系统相比，其占地面积较小，可以节省大量的埋管土地的面积，特别是在绿色建筑的评价中，节地与节材是一项非常重要的评价指标。

在水平埋管地源热泵系统中，由于埋管较浅，而浅层土壤的温度以及热特性易受到太阳辐射等外界因素的影响，土壤的温度波动较大，从而使得系统运行时出水温度波动较大，影响系统的稳定性。对于竖直埋管地源热泵系统，深层土壤的温度以及热特性变化较小，因此，竖直埋管地源热泵系统运行更加稳定。

地下埋管系统属于水系统范畴，其布置形式一般有异程式、同程式以及局部同程式三种，它们的优缺点如表 5-3 所示。

不同水系统形式的优缺点比较　　表 5-3

比较内容形式	优点	缺点	备注
异程式	系统布置随意；管材省，投资少	为达到水力平衡需要安装平衡阀	一般不建议采用
局部同程式	地埋管布置较合理；同一分区内，同程布置省去调节工作；施工方便	设计人员要对地埋管合理分区；各分区间安装平衡阀，有一定的调试量	适合大、中型项目；特别大型项目较多采用
同程式	地埋管布置合理，运行平稳；系统调节简单	施工费用高；耗管材，投资大	适合中小型项目

5.2.3　竖直埋管地源热泵系统的设计与施工要点

1. 设计要点

竖直埋管地源热泵系统的设计过程与普通冷水机组的设计过程大致相同，这里不做过多的叙述，而地埋管换热器设计计算是其所特有的内容，下面就地埋管换热器设计计算时所遇到的问题进行分析讨论。地埋管换热器设计计算包括选择合适的换热器布置形式、地埋管换热器长度计算以及水力计算等内容。其中，地埋管换热器长度的计算是一个重点，其计算的准确与否直接关系着整个系统的运行情况。垂直地埋管的长度见式（5-1）。

$$L=\frac{Q_c}{q} \tag{5-1}$$

式中　Q_c——计算的系统换热量，W；

q——地下埋管单位长度的换热量，W/m；

L——地下埋管长度，m。

对于 q 值的获取是个较为困难的过程，虽然根据工程经验给出了一些参考值，但这个参考值仅可用于方案设计阶段，在施工图设计阶段，必须进行热响应实验，获得实测计算得出的 q 值，进而计算垂直地埋管的长度。

在土壤源热泵系统中，系统的整体性能与当地土壤的热物理性能密切相关。对土壤源热泵系统中的地埋管换热系统而言，土壤的热物理性能主要反映在以下几个参数：土壤的初始平均温度；土壤的综合导热系数；土壤的综合比热容。其中，岩土的综合热物理参数是指不含回填材料在内的、地埋管换热器深度范围内岩土的综合导热系数、综合比热容。岩土的初始平均温度指从自然地表下 10～20m 至竖直埋管换热器埋设深度范围内，岩土常年的平均温度。

在土壤源热泵系统的设计中，如果未对当地的岩土热物性进行实地考察测量，而是单凭经验公式或经验数据进行设计计算；对于地埋管换热器部分的设计，根据经验或是查阅有关书籍，对当地的岩土热物性做出一个大致的估计；将土壤视为一个温度恒定的整体，岩土材料一致，不考虑土壤垂直分层，得出岩土的热物性参数；或采用延米换热量的方法，将建筑物的总负荷除以每延米换热量得到总的地埋管换热器的长度等，对于小型的竖直埋管地源热泵系统是尚可以满足其使用要求的，但是对于大型的地源热泵系统，由于采用土壤热物性参数的大小与实际参数的大小相差较多，往往使得实际运行工况偏离设计工况较多，无法达到设计要求。有研究表明，当地下岩土的导热系数发生10%的偏差，则设计的地下埋管长度偏差约4.5%～5.8%。

在《地源热泵系统工程技术规范》GB 50366—2009中，明确提出了在地源热泵系统设计过程中必须进行岩土热响应实验，并提供了热响应实验方法，明确了应结合岩土热物性参数，采用动态耦合计算的方法指导地埋管地源热泵系统设计。

岩土的热物性参数的参考指标见表5-4与表5-5。

地热换热器计算参考指标 **表5-4**

地埋管形式		延长米换热量 q(W/m)			建筑面积与埋管面积比		
		土层	岩土层	岩石层	土层	岩土层	岩石层
竖直埋管	单U形	30～45	40～55	50～60	3∶1	4∶1	5∶1
	双U形	35～55	45～60	60～75	4∶1	5∶1	6∶1

典型岩土层的热物性参数 **表5-5**

岩土类别 \ 热物性参数		导热系数[W/(m²·K)]	扩散率 10×10^{-6}(m²/s)	密度(kg/m³)
土壤	致密黏土(含水量15%)	1.4～1.9	0.49～0.71	1925
	致密黏土(含水量5%)	1.0～1.4	0.54～0.71	1925
	轻质黏土(含水量15%)	0.7～1.0	0.54～0.64	1285
	轻质黏土(含水量5%)	0.5～0.9	0.65	1285
	致密沙土(含水量15%)	2.8～3.8	0.97～1.27	1925
	致密沙土(含水量5%)	2.1～2.3	1.10～1.62	1925
	轻质沙土(含水量15%)	1.0～2.1	0.54～1.08	1285
	轻质沙土(含水量5%)	0.9～1.9	0.64～1.39	1285
岩石	花岗岩	2.3～2.7	0.97～1.51	2650
	石灰岩	2.4～3.8	0.97～1.51	2400～2800
	砂岩	2.1～3.5	0.75～1.27	2570～2730
	湿页岩	1.4～2.4	0.75～0.97	—
	干页岩	1.0～2.1	0.64～0.86	—
回填料	膨润土(含有20%～30%的固体)	0.73～0.75	—	—
	含有20%的膨润土、80% SiO_2 沙子的混合物	1.47～1.64	—	—

续表

岩土类别 \ 热物性参数		导热系数 [W/(m²·K)]	扩散率 10×10^{-6}(m²/s)	密度 (kg/m³)
回填料	含有15%的膨润土、85%SiO_2沙子的混合物	1.00～1.10	—	—
	含有10%的膨润土、90%SiO_2沙子的混合物	2.08～2.42	—	—
	含有30%的混凝土、70%SiO_2沙子的混合物	2.08～2.42	—	—

竖直埋管地源热泵系统应进行全年动态负荷计算，最小计算周期为一年。计算周期内，地源热泵系统总释热量宜与总吸热量相等。否则，土壤层的温度分布将会发生变化，影响地源热泵系统的正常运行。夏季最大释热量的计算公式见式（5-2）。

$$Q_1=Q_0\left(1+\frac{1}{EER}\right)+m \tag{5-2}$$

式中 Q_1——最大释热量，kW；

m——循环水泵释热量，kW；

Q_0——按夏季工况计算的建筑物冷负荷，kW；

EER——热泵机组能效比。

冬季最大吸热量的计算公式见式（5-3）。

$$Q_2=Q_k\left(1-\frac{1}{COP}\right)-m \tag{5-3}$$

式中 Q_2——最大吸热量，W；

m——循环水泵释热量（kW）；

Q_k——按冬季工况计算的建筑物冷负荷，kW；

COP—热泵机组热效率。

对于最大释热量和最大吸热量不大的工程应分别计算供热和供冷工况下地埋管换热器的长度，取其较大者，确定地埋管换热器；当两者相差较大时，宜通过技术经济比较，在夏季增加冷却塔或在冬季增加辅助供热的方式来解决，从而避免因吸热与放热不平衡引起岩土温度的降低或升高。

2. 竖直埋管的施工步骤

（1）钻孔

钻孔是垂直地下换热器施工中最重要的一环。钻孔机械的选择和设备的完备性对施工进度起着决定性作用，需要结合当地地质条件和设计钻孔深度及设计孔径来选择钻机。目前钻孔的最大深度在150～200m左右，而钻孔直径通常介于100～150mm。由于钻孔深度较浅，一般采用常规的正循环钻进方法。可以选用普通的工程勘察钻机或岩心钻机，如DK－300型钻机、DPP100型车装钻机。由于这些钻头通常用水进行冷却，需要施工现场提供足够的水（可采用湖泊水或自来水）和水的排放（要么开挖排水池，要么利用就近的排水设施）。另一方面由于钻孔中产生的岩尘需要用水冲出，要求水源具有一定的压头，将钻孔中的岩尘冲出，这就需要配备一加压泵，或也可以通过在钻头上部安一沉砂管，否则在钻孔深度较大时，易出现堵机现象，即钻机不能工作，钻头拔不出来。

（2）下管

下管的工作就是将预先连接成 U 形的管材埋入地下。通常一个孔钻完，立即下管，以免泥砂沉积，下管深度达不到设计值。下管前先将管内充满水，进行初步试压。试完压后，将管中的水放掉，再将两头用堵头堵起。在下管中，如下管深度较浅，则单纯借助于钻机塔架协助利用人工方法就可解决；如果下管深度较深，则必须采用专业装置。在下管过程中，应保证两支管间的间距。

（3）二次试压和回填

下管后要进行二次试压，以免地下换热器在下管中被破坏。试压后是进行回填，目前国内出现了两种回填方法：第一种是国际常用的方法，即采用一定的材料配成混合浆，用泥浆泵通过灌浆管将混合浆灌入孔中。回灌时，根据灌浆的快慢将灌浆管逐渐抽出，使混合浆自下而上回灌封井，确保钻孔回灌密实，无空腔。第二种方法是采用人工回填的方法，回填物中不得有大粒径的颗粒，回填过程必须缓慢进行，以保证充实度，减少传热热阻。综合比较，二者各有优缺点，前一种回填方法能保证钻井回填紧密，而后一种回填方法则可以充分增加回填材料的热传导率。

5.2.4 竖直埋管地源热泵系统建筑应用案例

1. 工程概况

宁波市鄞州区国税局办公楼位于宁波鄞州区鄞县大道，为办公性质综合楼。该建筑地上 19 层，地下 1 层（主要为设备层及车库）。其中一～三层主要功能区为大厅、纳税大厅、办公室、餐厅和活动室，四～九层以及十一～十九层主要功能区为办公室、会议室、多功能厅、招待所，十层为信息中心和办公室，总建筑面积约为 26000m^2，空调面积约为 19000 m^2，建筑高度为 71.1m。

2. 空调设计参数

空调室内设计参数见表 5-6。

空调室内设计参数 **表 5-6**

房间名称	夏季		冬季		新风 [m^3/(h・P)]	噪声 [dB(A)]
	温度(℃)	相对湿度(%)	温度(℃)	相对湿度(%)		
办公室	25	<65	20	>35	30	<50
会议室	25	<65	20	>35	25	<50
餐厅	26	<65	20	>35	30	<50
大厅	26	<65	20	>35	20	<50

3. 空调设计方案

（1）空调系统划分

该工程空调系统由两个系统组成：K-1 由 5 台 Waterfurce 原装进口的热泵机组组成，供十层、十五层、十四层局长办公室、十八层和十九层使用；K-2 由两台意大利克莱门特热泵机组组成，供一～九层、十一～十三层、十六层和十七层办公使用。

（2）空调系统主要设备选择

选择 5 台 Waterfurce 热泵机组和 2 台意大利克莱门特热泵机组，每台制冷量分别为

88kW 和 968kW。

5 台小机组夏季和冬季的制冷制热转换通过机组内置的电动四通换向阀转换制冷剂的流向来达到制冷制热转换。而 2 台大机组通过外面设置的 12 个手动阀门切换冷冻水和冷却水来实现夏季冬季制冷制热转换。

(3) 空调水系统设计

空调冷冻水系统采用一次泵变流量系统，管道布置采用竖向同程、水平同程。

空调冷却水系统采用一次泵定流量系统，管道布置采用 14 个水平同程环路。

(4) 空调系统形式

一～四层大厅、餐厅采用空调风柜加低速风道系统，办公室采用风机盘管加新风系统。

4. 室外垂直埋管换热器设计

(1) 建筑物土壤地质资料

由于埋管换热器中循环介质与大地岩土间的换热情况相当复杂，因此土壤源热泵空调系统的设计难点主要集中在地下换热器的设计上。埋管形式、埋管或竖井的间距、埋深、管径、循环介质的流量等既是影响埋管换热器与大地岩土间换热的重要因素，又是构成埋管换热器具体形式的主要参数。此外，埋管地点的地质状况、气候特征和建筑物的负荷变化状况也都影响换热器的换热，其中地下岩土的热物性对传热的能力影响很大。

在工程设计中，室外垂直埋管换热器设计应根据埋管建筑物的地质勘察报告、气候特征等资料采用有关设计计算软件进行设计计算。

由该工程钻孔勘察结果提供的资料，分析得出，土壤在 70m 深范围内地质资料见表 5-7。

地质资料 **表 5-7**

地层标高(m)	主要土类
−10.17	黏土、淤泥
−21.27	淤泥、粉质黏土
−30.87	黏土
−36.697	黏土
−51.07	粉质黏土
−55.77	粉砂、粉质黏土
−66.07	粉砂、粉质黏土、圆砾
−70.87	黏土

(2) 室外垂直埋管换热器设计

根据建筑物室外总平面图及实验钻孔情况，采用 DN32 的 U 形垂直埋管换热器，在地埋管方案设计中初步估算：钻孔数 300 口，间距 5m，埋深 65m，总埋管长度 39000m，钻孔施工费用 140 万元。

宁波地区冬季室外气温较高，冬季冻土深度较浅，因此该工程设计中采用了水作为传热介质。未考虑在地埋管循环水中添加防冻剂。但为了防止冷却循环水管内循环水在极端气温下冻结，采用感温自控系统启动循环泵。当系统循环回水温低于 4℃时，由自控系统启动循环泵驱动循环水并且报警提示，可以有效避免地埋管内水冻结问题的出现。

（3）土壤源热泵系统总吸热量与总释放量相平衡的措施

在土壤源热泵空调系统设计中，垂直埋管换热器系统总吸热量与总释放量相平衡的措施对于保证大地岩土的热稳定性、土壤源热泵系统的经济性及空调实际运行效果十分重要。

经过技术经济比较，该工程设计中采用辅助冷却源与地埋管换热器并用的调峰形式。利用室外530m^3消防喷泉水池辅助散热来消除最热月峰值负荷。

经过设计计算，垂直埋管换热器计算结果为：总埋管长度为54625m，打井数量为370口，分为14组（每组约为26口），井间距为5m，管井直径为DN110，井深73m。制冷指标为44W/m，制热指标为30W/m。

5. 空调系统运行状况及节能经济分析

（1）空调系统运行工况

冬季调试记录时间（2004年12月26日），正值宁波地区近年来的最低气温－7℃。初始时，地源侧出水温度为19℃，经过24h不间断运行，热泵机组热水出水温度在40～45℃之间，最终地源侧的出水温度稳定在11～13℃，室内实测气温为20～22℃。

冬季运行了一个多月，每天地源侧的初始时的出水温度在18～19℃之间，空调系统运行9h后，最终地源侧的出水温度在11～13℃之间。

夏季运行记录时间（2005年9月8日），热泵机组冷冻水进/出水温度为11.8℃/7.5℃，冷却水进/出水温度为27.2℃/32.8℃，室内实测气温为24～26℃。

（2）节能分析

冬季最终地源侧的出水温度稳定在11～13℃，热泵机组的能效比达4.0以上。显然，土壤源热泵空调系统冬季供热比空气源热泵空调系统及燃气锅炉供热要环保节能，不存在空气源热泵冬季需化霜、极端气温下供热效果不理想的问题；夏季土壤源热泵空调系统冷却水/进出水温度为27.2℃/32.8℃，与常规空调冷水机组冷却水进/出水温度为32℃/37℃相比，在满负荷运行时，机组能耗要节约15%；在70%负荷运行时，机组能耗要节约35%；在50%负荷运行时，机组能耗要节约60%。

（3）经济分析

该工程土壤源热泵空调系统总投资960万元。其中，室外地埋管工程投资168万元，工程单位造价为370元/m^2。2004年冬季及2004年夏季空调实际运行费用为每年62万元。若采用常规空调冷水机组和燃气锅炉供热系统，经计算分析，空调系统总投资为860万元，运行费用为每年100万元。该工程土壤源热泵空调系统与常规冷水机组和燃气锅炉供热相比较，总投资增加12%，但是全年空调运行费用要节约38%，经计算，3年可收回成本。

经过2004年冬季和2005年夏季运行，空调效果理想，达到了设计及甲方使用要求，节能效果显著。

5.3 水平埋管地源热泵系统建筑应用

5.3.1 水平埋管地源热泵系统介绍

水平埋管地源热泵是指其地埋管交换器以并联的方式水平地安装在地沟中，通过不同的集管进入建筑中与建筑物内的水环路相连接的系统。

关于水平埋管地源热泵的研究开始于 20 世纪 30、40 年代，但由于当时的能源价格低，土壤源热泵系统的初投资高，使得这种系统并不经济。另外因其计算较为复杂，土壤对金属存在一定程度的腐蚀，土壤源热泵的研究高潮持续到 20 世纪 50 年代中期就基本停止了。该系统未得到普遍推广与应用。

1973 年在欧美等国开始的“能源危机”重新促使人们有了对土壤源热泵研究的兴趣和需求，特别是北欧国家，再一次进入了土壤源热泵研究高潮。1974 年，欧洲开始了 30 个工程开发项目，发展地源热泵的设计方法、安装技术并积累运行经验。瑞典安装了 6000 个水平埋管系统，德国也有大量的此类工程出现，所有的地源热泵系统只用于供暖，且主要安装水平埋管。图 5-7 为水平埋管地源热泵系统。

图 5-7　水平埋管地源热泵系统

该系统地下为浅埋的水平盘管，水和防冻剂溶液通过闭式环路进行循环。冬季供热时，在室外管路内循环流动的流体不断地吸取周围土壤中的热量，然后将这些热量传到室内环路。这些热量再通过泵和室内管路输送到热泵机组。夏季空调工况通过四通调节阀转换制冷剂流向，同样通过循环使建筑物内多余的热量通过室内环路循环流体和空调机组排到地下土壤。对于土壤、热泵机组和室内空调系统的研究目前已有很多，本节主要对地下埋管换热器进行介绍。

以下主要对水平埋管的形式、传热模型和性能影响因素进行介绍。

水平埋管系统主要有单层和双层两种形式，可采用 U 形、蛇形、单槽单管、单槽多管等形式。单层是最早也是最常用的一种形式，一般的设计管埋深度为 0.5～2.5m 之间。由于土壤饱和度不同，因此，壕沟深度也不同。若整个冬季土壤均处于饱和状态，壕沟的深度就一定要大于 1.5m。同时用于供暖，管埋深度超过 1.5m，蓄热慢；而小于 0.8m，盘管就会受到地面冷却和冻结的影响。另外，管间距小于 1.5m，盘管间可能会产生固体冰晶并使春季蓄热减少。多层埋管由于其下层管处于一个较稳定的温度场，换热效率好于单层，而且占地面积较少，因此应用多层管的较多。多层铺设大幅度降低了挖掘深度和填土所需的砂石量，但管与管在水平和垂直方向上都应保持适当的距离，减小相邻管间的热干扰。管沟长度取决于土壤状态和管沟内管子数量与长度。根据埋管形式分为水平管换热器和螺旋管散热器。由于受管之间换热的互相影响，螺旋盘管的总管长度应适当增长，但其总占地面积比水平直管少。

水平埋管的传热模型采用 VC. Mei 模型，该模型采用复杂的偏微分方程描述了管内流体以及土壤的温度分布，利用有限差分方法即可求解。该模型考虑的诸多因素包括：埋管与土壤性质、含湿量以及流体性质等，可以求解流体以及土壤沿换热器长度方向的温度分布和每一个节点的温度，主要用来理论研究和参数分析。

该模型的假设为：

(1) 土壤均匀；

(2) 埋管任一截面内的流体温度和速度是相同的；

(3) 土壤的热力学参数是常数；

(4) 不考虑热湿迁移的影响；

(5) 忽略埋管与土壤间的接触热阻；

(6) 埋管足够深，使得远边界条件的半径不大于埋管深度，埋管处于远边界区域。

根据上述假设，传热模型为：

(1) 流体与管壁间的传热：

$$\frac{v\,\partial T_{f}}{\partial x}+\frac{2\lambda_{p}}{\gamma_{0}\rho_{f}C_{pf}}\cdot\frac{\partial T_{p}}{\partial T}\bigg|_{r=r_{0}}=\frac{\partial T_{f}}{\partial t}\quad \gamma<\gamma_{0} \tag{5-4}$$

(2) 管壁的导热方程：

$$\frac{\partial^{2}T_{p}}{\partial r^{2}}+\frac{1}{\gamma^{2}}\cdot\frac{\theta^{2}T_{s}}{\partial\theta^{2}}+\frac{1}{\gamma}\cdot\frac{\theta T_{s}}{\partial t}=\frac{1}{\alpha_{p}}\cdot\frac{\theta T_{s}}{\partial t}\quad \gamma_{0}<r<\gamma_{p} \tag{5-5}$$

(3) 土壤导热方程：

$$\frac{\partial^{2}T_{s}}{\partial r^{2}}+\frac{1}{\gamma^{2}}\cdot\frac{\partial^{2}T_{s}}{\partial\theta^{2}}+\frac{1}{\gamma}\cdot\frac{\partial T_{s}}{\partial r}=\frac{1}{\alpha_{s}}\cdot\frac{\partial T_{s}}{\partial t}\quad r>\gamma_{p} \tag{5-6}$$

式中 T_{f}——流体温度,℃；

v—流体速度，m/s；

λ_{p}——管壁导热系数，W（/m℃）；

t——从运行开始算起的时间，s；

x——沿管长方向坐标，m；

T_{p}——埋管壁温，℃；

γ_{0}——管道内径，m；

γ_{p}——管道外径，m；

T_{s}——土壤温度℃；

θ——远边界条件处土壤任一点距盘管中心处的铅垂夹角，rad；

α_{s}——土壤的热扩散率（导温系数），m^{2}/s；

α_{p}——管壁导温系数，m^{2}/s。

边界条件可分为三类：

第一类边界条件为边界上的温度函数已知，第二类边界条件为物体边界上的热流密度已知，第三类指与物体相接触流体介质的温度和换热系数已知。

地源热泵水平埋管是与土壤层进行能量交换的空调系统，其传热效果受土壤特性、埋管形式及位置、回填材料、循环流量、管材等因素的影响较大。

（1）土壤特性的影响。水平埋管换热性能对地源热泵系统性能起着重要作用，而土壤的热特性很大程度上决定了埋管换热器的性能。因此，对热泵换热性能的研究必须首先研究土壤热特性的影响。土壤是一种多孔介质，含湿土壤的传热和传湿较为复杂。温度梯度引起土壤中水分的迁移，从而改变土壤的物性参数，影响土壤的传热特性。

（2）管材物理性能的影响。水平埋管换热器与土壤换热量的大小与管材性能有关，所以选用合适的管材作为地下换热埋管对热泵系统性能十分重要。目前国内外土壤热源热泵系统大多采用的塑料管水平埋管常见管材及其导热系数如表 5-8 所示。

常见埋管导热系数 **表 5-8**

埋管类型	符号	导热系数[W/(m·K)]
聚氯乙烯管	PVC	0.14～0.19
低密度聚乙烯管	PE	0.35
高密度聚乙烯管	HDPE	0.43～0.52
聚丙烯管	PR-R	0.24
聚丁烯管	PB	0.23
铝塑管	PAP	0.45

随着埋管导热系数的增大，埋管的换热量明显增大，埋管从土壤中的取热量明显增多，但增大的幅度随埋管导热系数的增大而减小。

（3）回填材料性能的影响。物热性良好的回填材料可防止土壤冻结、收缩，提高埋管传热效率。所以选择合适的回填材料对热泵系统的传热性能有着重要的影响，目前国内外常的回填材料及性能如表 5-9 所示。有关实验表明，随着回填物导热系数增加换热器的换热性能提高，但是随着导热系数进一步增加，导热的增加率却递减。

常用回填材料性能 **表 5-9**

未掺入添加剂的回填材料	传热系数 K [W/(m·K)]	改进的回填材料	传热系数 K [W/(m·K)]
20%斑驳土（致密）	0.73	20%斑驳土，40%石英岩	1.5
30%斑驳土（致密）	0.74	30%斑驳土，30%石英岩	1.3
沙子：1922kg/m³，5%湿度	2.6	30%斑驳土，30%铁矿石	0.78
沙子：1281kg/m³，5%湿度	1.4	24%水泥，15%水，61%沙子	2.5
沙子：1922kg/m³，15%湿度	3.3	27%水泥，15%水，57%沙子	2.4
沙子：1281kg/m³，15%湿度	1.6	15%水泥，15%水，60%沙子，10%火山岩渣	2.4
净水水泥浆（0.6，水/水泥）	0.84	15%水泥，15%水，60%沙子，10%细灰	2.4
混凝(1，2，4)，2242kg/m³	1.2		
混凝土（50%石英砂）	2.4		

注：水泥砂浆不超过 0.3%的塑性材料。

（4）埋管埋深的影响。由于随着埋深的增加，夏季土壤温度逐渐降低，冬季土壤温度逐渐升高。因此，在过渡季节恢复能力允许范围内，适当加大埋管埋深，不但有利于增大换热量，还有利于增强换热稳定性。多层埋管形式下层管段处于一个较低的温度场，传热条件优于单层埋管，换热效果要比单层埋管好。

（5）介质流量的影响。通常水平埋管换热器的循环流量与单位管长的换热量存在如下关系：循环流量越大，单位管长的换热量越大。但流量过大，将导致水泵运行能耗增加；循环流量较小时，换热性能差。因此，要提高水平地埋管的换热性能，必须使管中的流体处于紊流区，以提高埋管的换热量。

5.3.2 水平埋管地源热泵系统特点和优势

考虑到系统的投资问题，水平埋管的深度不宜过深，由于浅层土壤温度受气候影响较大，而且水平埋管铺设所需的占地面积比较大，单位管长的换热量较低，热泵运行一段时间后，埋管和周围环境之间产生空隙，使得传热系数大大减小。

水平埋管方式与垂直埋管方式相比，垂直埋管的单位管长换热量稍高于水平埋管，但所需管长仍然较长，且克服不了埋管和周围土壤易产生空隙的缺点。

无论是水平埋管还是垂直埋管方式，埋管换热器的传热性能都受到土壤种类的影响，含水土壤，比如黏土的传热性能最好，干燥的砂质土壤的传热性能则最差，此时管道长度需适当增加，或将传热性能较好的土壤回填到管井或管沟中。选择水平或垂直系统是根据可利用的土地、当地土壤的类型和挖掘费用而定。如果有大量的土地而且没有坚硬的岩石，应该考虑经济的水平式系统。垂直系统所需要的土地面积是有限的，所以特别在土地比较紧张的城市中采用。当采用水平式系统时，由于埋深较浅，土壤的自然恢复能力快，而且可以采用人工挖掘，工程的造价比较便宜，也有利于后期维修工作的开展。垂直系统需要机械钻孔和较高技术的回填，敷设管道，相对造价会高些。由于受地面温度的影响，一般地下岩土冬夏热平衡性较好，因此水平埋管系统适用于单季使用的情况（如欧洲只用于冬季供暖和生活热水供应），对冬夏冷暖联供系统使用者很少。

一般来讲，水平埋管的优势是：安装费用比垂直式埋管系统低，投资少，成本低，钻机要求不高，可使用普通承压的塑料管，应用广泛，使用者容易掌握，一般用于地表面积充裕的场合。

5.3.3 水平埋管地源热泵系统的设计与施工要点

1. 设计原则

（1）水平埋管换热系统设计应进行全年动态负荷计算，最小计算周期宜为1年。计算周期内，地源热泵系统总释放量与总吸热量相平衡。

水平埋管系统实际最大释热量发生在与建筑最大冷负荷相对应的时刻。包括：各空调分区内地源热泵机组释放到循环水中的吸热量（空调负荷和机组压缩机耗功）、循环水在输送过程中得到的热量、水泵释放到循环水中的热量。将上述三项热量相加就可得到供冷工况下释放到循环水中的总热量。

水平埋管系统实际最大吸热量发生在与建筑最大热负荷相对应的时刻。包括：各空调分区内热泵机组从循环水中的吸热量（空调热负荷，并扣除机组压缩机耗功）、循环水在输送过程失去的热量并扣除水泵释放发到循环水中的热量。将上述前两项的热量相加并扣除第三项就可得到供热工况下的总吸热量。

(2) 水平埋管换热器换热量应满足地源热泵系统最大吸热量或使热量的要求。在技术经济合理时，可采用辅助热源或冷却源与地埋管换热器并用的调峰形式。

(3) 为保证水平埋管换热器设计符合实际，满足使用要求，通常设计前需要对现场岩石体热物性进行测定，并根据实测数据进行计算。此外，建筑全年动态负荷、岩石体温度的变化、地埋管及传热介质特性及复杂性宜用专用软件进行。

(4) 水平埋管设计计算时，环路集管不应包括在水平埋管换热器长度内。在埋管时可不设坡度。最上层埋管顶部应在冻土层以下 0.4m，且距离地面不宜小于 0.8m。水平埋管换热器管内流体应保持紊流状态，在水平环路集管坡度宜为 0.002。

(5) 水平埋管环路两端应分别与供回水环路集管相连接，且宜同程布置。每对供回水环路集管连接的地埋管环路数宜相等。供回水环路集管的间距不应小于 0.6m；安装的位置应远离水井及室外排水设施，并宜靠近机房或以机房为中心设置；应设自动充液及泄露报警系统。需要防冻的地区，应设防冻保护装置；应根据地质特征确定回填料配方，回填料的导热系数不应低于钻孔外或沟槽外岩土体的传热系数；应根据实际选用的传热介质的水力特性进行水力计算；宜采用变流量设计。

(6) 水平埋管系统换热设计时应考虑地埋管换热器的承压能力，若建筑物内系统压力超过地埋管换热器的承压能力时，应设中间换热器将地埋管换热器与建筑物内系统分开；宜设置反冲洗系统，冲洗流量宜为工作流量的 2 倍。

在设计水平埋管换热器的尺寸时，采用一维无限大介质中面热源的非稳态导热的基本模型，同时考虑水平布管密度的影响以及长期负荷和短期负荷的不同作用。

2. 水平埋管系统的施工

地埋管换热系统施工前应具备埋管区域的工程勘察资料、设计文件和施工图纸，并完成施工组织设计。施工过程中应遵循以下原则：

(1) 详细掌握打井区域地下管线；

(2) 因地制宜选择合适的钻井方式；

(3) 确保水平埋管换热器的位置位于项目规划红线以内；

(4) 在水平埋管布置区域按照设计图纸标记处地埋管的位置，现场标记位置应保证设计间距；

(5) 钻孔之间应做好机台调平，设备布置，器材堆存，塔架竖立，钻井安放等工作；

(6) 施工过程中钻机应进行保压，在临近的钻孔施工完毕方可进行回填，并拆除压力表；

(7) 钻机钻孔深度应超过设局深度 0.2～1m，确保埋管深度达到设计要求；

(8) 施工过程中产生的废土和岩石在钻孔完毕应及时清理，并堆放至指定位置；

(9) 严格控制管路焊接质量；

(10) 严格控制钻井回填质量；

(11) 详细做好隐蔽工程施工记录，保证施工工作顺利开展。

此外，地埋管换热系统施工过程中，应严格检查并做好管材保护工作。

水平埋管系统的管道连接应符合下列规定：

(1) 埋地管道应采用热熔或电熔连接。聚乙烯管道连接应符合国家现行标准《埋地聚乙烯给水管道工程技术规程》CJJ 101 的有关规定。

(2) 水平埋管换热器铺设前，沟槽底部应先铺设相当于管径厚度的细砂。水平地埋管换热器安装时，应防止石块等撞击管身。管道不应有折断、扭结等问题，转弯处应光滑，且应采取固定措施。

（3）水平地埋管换热器回填材料应细小、松散、均匀，且不应含石块及土块。回填压实过程应均匀，回填材料应与管道接触紧密，且不得损伤管道。地埋管换热器安装前后均应对管道进行冲洗。当室外环境温度低于0℃时，不宜进行地埋管换热器的施工。

水平埋管的安装连接包括：

（1）平面图开挖管沟；

（2）按设计要求安装相应管道；

（3）按照工艺要求和管材的安装要求，完成所有管道的连接；

（4）各个水平换热器的试压应在回填进行之前进行；

（5）将各个换热器连接到循环集管上，并一起安装至机房内；

（6）循环集管的试压应当在回填之前进行；

（7）在所有埋管地点上方做出标志，或管线的定位标志带。

管道安装的主要步骤：首先清理干净沟中的石块，然后沟底铺设100～150mm厚的细土或砂子，用以支撑和覆盖保护管道。检查沟边的管道是否有切断、扭结等外伤；管道连接完成并试压后，再仔细地放入沟内。回填料应采用网孔不大于15×15mm的筛进行过筛，保证回填材料不含有尖利的岩石块和其他碎石。为保证回填均匀且回填材料与管道紧密接触，回填应该在管道两侧同步进行，同一沟槽中有双排或多排管道时，管道之间的回填压实应与管道和槽壁之间的回填压实对称进行。各压实面的高差不宜超过30cm。管腋部采用人工回填，确保塞严、捣实。分层管道回填时，应重点做好每一管道层上方15cm范围内的回填。管道两侧和管顶以上50cm范围内，应采用轻夯实，严禁压实机具直接作用在管道上，使管道受损。

若土壤是黏土且气候非常干燥时，宜在管道周围填充细砂，以便管道与细砂的紧密接触。或者在管道上方埋设地下滴水管，以确保管道与周围土层的良好换热条件。

5.3.4 水平埋管地源热泵系统建筑应用案例

1. 工程概况

中关村国际商城位于北京市八达岭高速公路和北清路入口，一期总建筑面积为15.6万m²，以商业用房为主，辅以一定数量餐饮用房，并相应配备机动车库、设备机房、库房等后勤、辅助用房，具体布局为：地下一层为汽车库和设备机房，一层、二层为商业及餐饮用房，三层为影视厅和汽车库，屋顶为设备用房和屋顶汽车库。

中关村国际商城一期的冷热源形式为土壤源热泵系统。热泵系统共选用3台地源热泵机组，单台制冷量为2206kW，可提供总热量为6618kW，单台制冷量为2388kW，可提供总制冷量为7164kW。建筑内区为全空气系统，外区按负荷需求设置风机盘管。商场、餐厅、影视中心为双风机全空气空调系统。图5-8为系统的工作原理简化图。

热泵系统主要组成部分为：水平埋管换热系统、空调末端系统和热泵机组（蒸发器、冷凝器、压缩机和节流阀组成热泵机组）。夏季室内负荷通过空调末端由冷冻水系统将热量带走，温度升高的冷冻水流经蒸发器降温后，再次循环至室内末端装置对室内降温。经冷冻水传递的室内热量，通过制冷剂在冷凝器内放热，水平地埋管从冷凝器中吸收的热量通过地下埋管传递给周围土壤层，降温后的冷却水通过泵的作用再次进入冷凝器吸热，达到循环过程。

冬季的运行过程与夏季相类似，两者之间的转换通过热泵机组中的四通转向阀（图中未画出）实现，相当于冷凝器和蒸发器在图中的位置进行互换。冬季室内负荷通过空调末端由冷却水系统将冷量带走，温度降低的冷却水流经冷凝器升温后，再次循环至室内末端装置对室内加热。经冷却水传递的室内冷量，通过制冷剂在冷凝器内吸热，水平地埋管从蒸发器中吸收的冷量通过地下埋管传递给周围土壤层，升温后的冷冻水通过泵的作用再次进入蒸发器放热，完成循环过程。

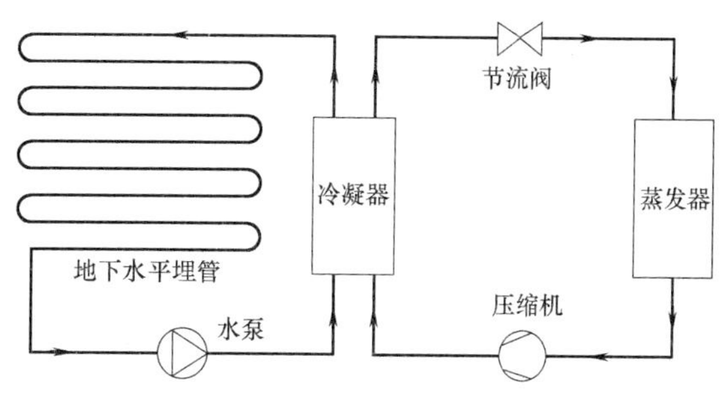

图 5-8　系统的工作原理简化图

2. 测试结果

测评机构于 2009 年 1 月 13～15 日对该示范项目进行了冬季工况现场测试，2009 年 6 月 23～25 日对该示范项目进行了夏季工况现场测试。

（1）冬季工况测试结果

选取商场内部分商户和商场服务台，对室内温度进行了监测，商场一层和二层各布置 5 个测点。商场内布置的 10 个测点，有 8 个测点温度达到设计要求，供暖保证率均为 80%。10 个测点的平均温度为 23.7℃，最高温度为 30.3℃，最低温度为 15.7℃。

根据对中关村国际商场的室内温度实测结果，土壤源热泵系统供暖区域的室内应用效果较好，但存在一定的温度不平衡现象。测试期间商场内平均温度普遍偏高，而商场一层靠近商场出入口附近的测点却不能满足设计要求，主要原因是由于受室外新风渗透的影响较大。建议在以后的运行中根据实际负荷，对系统的运行状态和系统的平衡性进行调整，以利于系统的节能运行。

（2）夏季工况测试结果

选取商场内部分商户和商场服务台，对室内温度和相对湿度进行了监测，商场一层和二层各布置 5 个测点，商场内布置的 10 个测点，有 9 个测点测试期间的平均温度达到设计要求，供冷保证率均为 90%。10 个测点的平均温度为 25.5℃，最高温度为 31.3℃，最大温度为 22.2℃。

商场内湿度测点测试结果均满足设计要求，保证率为 100%。10 个测点相对湿度在 29%～54%之间，平均相对湿度 44%。

根据中关村国际商场的室内温湿度实测结果，土壤源热泵系统供冷区域的室内应用效果较好，但存在一定的温度不平衡现象。

5.4　桩基埋管地源热泵系统建筑应用

5.4.1　桩基埋管地源热泵系统介绍

地源热泵是一种用于取暖、制冷和供应热水的高效率、绿色环保系统。但是，热泵系统的水平和垂直埋管的地下换热方式，均受到占用土地面积及埋管初投资过高等因素的影响，或多或少地降低了地源热泵系统的经济适用性。

桩埋管是地源热泵的一种新的埋管方式，它把地下U形管换热器埋于建筑物混凝土桩基中，使其与建筑结构相结合，充分利用了建筑物的面积，通过桩基与周围大地形成换热，从而减少了钻孔和埋管费用。由于建筑物桩基的自有特点，使U形管与桩、桩与大地接触紧密，从而减少了接触热阻，强化了循环工质与大地土壤的传热。

桩埋管主要两种形式，如图5-9所示。一种是将换热管预先放置于桩基的钢筋框架内部，浇注混凝土时一起埋于建筑物地基部［图5-9（*a*）］；另一种是将换热管先固定在建筑物地基的预制空心钢筋笼中，然后随钢筋笼一起下到桩井中，再浇注混凝土［图5-9（*b*）］。目前，我国的建筑基础施工以钻孔灌注桩为主要形式，因此第二种形式的应用将更为广泛。埋管深度由桩深而定，形式为单U形管、双U形，单桩不宜采用3个以上U形管，以避免热短路，造成换热能力的下降。

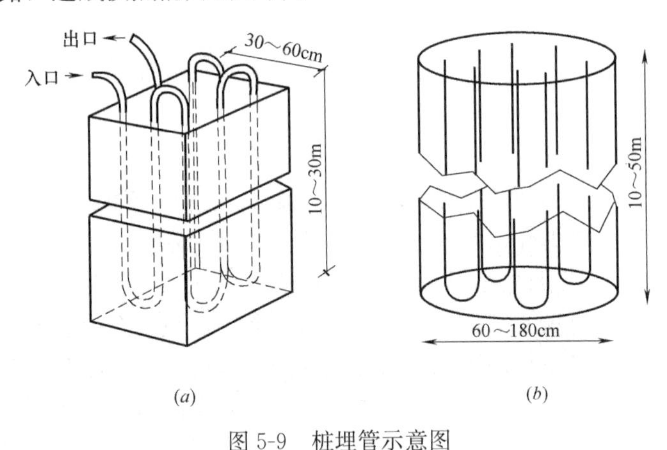

图5-9　桩埋管示意图

5.4.2　桩基埋管地源热泵系统特点和优势

桩埋管热泵系统不占用建筑物以外的土地面积，采用桩埋管换热器可以省却钻孔工序，节约施工费用，更能有效地利用建筑物的地下面积，不占用地面。同时，由于桩基的间距较大，换热管的相互热影响几乎为零，地下换热器的工况更为稳定，此处的桩一般为灌注桩。

桩埋管与常规垂直埋管的主要区别在于埋管回填材料的不同，桩埋管是在建筑物地基桩中植入换热管，其回填材料完全是混凝土，混凝土的导热性能要优于其他材料，因此可简单得到桩埋管的换热效果要优于其他回填材料的埋管方式。另外，由于建筑物桩基的自有特点，使埋管与桩、桩与大地接触紧密，可减少接触热阻，强化循环工质与大地土壤的传热。和其他埋管方式相比，桩埋管地源热泵系统可以充分利用建筑物的面积，通过桩基与周围大地形成换热，可省去大量的钻孔和埋管费用，大大提高施工效率，施工也极为方便快捷，这将为地源热泵空调系统的应用开辟更为广阔的前景。但是由于可利用的桩基个数有限，采用桩埋管可能只能承担空调系统部分负荷，因此需要地埋管地热换热器或其他方式作为冷热源补充。同时，桩埋管的施工过程需要与土建密切配合。

在目前已有的桩埋管工程中，桩基埋管主要采用了四种形式：串联双U形（W形）、单 U 形、并联双 U 形和并联三 U 形，如图 5-10 所示。

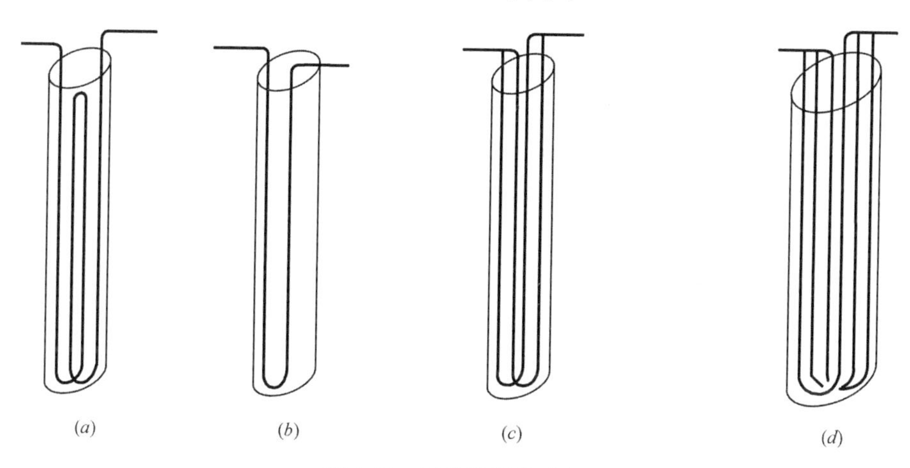

图 5-10　四种桩埋管形式

(a) W 形；(b) 单 U 形；(c) 并联双 U 形；(d) 并联三 U 形

W 形管易在桩中最高端集气，且没有好的办法能将管路中的集气排出，这将严重影响管路传热，甚至会使管路形成“热短路”，造成系统运行的不稳定；U 形管施工简单，换热性能较好，承压高，管路接头少，不易泄漏，但是在体积有限的桩中采用单 U 形管，管的传热面积少，不能将桩基的传热性能发挥到最佳；并联双 U 形和三 U 形管虽然增加了管的传热面积，但是存在桩基顶部的连接，如果连接处处理不好会形成渗漏，对桩基产生一定的腐蚀，以至于降低桩的使用寿命，危及建筑物。鉴于实际情况和理论上的优越性，另一种形式的桩埋管换热器形式正在被广泛地推广应用，这就是桩基螺旋埋管地热换热器，其主要特点是桩基中的埋管是以螺旋的形式布置的，如图 5-11 所示。

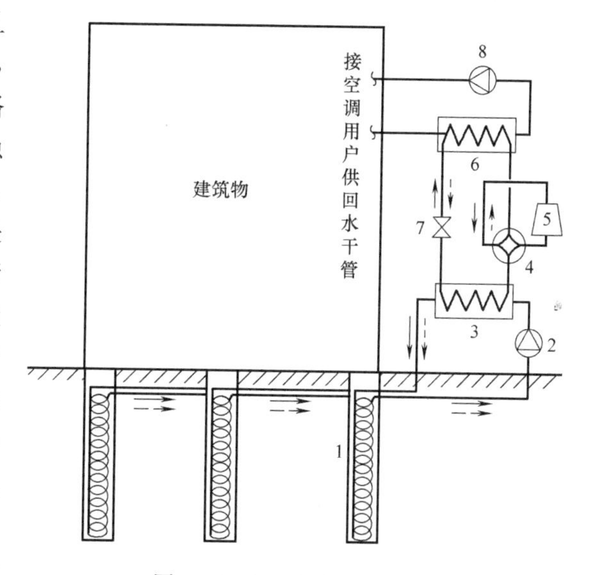

图 5-11　桩基螺旋管示意图

1—桩埋螺旋管式换热器；2—循环泵；3—换热器；4—四通阀；5—压缩机；6—换热器；7—节流装置；8—循环水泵

桩埋螺旋管式地源热泵空调系统主要由三部分组成：桩埋螺旋管式换热器、机房以及末端系统。桩埋螺旋管式换热器实现管内换热介质与土壤的热交换，各桩埋螺旋管可以串联也可以并联。

螺旋管的传热性能比竖直埋管要好（换热量），在相同空间里可得到更大的传热面积，布置更长的管道，具有更好的安全性。桩埋螺旋管不仅解决了螺旋管施工上的困难（相对于垂直螺旋埋管而言），而且增加了埋管的传热面积，充分利用数量有限的桩基，不存在并联双 U 形和三 U 形管在桩基顶部连接形成“热短路”的缺陷。综合说来桩埋管地热换热器优点可归纳为：

（1）以桩基埋管直接代替传统地源热泵中于钻孔中埋设埋管换热器的形式，不需要钻孔，比竖直埋管形式换热系统节省 40%～70%的费用。

（2）PE 管被灌注在桩的里面，回填材料可理解为混凝土，密实性好，较竖直埋管形式有较好的传热性能，可减少埋管的长度。

（3）桩基螺旋管直接埋设在建筑物的下面，节省用地面积，且施工进度较一般的竖直埋管形式要快。

但在这种形式的换热器施工时，管材要根据实际的情况特别定制，并不一定所有的厂家都能够加工制作，同时对于小管径的桩也不适合，若管径较小，则 PE 管可能弯曲不到所要求的半径。

目前对桩埋管技术还缺乏系统性、理论性的研究，所以有效地结合建筑物结构，进行桩埋管地源热泵系统设计，深入研究桩埋管土壤源热泵系统的相关流动特性和传热性能，是提高桩埋管换热器的换热效率和促进其广泛应用的关键问题。

5.4.3 桩基埋管地源热泵系统的设计与施工要点

桩埋管系统在设计上与其他埋管形式的地源热泵并没有太大区别，具体设计要求可见上述埋管设计要求，但针对桩基埋管地源热泵系统的设计还需要注意以下几点：

（1）一旦桩的尺寸和长度确定，则用于埋管的桩的数量也已确定。也就是说，不能以冷热负荷的增加而增加桩的数量。当桩埋管所提供的冷热负荷不能满足要求时，应优先考虑其他形式的埋管，或增加冷却塔和锅炉等其他辅助措施。

（2）在系统设计时，也要考虑到地下换热器的热平衡问题，针对冷热负荷差距较大的情况，可选取较小的负荷值作为确定埋管长度的依据，对于相对较大的负荷，则可以选择辅助措施加以解决。

（3）和其他形式的热泵系统一样，土壤的地热特性同样重要。需要测得土壤的组成成分、土壤温度、热导率、热容量、水质特性和水流方向及速度，这些参数对于整个系统的优化有着重要的意义。

（4）由于桩与桩之间有一定距离（一般大于 6m），桩基间的影响可以忽略。地埋管换热器钻孔的长度宜符合下列要求：制冷工况下地埋管换热器钻孔长度和供热工况下地埋管换热器钻孔长度可分别按下式计算：

$$L_c=100Q_c=\frac{R_f+R_{pe}+R_b+R_s\times F_c+R_{sp}(1-F_c)}{t_{max}-t_\infty}\cdot\left(\frac{EER+1}{EER}\right) \tag{5-7}$$

$$L_h=100Q_h=\frac{R_f+R_{pe}+R_b+R_s\times F_h+R_{sp}(1-F_h)}{t_\infty-t_{min}}\cdot\left(\frac{COP-1}{COP}\right) \tag{5-8}$$

式中 L_c——制冷工况下，竖直埋管换热器所需钻孔的总长度，m；

L_h——供热工况下，竖直埋管换热器所需钻孔的总长度，m；

Q_c——水源热泵机组的额定冷负荷，kW；

Q_h——水源热泵机组的额定热负荷，kW；

EER——水源热泵机组的制冷性能系数；

COP——水源热泵机组的供热性能系数；

t_{max}——制冷工况下，地埋管换热器中传热介质的设计平均温度，通常取37℃；

t_{∞}——埋管区域岩土体的初始温度，℃；

t_{min}——供热工况下，地埋管换热器中传热介质的设计平均温度，通常取-2～5℃；

F_c——制冷运行份额，$F_c=T_{c1}/T_{c2}$；

T_{c1}——一个制冷季中水源热泵机组的运行小时数，当运行时间取一个月时，T_{c1}为最热月份水源热泵机组的运行小时数，h；

T_{c2}——一个制冷季中的小时数，当运行时间取一个月时，T_{c2}为最热月份的小时数，h；

F_h——供热运行份额，$F_h=T_{h1}/T_{h2}$；

T_{h1}——一个供热季中水源热泵机组的运行小时数，当运行时间取一个月时，T_{hr}为最冷月份水源热泵机组的运行小时数，h；

T_{h2}——一个供热季中的小时数，当运行时间取一个月时，T_{h2}为最冷月份的小时数，h；

R_f——传热介质与U形管内壁的对流换热热阻，$R_f=\frac{1}{\pi \cdot d_i \cdot k}$，m·k/W；

R_{pe}——U形管内壁的热阻，$R_{pe}=\frac{1}{2\pi\lambda} \cdot \ln\left(\frac{d_e}{d_e-(d_o-d_i)}\right)$，其中，$d_e=\sqrt{n} \cdot d_o$，m·k/W；

R_b——桩身的热阻，$R_b=\frac{1}{2\pi\lambda_b}\ln\left(\frac{d_o}{d_e}\right)$，m·k/W；

R_s——地层热阻，即从桩壁到无穷远处的热阻，对于单个钻孔：$R_s=\frac{1}{2\pi\lambda_s} \cdot I\left(\frac{r_6}{2\sqrt{\alpha\tau}}\right)$,对于多个钻孔:$R_s=\frac{1}{2\pi\lambda_s} \cdot \left[I\left(\frac{r_b}{2\sqrt{\alpha\tau}}\right)+\sum_{i=2}^{n} I\left(\frac{r_i}{2\sqrt{\alpha\tau_p}}\right)\right]$其中:$I(U)=\frac{1}{2}\int_u^{\infty}\frac{e^{-s}}{s}$,m·k/W；

R_{sp}——短期连续脉冲负荷引起的附加热阻，$R_s=\frac{1}{2\pi\lambda_s} \cdot I\left(\frac{r_b}{2\sqrt{\alpha\tau_p}}\right)$，m；

K——传热介质与管壁的对流传热系数，W/（m^2·K）；

I——指数积分公式；

K_i——第i个钻孔与所计算钻孔之间的距离，m；

d_i，d_o——分别为U形管的内外直径，m；

d_e——U形管的当量直径，m；

n——管的根数，对单U形管$n=2$；对双U形管$n=4$；

d_b——桩身直径，m；

λ_p，λ_b，λ_s——分别为U形管、桩身混凝土以及土壤的平均导热系数，W/(m^2·K)；

r_b——桩身半径，m；

α——土壤的热扩散率，m^2/s；

τ——运行时间，s；

τ_p——短期脉冲负荷连续运行时间，s。

换热管应当尽量采用同程式连接，以保证管段的水力平衡，而且一旦某个桩段的管段出现问题，不至影响整个系统的正常运行（见图 5-12）。不仅挡土桩和承重桩能够埋管，承台上连接各个桩换热器的水平管路也有很好的换热效果。

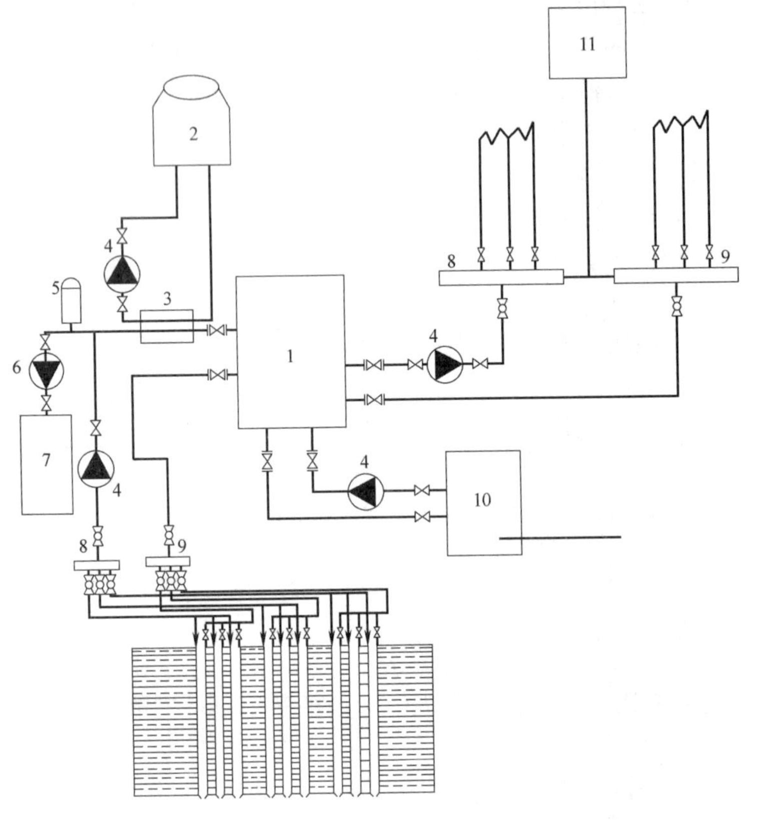

图 5-12 典型的桩埋管系统设计图

1—热泵机组；2—冷却塔；3—热交换器；4—循环水泵；5—定压罐；6—补给水泵；7—补给水箱；8—集水器；9—分水器；10—电加热器；11—膨胀水箱

桩基埋管地源热泵系统的施工需要注意以下要点：

（1）钢筋笼的制作。在整个制作过程中，保证 PE 管牢固地固定在笼中是最关键的，距底部应留有 1～2 m 的距离。钢筋笼的结构要坚固，以保护换热单元不受损坏。

（2）压力测试。当工作压力不大于 1.0MPa 时，测试压力应为工作压力的 1.5 倍，且不应小于 0.6MPa；当工作压力大于 1.0MPa 时，测试压力应比工作压力大 0.5MPa。在浇注水泥以前，应先进行压力测试。如果混凝土的灌注是分层进行的，则需在每一个阶段进行压力测试。桩基地埋管在下导管前应做第一次水压试验。在试验压力下，稳压至少 15min，稳压后压力降不应大于 3%，且无泄漏现象；将其密封后，在有压状态下完成混凝土浇筑，之后保压 1h。地埋管与环路集管装配完成后，垫层浇注前应进行第二次水压试验。在试验压力下，稳压至少 30min，稳压后压力降不应大于 3%，且无泄漏现象。环路集管与机房分集水器连接完成后，进行第三次水压试验。在试验压力下。稳压至少 2h。且无泄漏现象。地埋管换热系统全部安装完毕，且冲洗、排气及隐蔽完成后。应进行第四次水压试验。在试验压力下，稳压至少 12h，稳压后压力降不应大于 3%。试验过程中水压试验宜采用手动泵缓慢升压，升压过程中应随时观察与检查，不得有渗漏；不得以气压试验代替水压试验。在每个换热单元管路的起始和末端应安装浮球阀和压力表，加大管路压力至测试压力，以检验管路的完整性。从浇灌过程直至混凝土坚固的几天里，都要保持这个压力，这样做是为了使 PE 管承受住浇灌混凝土的压力，以免管路被压扁而影响循环。桩基地埋管在安装过程中，应进行现场检验，系统必须符合以下规定时，方可验收合格：水压试验应合格；各环路流量应平衡，且应满足设计要求；防冻剂和防腐剂的特性及浓度应符合设计要求；循环水流量及进出水温差均应符合设计要求。

（3）桩施工及灌注。浇注混凝土要格外谨慎，应使用导管将混凝土引至孔底。在导管的安置与提升过程中，要始终保持垂直和居中，这样才有利于导管周边阻力以及混凝土充实桩体时的流动压力相对均匀，不致挂笼或其他故障发生。在浇筑过程中，要防止露筋现象的出现。露筋不但会使钢筋笼生锈，也将会给建筑基础造成很大隐患。如果混凝土柱与孔壁接触不充分，将直接影响换热器的换热效果。灌注前一定要用清水稀释泥浆，并掏出部分沉淀的泥石渣，使钢筋笼外侧的混凝土能正常顶升。有可能的话，应当采用受力面较大的混凝土弧形垫块装置，这样可以有效防止露筋现象的出现。两节钢筋笼焊接之前，应对换热器管采取保护措施（如塑料保温棉套管），以防止电焊火花或电焊高温烫伤换热器管；钢筋笼焊接完，待焊接点冷却 20min 后，方可进行换热器管的热熔焊接，严禁采用泼水的方法对钢筋笼焊接点冷却。浇筑混凝土之前应用管帽封闭两端，以防止水泥浆进入管内，同时保持管道内存水。在混凝土浇灌时保证换热器管不变形。从灌注过程直至混凝土凝固的几天里，都要保持这个压力，以使换热管承受住灌注混凝土的压力，避免换热管被压变形而影响换热效果。浇注混凝土时要格外谨慎，应使用导管将混凝土引至孔底。在导管的安置与提升过程中，要始终保持垂直和居中，有利于导管周边阻力以及混凝土充实桩体时的流动压力均匀，降低或减少混凝土对换热管的冲击力和磨损。在浇注完成确定管路无泄漏后，为防止混凝土的冷凝热，PE 管内的水应保持循环，以及时带走混凝土冷凝热对管材的影响。当室外环境温度低于 0℃时，不宜进行地埋管换热器的施工。对各相关回路应采用一一对应的方式连接，并设必要的查找性标识，查找标识口可采用集分水器代号加序号的形式编制。

（4）桩的沉降问题。建筑桩的沉降是桩埋管系统无法回避的难题。对于较高层的建筑来说，由于桩的沉降比较大，将在管路中产生很大的张力，如果沉降过大，将拉断管路，使整个系统瘫痪。在施工中，应该注意施工质量，合理地选择桩径、桩长和长径比；在下笼之前，可先进行桩底压浆，以有效控制桩顶沉降，提高灌注桩承载力。

（5）管材的质量控制。管材、管件应符合设计及国家标准的规定；不应使用出厂已久的管材。管内、外壁应光滑、平整、清洁。不允许有气泡、裂口及显著的凹陷、杂质等。管材的直径、壁厚满足设计及规范要求。管材在搬运和运输时，应小心轻放，采用柔韧性好的皮带、吊带或吊绳进行装卸，不得抛摔和沿地拖拽。妥善存放，防止在阳光下曝晒；加工好的管子也应避免在阳光下直接照射，以防发生热变形或老化。进场后用空气试压进行检漏试验。

（6）回填材料的质量控制。混凝土坍落度应满足设计要求，一般取给定的坍落度上限为宜。确保级配与设计一致。骨料的尺寸及种类同时影响着桩的质量和热传导性能。商品混凝土如果出现离析或初凝现象，坚决不能投入使用。外加剂的掺量确保达到设计标准，不得使用对 PE 管产生腐蚀的材料。

(7) 管材的预制U形管应现场切割、连接，U形管的长度应能满足连接的要求。地埋管应采用热熔或电熔连接，热熔管件宜采用与管材同一级别的聚乙烯树脂加工成型，管件本体任何一点壁厚应大于管材壁厚。热熔连接时采用对接管件，采用承插管件。竖直地埋管换热器的U形弯管接头，宜选用定型的U形弯头成品件，不宜采用直管道制作弯头。

(8) 地埋管的绑扎。为避免成桩过程中桩壁对换热管的摩擦，并防止运输过程或混凝土浇筑过程中换热管脱落，换热管应牢固地绑扎在钢筋笼内侧。绑扎点在相邻两根竖向主钢筋和横向钢筋圈的接点处最牢靠，可以防止浇筑混凝土时换热管垂直移动。绑扎点应均匀布置，间距为每两道箍筋绑一点；绑扎时管材应留出连接长度，上部一节还应留出打压试验所需长度；放钢筋笼时，需待钢筋笼接头焊接就位、换热器管连接完毕后，再将管子绑扎在钢筋上；绑扎制作完的管子两端应封口处理，防止杂物进入管道。在换热管接出钢筋笼的部分应安装保护套管，这是为了保证在截桩和接桩的过程中不会损坏换热管，同时也为了防止在浇注混凝土时混凝土浆料将换热管粘住。因为截桩长度一般为300～500mm，保护套管的长度一定要大于这个长度，适当留出余量。换热管接出钢筋笼的顶端安装阀门和压力表，便于进行压力测试。换热管顶端安装管帽进行密封保护，防止混凝土浆料等其他杂质掉入换热管内。3U形管最上部的U形口应在最后一截钢筋笼子上连接完成，保证距水平埋管距离不少2m。

(9) 水平集管的安装。截桩时应严格保护桩内埋管，要求先从底部找出埋管位置，凿开后截断管子并封堵完再开始截桩，截桩至桩顶以上30cm左右，采取精修的方式凿桩。埋管需从桩内引出后变为水平走向，如换热器管道在桩中间露出，需要用手动风镐在桩头上开槽，管道从槽中连接至垫层下。如果桩头被破坏，则需要浇垫层时在桩头周围留一定坡度。接桩或在底板浇筑时一起浇捣，不得随意补平。考虑到底板钢筋安装时对管道的保护，一般要求桩顶管子水平引出时低于大底板垫层底标高，所以对桩顶周边一般采用局部承台设计的处理方式较为简单实用。

(10) 桩基地埋管换热系统冲洗。为保证地埋管换热系统的可靠运行，必须进行系统冲洗。系统冲洗主要在以下几个施工阶段：地埋管换热器安装前；地埋管换热器与环路集管装配完成后；地埋管换热系统全部安装完成后。

(11) 施工中应注意的关键节点。制定顺序应在满足打桩速度、桩基质量、对土壤的挤压效应，并将能量桩与一般工程桩交替施工，先施工能量桩，以便在能量桩水压试验不合格后，可以采取措施调整至其他桩位埋管。在安装使用三U形串联竖直地埋管时，应在每组水平地埋管两端的进水管和出水管处分别安装流量表、阀门和阀门井。以便于调节控制换热器系统中各组竖直管、水平地埋管、集管的平均流量，尽量使每组水平地埋管进出水的换热性能相等。集管中每个单元回路的水流量相等，可减轻由于水量分配不均、流速较低而沉淀污垢、降低地埋管换热系统使用效果的现象；同时还可以在不停机的情况下更换水平地埋管、单独检查清洗竖直地埋管、环集水管等检查维修作业。整个施工过程中应做好成品保护工作。

5.4.4 桩基埋管地源热泵系统建筑应用案例

以济宁某桩埋管工程为例，介绍桩基埋管地源热泵系统建筑应用。

按照节能建筑计算（65%的节能指标），冬季热负荷取35W/m^2，夏季冷负荷取为

40W/m²。则建筑热负荷为 350kW，冷负荷为 400kW。机组的能效比在冬季运行时为 3.5，夏季运行时为 4.0。经过计算得到冬季运行时的最大吸热量为 250kW，夏季运行时的最大释热量为 500kW。根据以往经验和济宁大部分地区的地质情况，各参数初定为：导热系数为 1.7W/(m·K)；桩半径为 0.5m；地下常年平均温度为 18℃；夏季可利用温差为 12℃；冬季可利用温差为 10℃。与竖直地埋管热换热器相比，桩基螺旋管热换热器的结构特点是桩的直径大大超过钻孔的直径，而桩的深度通常会小于钻孔的深度。此外，作为传热元件的塑料管不是埋设在钻孔内部的 U 形管，而是设置在靠近桩基外侧的螺旋管。根据桩螺旋埋管的结构特点，在计算中采用实心圆柱面热源模型。

图 5-13 表示的是在连续运行的状况下桩的换热量情况，在间歇运行时其换热能力将更强。由图 5-13 可以看出，能源桩运行初期的换热能力相当强，每米换热量大约能相当于传统竖直埋管 5～6 倍的换热量，随着运行时间的增加，换热能力有所下降。在一个运行季，运行时间也就在 120d 左右，故夏季运行时，其单位桩长换热量取为 82W，冬季运行时，单位桩长的换热量为 68W。

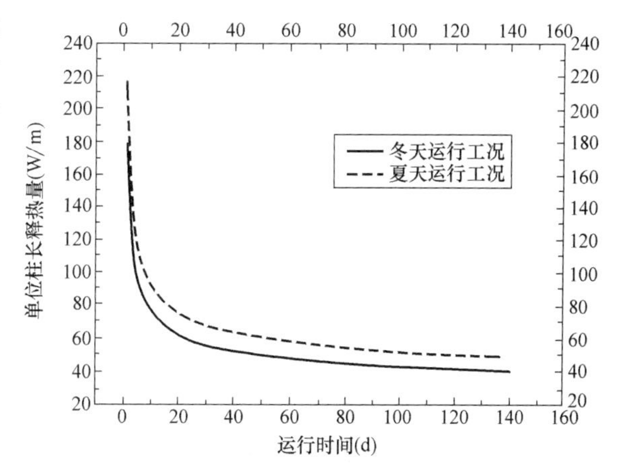

图 5-13 桩螺旋埋管冬夏季换热性能示意图

桩基螺旋埋管初投资分析：桩基中的 PE 管以螺旋状态埋设，螺距为 1m，则每米桩基中埋管的长度为 5.14m。基于建筑负荷的大小，所需的桩基的总长度为：500000/82＝6100m，故桩基中埋管的总长度为：6100×5.14＝31354m，桩基中需要的埋管费用为：23.5 万元。

桩基螺旋埋管运行费用分析：在制冷季或供暖季都按 120d 的运行时间计算，平均每天的运行时间为 12h，电费按 0.8 元/kWh 计算。

夏季运行费用：120×12×0.8×500/(4.0×10000)＝14.4 万元。

冬季运行费用：120×12×0.8×250/(3.5×10000)＝8.23 万元。即年运行费用为 22.63 万元。

与其他几种空调方式经济性对比如表 5-10 和表 5-11 所示。

空调方案经济比较（主要设备及工程量） **表 5-10**

冷热源形式	地源热泵	桩埋＋地源热泵	冷水机组＋城市热力管网
热泵机组(万元)	30	30	30
冷却塔(万元)	—	—	5
地下钻孔量(m)	12500	—	—
桩基埋管长度(m)	—	31354	—
钻孔与地埋管费用(万元)	70	23.5	—
水平埋管费用(万元)	3.75	4.7	—
机房水泵、管道、控制等	20	20	25

续表

冷热源形式	地源热泵	桩埋+地源热泵	冷水机组+城市热力管网
热力管网入口费(万元)	—	—	44
建筑物空调末端(万元)	110	110	110
初投资概算比较(估算)			
初投资(万元)	233.75	188.2	214
与最低投资差值(万元)	45.55	—	25.8
费用比例	1.24	1.0	1.14
运行费用比较(估算)			
费用比例	1.0	1.0	1.25
全年运行费用(万元)	22.63	22.63	28.25
与最高运行费差值(万元)	5.62	5.62	—

三种空调冷热源方案的技术比较 **表 5-11**

冷热源形式	地源热泵	桩埋+地源热泵	冷水机组+城市热力管网
初投资比	1.24	1.0	1.14
运行费用比	1.0	1.0	1.25
系统主要特点	可省去锅炉房、冷却塔等设备;运行费用低;节能环保;维修量小。但初投资较大,适应负荷急剧变化的能力较差	可适当减少系统的初投资、运行费用,且可以解决埋管用地不足的问题	冷热源两种方式,总投资少,可靠性高,能够适应负荷急剧变化,节约地埋管用地,但运行费用高

由表 5-9 和 5-10 可以看到:

初投资方面:桩基螺旋埋管冷水机组+热力管网系统二垂直钻孔埋管;

运行费用方面:桩基螺旋埋管=垂直钻孔埋管冷水机组+热力管网系统。

很显然,由于桩基螺旋埋管无论是在初投资还是运行费用方面优势都很明显,采用地源热泵和桩基螺旋埋管热源热泵系统是比较合理的选择;就桩基埋管和地源热泵系统对比看来,虽然两者在运行费用方面基本相同,但桩基埋管在初投资方面就节省了相当一部分的费用,同时还可以解决埋管用地不足的问题。

本章参考文献

[1] DANIEL PAHUD. Geothermal energy and heat storage.

[2] GB 50038—2005. 人民防空地下室设计规范 [S]. 北京:中国计划出版社,2006.

[3] GB 50366—2005,地源热泵系统工程技术规范(2009 版) [S]. 北京:中国建筑工业出版社,2009.

[4] Z H Fang, N R Diao, P Cui. R&D of the Ground-Coupled Heat Pump Technology in China [J]. Proceed-ings of the 8th Sustainable Energy Technology Inter-nation-al Conference, Aachen, 2009.

[5] 常静,徐晓红,倪本会. 地源热泵埋管方案的选择及经济评价 [J]. 建筑节能,2011,01:44-48.

[6] 陈万仁,王宝东. 热泵与中央空调节能技术 [M]. 北京:化学工业出版社,2009.

[7] 黄明聪,龚晓南. 钻孔灌注长桩静载试验曲线特征及沉降规律 [J]. 工业建筑,1998,28 (10):37-40.

[8] 蒋能照，刘道平. 水源地源水环热泵空调技术及应用 [M]. 北京：机械工业出版社，2007.
[9] 李丽. 桩基地埋管在地源热泵空调系统中的应用 [J]. 科技与生活，2010 (3)：117- 118.
[10] 李添福，万安萍. 关于钻孔灌注桩埋管深度问题的商榷 [J]. 广东土木与建筑，2002 (3)：23- 26.
[11] 柳晓雷，王德林，方肇洪. 垂直埋管地源热泵的圆柱面传热模型及简化计算 [J]. 山东建筑大学学报，2001，16 (1)：47-51.
[12] 马最良，吕悦. 地源热泵系统设计与应用 [M]. 北京：机械工业出版社，2006.
[13] 马最良，姚杨，姜益强. 暖通空调热泵技术 [M]. 北京：中国建筑工业出版社，2008.
[14] 齐春华. 地源热泵水平埋管地下传热性能与实验研究 [D]. 天津：天津大学，2004.
[15] 区正源. 土壤源热泵空调系统设计及施工指南 [M]. 北京：机械工业出版社，2011.
[16] 石磊，高鹏，耿宴，等. 济宁某桩埋管项目工程分析 [J]. 制冷与空调 (四川)，2010，24 (3)：53-56.
[17] 汤红锋. 地源热泵水平埋管技术在人防工程中的应用研究 [D]. 西安：西安建筑科技大学，2009.
[18] 闻彪. 水平地埋管在地铁站台空调系统的应用可行性研究 [D]. 淮南：安徽理工大学，2011.
[19] 徐伟. 地源热泵技术手册 [M]. 北京：中国建筑工业出版社，2011.
[20] 张素云. 水平埋管换热器地热源热泵实验研究 [D]. 重庆：重庆大学，2001.
[21] 仲智，唐志伟. 桩埋管地源热泵系统及其应用 [J]. 可再生能源，2007，25 (2).

第 6 章　空气源热泵技术

6.1　空气源热泵系统介绍

6.1.1　工作原理

空气源热泵是一种能从自然界的空气中获取低品位热能，经过电力做功，输出可用的高品位热能的设备。由于空气源热泵是提取自然界中的能量，能源利用效率高，是一种高效、清洁、经济供热方式。

空气源热泵热水机组是一种新型的热水装置。与传统太阳能相比，空气源热泵热水机组不仅可以从空气中吸取热量，还可与太阳能集热器集成应用。该产品以制冷剂为媒介，通过压缩机做功从环境中提取热量，通过换热装置将热量传递给水，再通过水循环系统将热量送给供暖或生活热水用户。

1. 常规空气源热泵工作原理

常规空气源热泵的工作原理如图 6-1 所示。空气源热泵机组由压缩机、蒸发器、膨胀阀、冷凝器等部件组成。工作原理是通过压缩机做功，使工质产生物理相变（气态—液态—气态），利用这一往复循环相变过程不断吸热和放热，由吸热装置从室外空气中吸取热量，经过热交换器使冷水升温，制取的热水通过水循环系统送至用户。

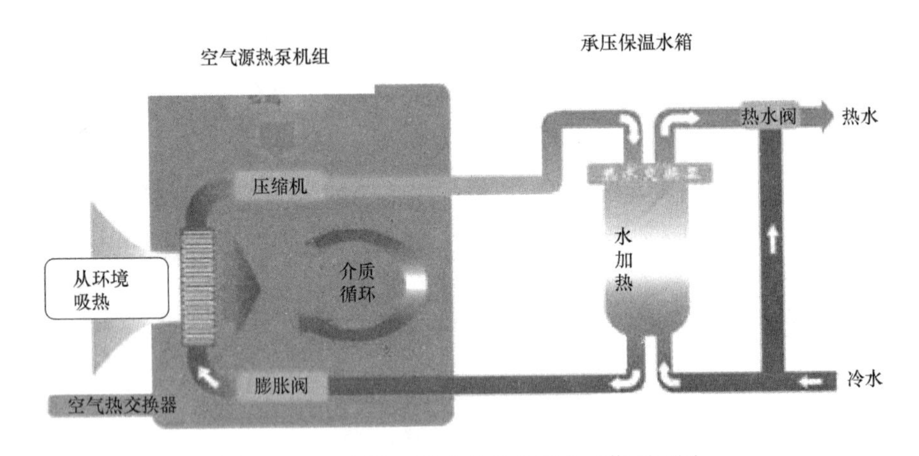

图 6-1　空气源热泵热水机组的基本工作原理图

为了提高常规空气源热泵的低温环境的适应性和能源利用效率，相关人员对常规空气源热泵的热力循环进行改进，并研制出两类低温空气源热泵。

2. 补气增焓型空气源热泵工作原理

为补偿低温环境下压缩机制热能力的不足，企业和研究人员提出了采用带中间喷射的涡旋压缩机。喷汽增焓涡旋压缩机的结构图如图 6-2 所示。这种补气增焓涡旋压缩机具有 2 个吸气口和 1 个排气口，补气增焓涡旋压缩机在固定涡旋盘上设置第二个吸气口连接蒸汽喷射管。补气增焓涡旋压缩机的第二个吸气口将帮助增加主循环的流量，达到增加系统制热量，提高运行可靠性和增加系统能效的目标。

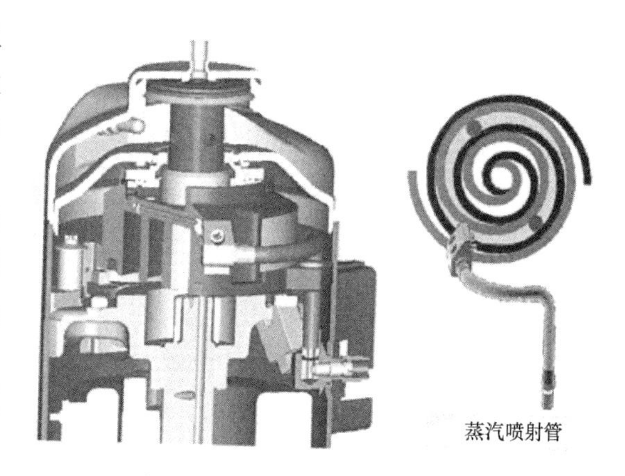

图 6-2　喷汽增焓涡旋压缩机结构

利用补气增焓压缩机可以实现组建两种不同形式的空气源热泵系统，分别是带闪发器型和带过冷器型的空气源热泵系统。

（1）带闪发器的补气增焓型空气源热泵系统

带闪发器的空气源热泵系统工作原理图如图 6-3 所示，该系统的特点是有二次节流过程。压缩机排气进入冷凝器，完成冷凝放热过程，从冷凝器出来的液体经过膨胀阀 A 节流，随后进入闪发器后分成两部分：一部分是主回路部分，流量为 m 的中压饱和液体，经过膨胀阀 B 节流后进入蒸发器内，完成蒸发吸热过程，然后进入压缩机主吸气口；另一部分是喷射部分，流量为 i 的中压饱和蒸汽，被压缩机从第二吸气口吸入压缩机内完成整个循环。喷射蒸汽有助于增加主循环中的制冷剂流量，增加流经室外换热器的液体制冷剂焓差，从而增加制热量。

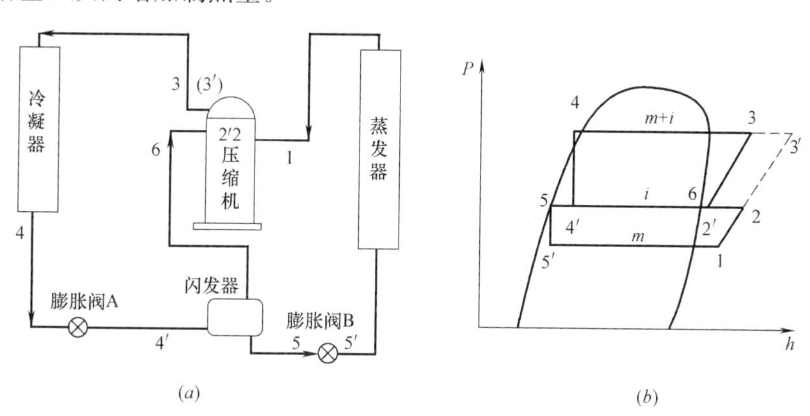

图 6-3　带闪发器的补气增焓型空气源热泵工作原理

（a）系统流程；（b）热力循环

（2）带过冷器的补气增焓型空气源热泵系统

带过冷器的空气源热泵系统工作原理图如图 6-4 所示，压缩机排气入冷凝器冷凝，从冷凝器出来的液体分为两部分：一部分是主回路部分，流量为 m 的制冷剂，直接进入到过冷器中进一步过冷；另一部分是喷射部分，流量为 i 的制冷剂，经膨胀阀 A 节流到中间某一中间压力进入过冷器。这两部分制冷剂在过冷器中产生热量交换，喷射部分制冷剂气化后被压缩机第二吸气口吸入，主回路部分制冷剂经过过冷器得到进一步过冷后，再经膨胀阀 B 节流后进入蒸发器内，完成蒸发吸热过程，最后进入压缩机主吸气口。

相对于常规空气源热泵，补气增焓型空气源热泵具有如下优点：

（1）能够提高低温工况下的制热量及其制热性能系数，改变空气源热泵随环境温度的

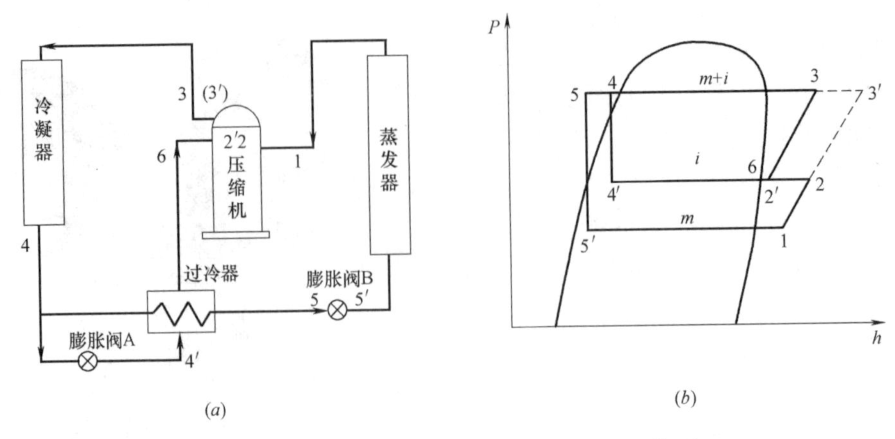

图 6-4 带过冷器的补气增焓型空气源热泵工作原理

(a) 系统流程；(b) 热力循环

降低其制热性能衰减的特点；

(2) 提高运行可靠性，拓宽了压缩机的压比范围。

(3) 在高温制冷工况下，能提高制冷量及其能效，同时也能提高该工况下的可靠性。

3. 双级压缩式空气源热泵系统工作原理

双级压缩式空气源热泵系统由低压压缩机和高压压缩机两台压缩机构成。制冷工质的压缩过程分为两个阶段，来自蒸发器的低压制冷剂蒸气先进入低压压缩机，被压缩到中间压力，经过中间冷却再进入高压压缩机，被压缩到冷凝压力后，再进入冷凝器中完成冷凝过程。这种两次压缩过程和经过中间冷却的做法，可使各级压力比适中，降低压缩机的排气温度，降低压缩机的功耗，提高空气源热泵系统的低温适应性、可靠性和运行经济性。

根据节流次数和中间冷却方式的不同，双级压缩系统循环形式可以分为四类：①一级节流中间完全冷却循环；②一级节流中间不完全冷却循环；③两级节流中间完全冷却循环；④两级节流中间不完全冷却循环。中间完全冷却是指将低压级的排气冷却到中间压力下的饱和蒸气。如果低压级排气经过冷却后未达到饱和蒸气状态，则称为中间不完全冷却。如果工质液体由冷凝压力直接节流至蒸发压力，则称为一级节流循环；如果高压液体先从冷凝压力节流到中间压力，再由中间压力节流降压至蒸发压力，称为两级节流循环。

本节以一级节流和中间完全冷却循环形式为例，介绍双级压缩循环系统的工作原理，其系统流程与热力循环如图 6-5 所示。

图 6-5 展示了一级节流和中间完全冷却的双级压缩循环系统工作原理，从蒸发器中出来的低压蒸汽（状态 1）被低压压缩机吸入并被压缩到中间压力（状态 2），进入中间冷却器中被液体工质蒸发冷却到与中间压力相对应的饱和温度（状态 3）。然后进入高压压缩机被压缩至冷凝压力（状态 4），再进入冷凝器中被冷凝成液体（状态 5），从冷凝器出来的液体被分为两部分：一部分经过中间冷却器被过冷（状态点 8），然后经过节流阀 2 节流到蒸发压力（状态 9），最后进入到蒸发器中完成蒸发吸热过程；从冷凝器出来的另一部分液体（状态 5），经过节流阀 1 节流到中间压力（状态 6），然后进入中间冷却器中蒸发吸热，节流后产生侧蒸气与低压压缩机排出的蒸气混合后（状态 3）一同进入到高压压缩机。被压缩到冷凝压力后，完成整个工作循环。

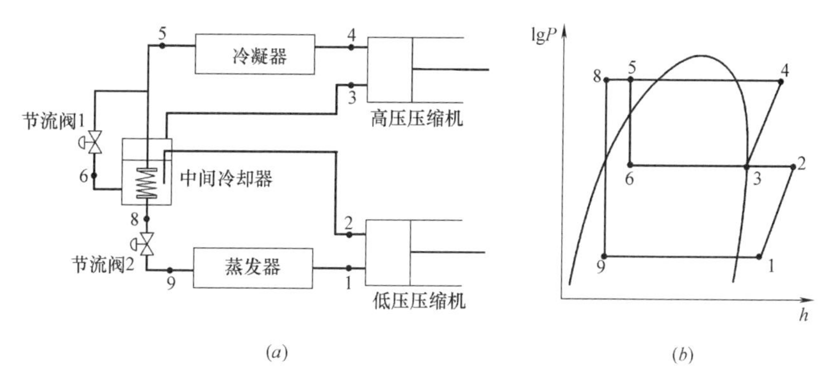

(a)　　(b)

图 6-5　一级节流和中间完全冷却的双级压缩循环系统工作原理

(a) 工作流程；(b) 热力循环

4. 单、双级耦合式空气源热泵系统工作原理

有研究人员提出单、双级耦合式空气源热泵系统。该系统利用中间水环路将两套热泵系统耦合运行，从而提高空气源热泵的低温适应性，如图 6-6 所示。当室外温度较低时，该系统采用双级耦合运行方式，首先通过低温级的空气源热泵从室外环境中提取热量，制备 10～20℃的低温热水，同时低温热水又作为高温级的水源热泵的低温热源，通过水源热泵制备更高温度的热水，供建筑物供暖和生活热水使用。当室外温度较高时，该系统转换为单级空气源热泵运行方式。

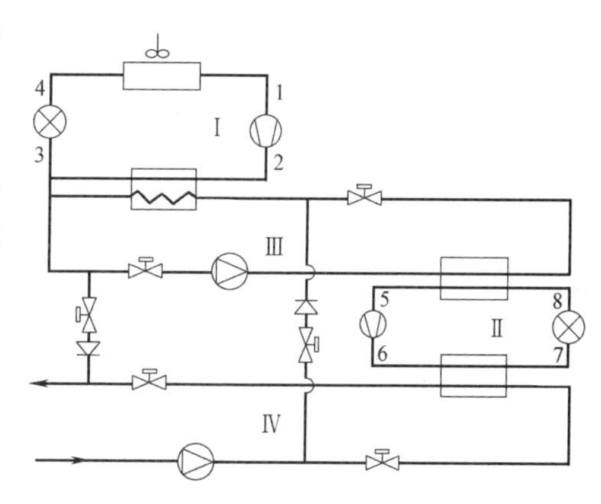

图 6-6　单、双级耦合式空气源热泵系统

Ⅰ—空气/水热泵；Ⅱ—水/水热泵；

Ⅲ—中间水回路；Ⅳ—热媒循环回路

6.1.2　应用分类

根据空气源热泵在室外环境的工作温度范围，空气源热泵可分为常温空气源热泵、低温空气源热泵和超低温空气源热泵。常温空气源热泵是指在室外环境的工作温度为 0℃左右的空气源热泵。低温空气源热泵是指在室外环境的工作温度在－15℃以上。超低温空气源热泵是指在室外环境的工作温度在－25℃以上。根据空气源热泵的应用规模，可分为家用空气源热泵和商用空气源热泵。根据空气源热泵的用途，可分为空气源热泵热水型机组和空气源热泵供热空调型机组。空气源热泵热水机组主要提供生活热水。空气源热泵供暖机组主要用于建筑供暖。空气源热泵机组可以与风机盘管或地板供暖或散热器作为末端。

1. 家用空气源热泵热水器

家用空气源热泵热水器主要由热水制取设备和储水设备构成。热水制取设备包括压缩机、冷凝器、节流装置、蒸发器和自控装置。

根据加热方式，家用空气源热泵热水器可分为一次加热式、循环加热式与静态加热方式三种。静态加热方式可分为水箱内置盘管和水箱外置盘管两种应用形式。循环加热式空气源热泵热水器的系统流程如图 6-7 所示。热泵将循环加热承压保温水箱中的热水。静态加热式空气源热泵热水器需要中承压水箱上设置加热盘管。盘管分为内置盘管和外置盘管两种形式，如图 6-8 和图 6-9 所示。内置盘管式空气源热泵机组通过内置在承压水箱中冷

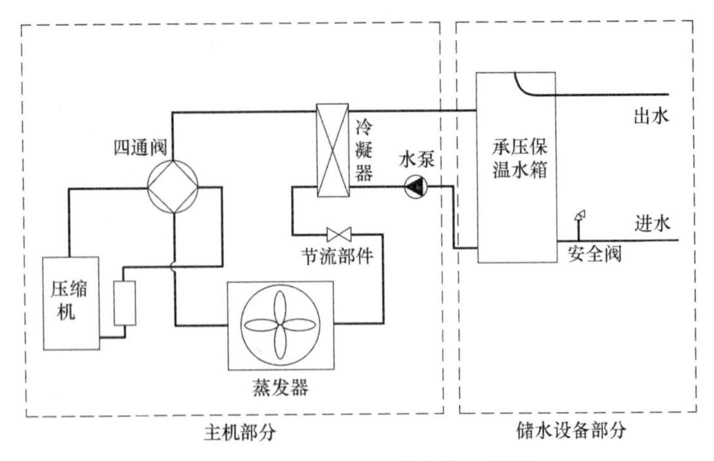

图 6-7　循环加热式系统流程简图

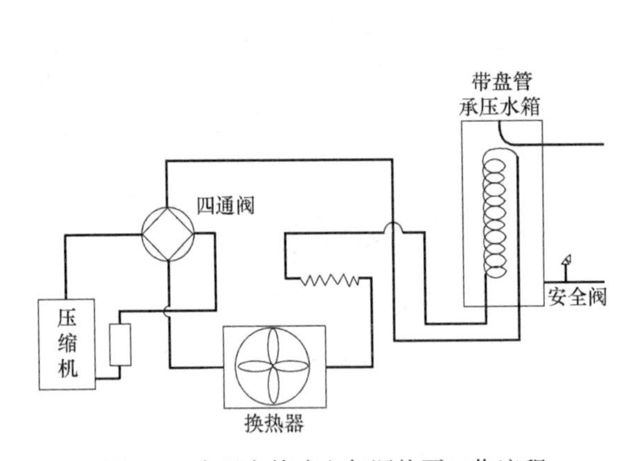

图 6-8　内置盘管式空气源热泵工作流程

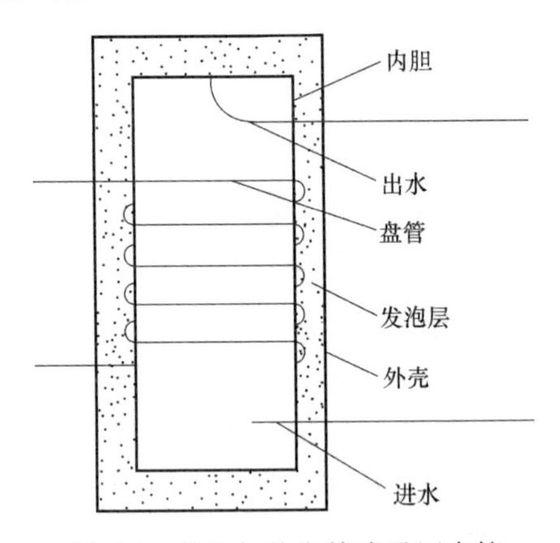

图 6-9　外置加热盘管式承压水箱

图 6-10　家用空气源热泵热水器外观示意图

凝器盘管将热量传递给水箱中的热水。水箱外置式盘管式空气源热泵热水器是将冷凝器盘管紧贴在水箱内胆的壁面上，通过壁面加热水箱中的热水。

家用空气源热泵热水器的外观如图 6-10 所示。该热泵以空气为热源，适合在长江中下游地区广泛应用。该热泵供水量大，可以满足同时多点供水的功能，具有节能省电、污染物排放少。适合大户型的高档公寓、复式住宅、独立别墅使用。

2. 商用空气源热泵热水机组

与家用空气源热泵热水器相比，商用空气源热泵水机组的基本工作原理相同，其供热能力更大（见图 6-11）。商用空气源热泵热水机组以空气为热源，适合在长江中下游地区广泛应用，主要应用在学校、宾馆热水系统、洗浴用水系统、单位集体宿舍用水系统。

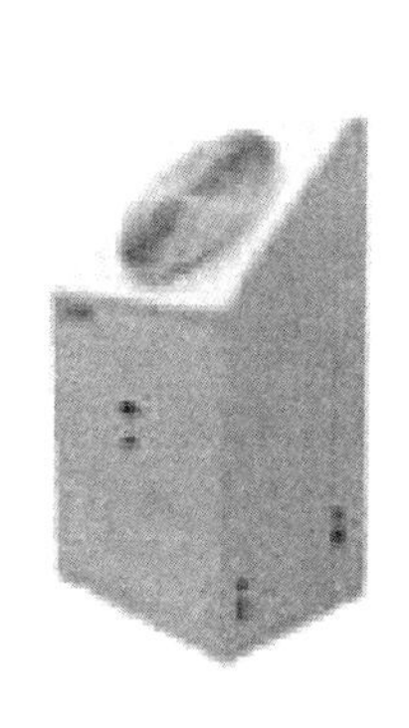

图 6-11 商用空气源热泵热水机组外观

6.1.3 运行方式

根据不同的用途和使用方式，空气源热泵机组具有多种运行方式，具体如下：

1. 仅冬季供暖运行方式

当空气源热泵技术应用于地板辐射供暖系统时，空气源热泵机组在冬季作为热源给地板供暖提供低温热水，热量通过埋设地板内的塑料管路（常用PEXR管、PE-RT管、PB管、PP-R管或铝塑复合管）传递到房间内。这种供热方式不受水资源、燃气与市政热力的限制，适用于远离市政供热设施的住宅和小型办公建筑，是一种分散、清洁、调节灵活的供热方式。

2. 冬季供暖和夏季供冷运行方式

空气源热泵机组具有制热、制冷功能，因此当选用两种不同末端形式时，可形成空气源热泵＋地板供暖＋夏季制冷的供暖空调解决方案。夏季由空调系统提供冷水或冷风向室内供冷。冬季提供35～45℃的温热水供地板辐射供暖。可根据用户需求自主调节供暖时间、供暖温度，实行分层、分户、分室控温的运行效果。

3. 冬季供暖、夏季供冷和生活热水运行方式

空气源热泵机组具有制热、制冷、制取生活热水功能，可全天24h制取生活热水。空气源热泵机组冬季提供35～45℃的热水供地板辐射供暖。空气源热泵机组夏季制冷。同时可以全年提供生活热水，生活热水与地板供暖用水分开循环，保证生活用水清洁。另外，空气源热泵还可与太阳能耦合运行，利用太阳能集热器作为辅助热源，与空气源热泵空调系统并联运行。这两种低位热源联合运行，发挥各自的优点。

4. 冬季供暖、夏季供冷、全年供生活热水和热回收运行方式

除应用于常规的建筑外，空气源热泵热回收功能是在低环境温度空气源热泵机组上，集成了新风、排风的热回收功能和制冷全热回收功能。该技术具有夏天空调制冷＋生活热水、冬季供暖、热泵热水器和全年带热回收的新风换气功能。

6.1.4 适用范围

空气源热泵机组的运行效果和使用效率受气候影响较大，因此需要针对不同地域和气候条件研发设计出不同系列的空气源热泵机组，为不同的气候、地域条件和用户需求提供多样化的解决方案，使得空气源热泵节能技术用到适合的场合。

以同方的系列空气源热泵产品为例，说明不同类型热泵适合应用的范围。

根据应用需要，同方分别研发出 L 型、U 型、Z 型、S 型、SD 型空气源热泵机组。①L 型空气源热泵机组采用模块化结构，属于第一代空气源热泵机组，该机组能够适应多种环境条件，使用灵活，但不适合低温环境工况。②U 系列模块式空气源热泵机组采用模块化结构，采用“过冷抑冰”和“分区独立智能动态除霜”等专利技术。能在－12℃的室外环境条件下正常工作。③Z 型空气源热泵机组采用模块化结构，是热回收专用机组，热回收效率高达 80%。④S 型空气源热泵机组采用模块化结构，属于大型空气源热泵机组，能适应多种环境条件，专门用于大型或超大型建筑。⑤SD 型空气源热泵机组采用模块化结构，在－22℃以上的室外环境下仍能正常工作，适用于大、中型建筑。

从不同气候区域角度考虑，不同类型空气源热泵机组的适用范围如下：常温空气源热泵适用于家用空气源热泵热水器，适用于夏热冬冷地区的供暖和供生活热水需求。低温和超低温空气源热泵适用于北方寒冷地区的供暖需求。例如：①在长江流域地区，该地区夏季炎热，冬季寒冷潮湿，选用空气源热泵机组应关注冬季制热与除霜问题。经多年实践检验，建议选用同方 L 型、U 型、Z 型或 S 型空气源热泵机组。②在黄河流域地区，该地区夏季炎热，冬季气温适中且有一定的相对湿度，较低的温度和湿度对热泵机组的性能会产生不利的影响。应选用有针对性的机组及制热除霜控制方案。建议选用同方 U 型、S 型、SD 型空气源热泵机组。③在北方地区，该区冬季室外温度低，相对湿度小。选用空气源热泵机组时应特别关注机组在低温条件下的制热能力和启动条件。建议选用同方 S 型、SD 型空气源热泵机组。

从不同建筑类型和用户需求角度考虑，空气源热泵技术适用于缺少城市集中供热/冷系统且对建筑环境及舒适性要求高的项目；适用于建筑物空间有限，无法建造空调机房的项目；适用于商场、写字楼、宾馆、影剧院、餐饮娱乐等远离市政设施的独立公共建筑供暖和空调。适用于对当地环境保护要求较高的文物保护学位；适用于需要清洁供暖方式的经济条件较好的农村供暖地区；适用于执行分时电价等优惠政策，有利于空气源热泵技术推广应用的地区。

6.1.5 新型技术

传统空气源热泵在低环境温度工况下会出现制热量下降、机组不能启动或不能稳定供热的问题；会出现压缩机排气温度过高，压缩比过大导致机组的安全性差的问题；制热量随着室外气温的降低而衰减，同时建筑热负荷需求却是变大，造成机组供热量不能满足供热需求的问题；低温工况下空气源热泵的制热系数随着室外气温的下降而降低，机组的经济性在低温工况下变差。因此，低温空气源热泵需要解决低温工况下高效制热问题或制冷、制热工况双高效问题、霜冰控制问题、低成本、低温工况适应性和可靠运行等问题。

针对空气源热泵在低温工况出现的不适应问题，具体改进技术措施如下：设置辅助电加热器、采用变频压缩机技术、多台机组并联运行、提高低温热源的温度、加大室外换热器面积、加大室外换热器风量等措施。通过这些技术措施的实施，可以或多或少地提高低温工况下空气源热泵机组的制热量。也可采用改进工作循环原理的办法提高机组性能，例如采用单级压缩喷液系统、补气增焓准二级压缩热泵系统、两级压缩热泵系统和单、双级耦合热泵系统等形式。

除此之外，还有一些新型的空气源热泵供热技术出现，具体如下：

1. 吸收式空气源热泵技术

有文献提出基于空气源吸收式热泵的供热和生活热水系统，如图 6-12 所示。该系统可以利用传统热源提供的高温热水或者蒸汽作为吸收式热泵发生器的驱动热源，风冷蒸发器从室外环境空气中提取低品位热能，通过吸收器和冷凝器制取用户所需温度的热水。研究结果表明，该系统与传统锅炉相比具有较大的节能潜力。

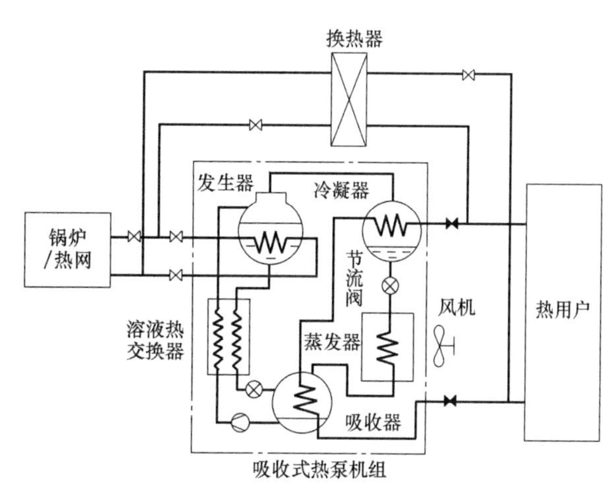

图 6-12 基于空气源吸收式热泵的供热和生活热水系统

注：⋈开启⧓关闭时：锅炉供热模式；

⋈关闭⧓开启时：锅炉驱动吸收式热泵供热。

2. 无霜型空气源热泵技术

无霜型空气源热泵是利用向室外换热器翅片表面喷淋低凝固点溶液来防止结霜的新型空气源热泵技术。相对于传统的空气源热泵系统，该系统的主要特征是在室外机空气进口侧增添了溶液喷淋装置，如图 6-13 所示。当室外空气状态处于传统空气源热泵非结霜区时，关闭溶液喷淋装置，按传统空气源热泵机组运行。当室外环境处于结霜区时，开启溶液喷淋装置，向室外机翅片管喷洒低凝固点的具有吸水性的雾状防冻溶液，室外空气先与液滴接触换热除湿，降低空气露点温度；溶液喷淋到室外侧换热器表面上，翅片表面温度高于溶液的凝固点（即结冰温度），破坏了结霜条件，不会结霜。

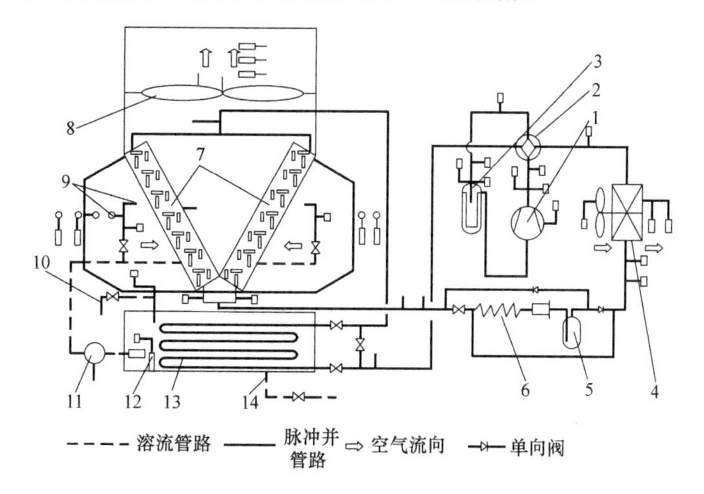

图 6-13 无霜空气源热泵实验台原理及测点布置图

1—压缩机；2—四通阀；3—气液分离器；4—室内换热器；5—储液罐；

6—毛细管；7—室外换热器；8—室外风机；9—喷头；10—霜水收集孔；

11—溶液泵；12—储液桶；13—再生盘管；14—泄流孔

6.2 常温空气源热泵系统建筑应用

6.2.1 应用技术与产品

本节中的常温空气源热泵是指可在室外环境温度高于－7℃的地区应用的空气源热泵。该类热泵是常规所说的空气源热泵，工作原理简单。符合该要求的技术和产品非常多，典型的空气源热泵技术或产品如下：

1. 同方 FS-L-R 模块式空气源热泵机组

该机组的制冷量为 68～476kW。该机组既能适用于南方地区冬季供热和夏季空调，又能适用于北方地区夏季空调和过渡季节供热。该机组适用于建筑面积为 500～4500m^2 的商场、写字楼、宾馆、影剧院、餐饮娱乐等各类建筑。

该机组属于第一代的风冷热泵产品，该类产品生产工艺成熟、技术性能稳定，有单冷型和热泵型产品供用户选择使用，该机组外观如图 6-14 所示。

该机组选用全封闭涡旋式压缩机，具有性能优异、噪声低的特点。采用套管式水换热器专利设计，内部穿套螺旋式高效内螺纹紫铜管，降低了水质要求。该机组根据最佳风速梯度设计成“V”形表冷器，具有换热效率高的特点。能够适用于室外温度为－8 ～45℃的工作环境。

该机组采用模块化设计，具有结构简单、运行可靠和模块间可任意组合的特点，可满足不同建筑负荷需求。

该机组采用智能动态除霜方式，使得除霜工作更及时、更彻底，其除霜运行时间仅为国家标准的一半，独立的双系统设计在除霜过程中不影响制热效果。

图 6-14 同方 FS-L-R 模块式空气源热泵机组

图 6-15 同方 FS-S 型空气源热泵机组

2. 同方 FS-S 型空气源热泵机组

该机组的制冷量约为 266～1554kW（在室外温度为 0℃工况时）。该机组的外观示意图见图 6-15 所示。该机组适用于环境温度在－8 ～45℃的地区空调和供热使用。该机组适用于建筑面积在一千到几万平方米的商场、写字楼、宾馆、影剧院、餐饮娱乐等类型的建筑供热和空调用途。

该机组可在－8℃的室外环境温度下运行，解决了低环境温度下的适应性和能效比的问题，使空气源热泵的应用区域向北扩展到华北及黄河流域地区。

该机组采用进口螺杆式压缩机，单机容量较大。根据进风速度场的分布特点合理设计风冷换热器，解决了机组的冬季除霜问题，并采用特殊的系统设计，保证制冷剂蒸发吸热充分，同时采用压缩机补气方式，实现准双级模式，提高机组的能效比可达10%以上。

经过大量实际工程应用，该机组的运行费用较低，远远低于燃油、燃气锅炉或市政供热和电锅炉直接供热的费用。

6.2.2 应用案例

1. 北京市云蒙山庄空气源热泵供暖项目

北京云蒙山庄是交通运输部的培训中心，位于北京水源地密云水库旁边，共计单体建筑物15栋，包括接待厅、客房、会议、餐厅、文体中心、游泳馆、办公室，依山而建，建筑面积共计约2万m^2。该中心冬季供暖原来采用燃煤锅炉，每年消耗原煤约1000t，产生煤渣约60车，并需要及时外运。冬季供热运行费用约70万元；夏季空调采用分体空调与柜机，年运行费用约60万元。2007年，以建设“生态绿色的培训基地”为目标，对该中心的能源系统进行改造。采用同方空气源热泵系统，如图6-16所示。为整个山庄提供供暖和空调。该工程于2008年10月投入运行，对系统运行状态及其能量消耗进行了全时监测，取得了良好的运行效果。

图6-16 北京市云蒙山庄空气源热泵机组

2. 山东省济南市泺源街道办事处空气源热泵供暖项目

该项目位于山东省济南市泺源街道办事处，空调建筑类型为办公建筑，如图6-17所示，建筑面积约为2000m^2，选用同方FS-L-60R型空气源热泵机组，如图6-18所示。项目启用时间为1996年，是同方在山东地区的第一个空气源热泵空调供暖项目，该项目已经稳定运行超过10年。

图6-17 山东省济南市泺源街道办事处

图6-18 空气源热泵机组主机

3. 南方医科大学学生公寓空气源热泵供热水项目

该项目主要为南方医科大学学生公寓集中提供热水。采用同方 TFS-SKR1600M（S）型空气源热泵热水机组 20 台，如图 6-19 和图 6-20 所示。该系统每日供热水量约为 540t，该系统可满足 7500 人的用热水需求。该系统运行稳定，使用效果较好。

图 6-19 南方医科大学学生公寓

图 6-20 空气源热泵机组供热水系统

6.3 低温空气源热泵系统建筑应用

6.3.1 应用技术或产品

本节中的低温空气源热泵是指可在室外环境温度高于－15℃的地区应用的空气源热泵。符合该要求的技术和产品较多，典型的低温空气源热泵产品如下：

1. 同方 FS-D 型低温空气源热泵机组

该机组的制热量约为 248～970kW（在 0℃工况下），该机组的外观如图 6-21 所示。该机组适用于室外环境温度高于－15℃以上的地区，尤其适用于北方寒冷地区。该机组

能够满足建筑面积在一千平方米到几万平方米的商场、写字楼、宾馆、影剧院、餐饮娱乐等各类建筑。

2. 同方 FS-U-R 型低温空气源热泵机组

该机组的额定制冷量为 68～476kW，额定制热量是 70～490kW，能够适用于室外温度在－12～45℃的地区及高湿地区（见图 6-22）。该机组能够满足建筑面积在 500～

图 6-21 同方 FS-D 型低温空气源热泵机组

图 6-22 同方 FS-U-R 型低温空气源热泵机组

4500m² 的商场、写字楼、宾馆、影剧院、餐饮娱乐等各类建筑供暖空调需要。

该机组是专为应付室外低温环境所研发的第二代风冷热泵产品，其独特的“过冷抑冰”设计有效地解决了除霜不彻底的问题，各方面的性能表现优秀。机组选用全封闭涡旋式压缩机，具有性能优异、噪声低的特点。采用套管式水换热器专利设计，内部穿套螺旋式高效内螺纹紫铜管，降低了水质要求。该机组根据最佳风速梯度设计成“V”形表冷器，具有换热效率高的特点。能够适用于室外温度为−8 ～45℃的工作环境。

该机组管路结构进行了优化，具有运行效率高、换热效率高的特点。其中壳管式水换热器为专利技术，具有换热效率高、对水质要求低、便于清洗的特点。

该机组内置两台压缩机，可根据负荷变化自动实现单台或双台运行，在部分负荷状况下效率较高。同时采用先进的微电脑控制，保证机组处于最佳运行状态。

该机组采用模块化设计，具有结构简单、运行可靠、模块间任意组合的特点。应对不同场合的负荷变化特点，总能找到适合的组合方式。

该机组具有分区独立智能动态除霜功能，使得除霜工作更及时、更彻底，其除霜运行时间仅为国家标准的一半，独立的双系统设计在除霜过程中不影响制热效果。该机组运行参数如表 6-1 所示。

同方 FS-U-R 型低温空气源热泵机组的性能参数　　表 6-1

FS-U-R			60	60×2	60×3	60×4	60×5	60×6	60×7
热泵 FS-U-R	制冷量	kW	68	136	204	272	340	408	476
	制热量	kW	70	140	210	280	350	420	490
外型尺寸	长	mm	2110	2110	2110	2110	2110	2110	2110
	宽	mm	1080	2520	3960	5400	6840	8280	9720
	高	mm	1900	1900	1900	1900	1900	1900	1900
制冷 *COP* 及能效等级			*COP*=3.02，能效等级为 3 级						
进出水管径		mm	DN100						

6.3.2 应用案例

1. 重庆市公安局指挥中心低温空气源热泵供热项目

该项目位于重庆市渝北区，建筑面积约为 70000m²，包括主办公楼、北业务楼、南业务楼、办证中心等。这是一座“甲 5A 级”的综合办公楼，被重庆市评为 2004 年的市政府重点工程，是重庆市的标志性建筑，如图 6-23 所示。

图 6-23　重庆市公安局指挥中心

该项目采用同方 FS-S-R-260 型空气源热泵机组 42 台，FS-S-R-500 型空气源热泵机组 1 台，全部采用空调盘管作为末端设备。空调总制冷量可达 1000 万大卡，是西南地区最大的空气源热泵项目。目前此项目运行状况正常，各方面性能表现优异。

2. 北京供电局宣武集控中心

北京市供电局宣武集控中心是对北京市输配电网络及电力系统运行状况进行集中监控与调度的中枢。该中心建筑面积约15000m²，采用3台同方FS-R-D 500型低温空气源热泵机组作为冷热源，目前运行效果良好，即使在冬季最低气温达到－18℃的工况下，室内温度仍可保持在18～20℃。经过供暖季的连续使用，低温空气源热泵供热系统较好的运行效果和低廉的运行费用得到用户的肯定。

6.4 超低温空气源热泵系统建筑应用

6.4.1 应用技术与产品

本节所提到超低温空气源热泵机组是指在室外环境温度达到－25℃时仍能稳定供热的空气源热泵。

同方超低温空气源热泵机组采用了补气增焓技术，利用带辅助进气口的压缩机实现“准二级压缩”来提高热泵机组的供热性能，从而提高热泵系统在低温工况下的能效比，解决了热泵机组在低环境温度下的高效制热问题。采用双向闪发过冷技术，实现制冷制热双向补气，既能改善制冷循环性能又能提高制热性能。采用四区四维霜控技术保证超低温空气源热泵机组在低温情况下长期稳定运行。智能动态霜控技术可根据室外环境及机组的多变量信息，进行综合分析计算，根据不同环境温度设定变量参数，采用不同的除霜模式，保证除霜的准确性。最大程度上避免了误除霜、除霜时间过长、除霜过频、不除霜等问题。以上技术的综合应用，使得超低温空气源热泵机组能在室外环境温度为－25℃时仍能正常工作，同时解决了低温下制热量低和能效比低的问题。

超低温空气源热泵与地板辐射供暖系统由放置于室外的超低温空气源热泵主机和室内安装的地板供暖系统及其智能控制器组成，如图6-24所示。供暖时空气源热泵收集室外空气中的热量，将其升温加热供地板供暖的热水，热水将热量通过地板供暖系统送入室内，实现冬季供暖。智能控制器可以操控系统运行，并实现系统经济运行。经过研究表明，相对于直接电供暖，超低温空气源热泵系统在北方寒冷地区的整个供暖季的平均供热性能系数（*COP*）可大于3.0，一次能源利用率较高，具有较好的节能效果和局部减排效果。

6.4.2 应用案例

司马台新村超低温空气源热泵地板采暖项目是北京市政府和密云县政府新农村建设的重点项目，项目位于北京市密云县古北口镇司马台村，项目总建筑面积为77525m²。共计有121个建设单元，其中二层别墅建筑107栋，有3种户型，共有316户。此外，多层建筑共有14栋，有4种户型，共有280户。别墅建筑和多层建筑总计596户。应用单户的建筑面积为167m²，如图6-25所示。

该项目采用同方“超低温空气源热泵＋地板辐射供暖”的供热解决方案。超低温空气源热泵系统室外机如图6-26所示，供热规划图如图6-27所示。该方案具有局部污染物排放低的环保特点，同时能够根据用户需求灵活控制和调节，实现按需供热运行方式。

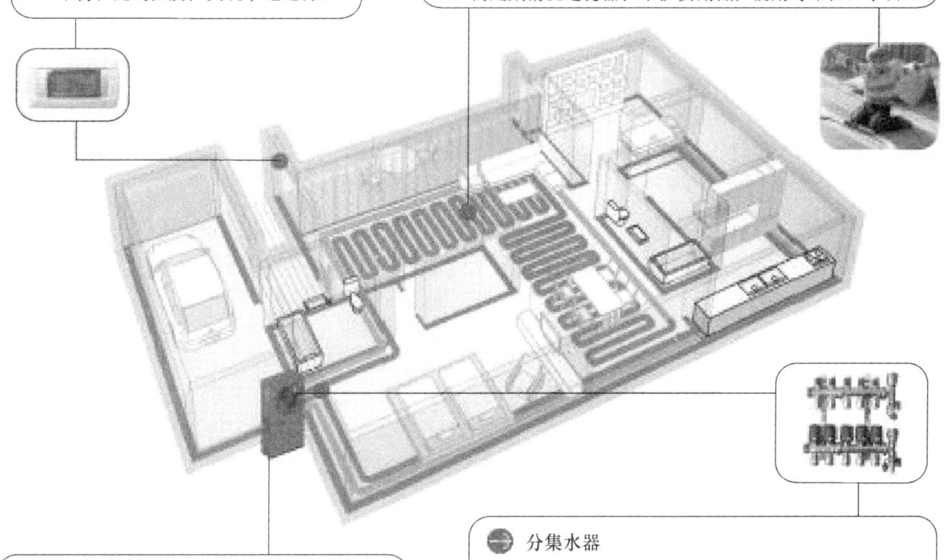

图 6-24　家用超低温空气源热泵机组地板辐射供暖技术

图 6-25　建筑外观

图 6-26　超低温空气源热泵室外机组

该项目的实际运行状况如下：

在 2012 年 11 月～2013 年 3 月的冬季供暖期内，是司马台县近 10 年来最寒冷的一个

图 6-27　供热规划

冬季，并且多次出现大雪封山的气候条件，室外环境温度低于－16℃的时间共计有 22d，室外环境温度低于－20℃的时间共计有 10d，最低气温达到了－24℃。

(1) 建筑面积为 167m² 的用户运行效果。

该用户在 2012 年 11 月 5 日到 2013 年 3 月 23 日内运行热泵机组供暖，供暖期为 139d。在整个代供暖期内，室内平均温度为 19.8℃，白天室外平均温度为－3.8℃，夜晚室外平均温度为－11.7℃。该户的室内温度逐时监测结果如图 6-28 所示。在整个供暖期内消耗的总电量为 6401.41kWh，其中峰值期间的耗电量是 4033.19kWh，峰时电价为 0.48 元/kWh，谷值期间的耗电量为 2368.22kWh，谷时电价是 0.3 元/kWh。总计消耗的电费约为 2646 元，该户在此供暖季内供暖运行费用为 15.8 元/m²。

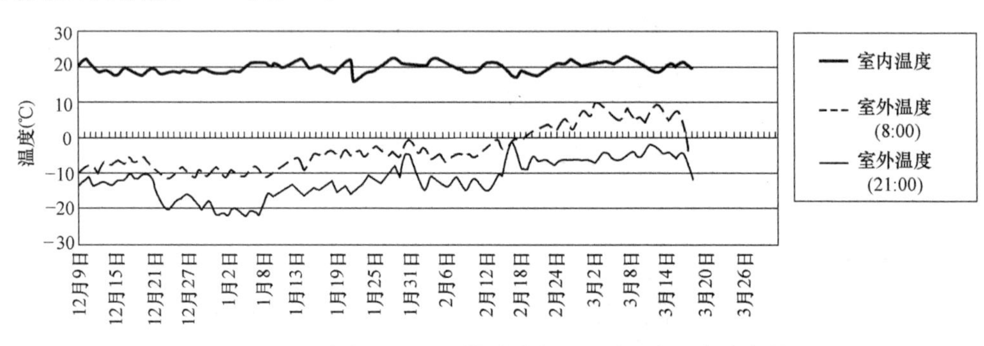

图 6-28　167m² 户型用户在供暖季内的逐时室内温度分布情况

(2) 户型为 90m² 用户的运行效果

该用户是 5 号楼 1 单元 102 室，从 2012 年 11 月 5 日到 2013 年 3 月 3 日期间运行热泵供暖，供暖期为 119d。该户的室内温度逐时监测结果如图 6-29 所示。在整个供暖期内，室内平均温度是 18.3℃，白天室外平均温度为－5.6℃，夜晚室外平均温度为－13.0℃。在整个供暖期内该用户的总耗电量为 3810.15kWh，其中峰电期间的耗电量为 2388.34kWh，峰时电价是 0.48 元/ kWh，谷电期间的耗电量为 1421.81kWh，谷时电价是 0.3 元/ kWh。根据

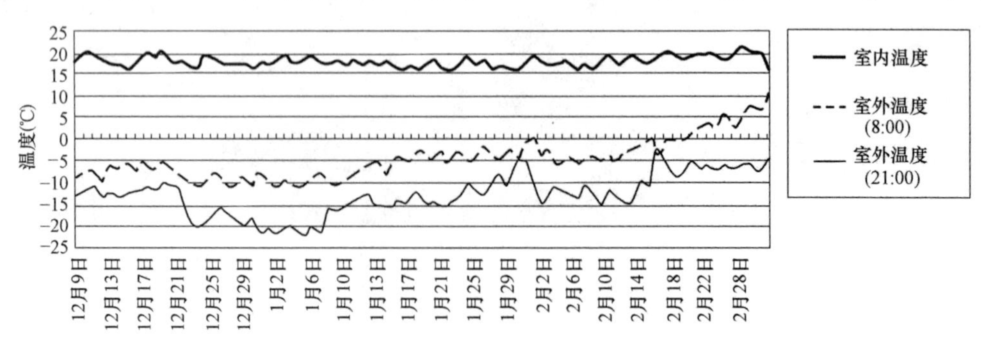

图 6-29　90m² 户型用户在供暖季内的逐时室内温度分布情况

该供暖季的测试数据，该户型热泵机组的供暖运行费用为 17.48 元/m^2。

居民普遍反映，在整个冬季该系统能保持室内温度恒定、舒适度高、清洁和运行安全稳定，费用能够承受。

本章参考文献

[1] 张立毅，胡浩，李勇健，吴棹舟. 谷轮“低温强热涡旋”在热泵式空调器中的应用 [J]. 制冷技术. 2007，(1)：47～49.

[2] 金旭. 双级压缩空气源热泵采暖系统实验研究 [J]. 大连：大连理工大学，2009.

[3] 王洋浩，王志华，郑煜鑫，郝吉波. 低温环境下空气源热泵的研究现状及展望 [J]. 制冷学报，2013，34 (5)：45～53.

[4] 吴伟，石文星，王宝龙，李先庭. 寒冷地区空气源吸收式热泵性能提高途径及对比分析 [J]. 制冷学报，2013，(5)：1～8.

[5] 姚杨，姜益强，高强. 无霜空气源热泵系统初步实验研究 [J]. 建筑科学，2012，(10)：198～200.

第7章　工业余热源热泵建筑应用

7.1　工业余热及工业余热源热泵概论

7.1.1　工业余热概述

工业余热是各种生产过程中产生、未被利用而排放到环境的热能。它是载于固体、液体和气体等介质的二次能源，是一次能源或可燃物料转换后的产物，或是燃料燃烧过程中释放的热量在完成某一工艺过程后剩下的热量。在以燃料为主要能源的工业用能过程中，都必须以热能利用为基础，因而也就不可避免地伴随着大量余热资源的产生。由于温度低于使用要求、回收困难等原因，绝大部分都被放弃了，这不仅是巨大的能源浪费，同时也造成了环境热污染。

余热资源来源广泛、温度范围广、存在形式多样，从利用角度看，余热资源一般具有以下共同点：由于工艺生产过程中存在周期性、间断性或生产波动，导致余热量不稳定；余热介质性质恶劣，如烟气中含尘量大或含有腐蚀性物质；余热利用装置受场地等固有条件限制。

因此，工业余热资源利用系统或设备运行环境相对恶劣，要求有稳定的运行范围，能适应多变的工艺要求，设备部件可靠性高，初期投入成本高。从经济性出发，需要结合工艺生产进行系统整体的设计布置，以提高余热利用系统设备的效率。

我国工业企业的余热利用潜力很大，特别在钢铁、石油、化工、建材、轻工和食品品等行业的生产过程中都存在着丰富的余热资源，被认为是继煤、石油、天然气和水力之后的第五大常规能源，故余热利用在节能减排中占重要地位。余热资源的回收利用，要求需求明确、技术可行、经济合理和环境友好。

7.1.2　工业余热分类

1. 按余热资源的来源分类

（1）高温烟气的余热（约占余热资源总量的50%）

这种余热数量大，分布广。高温烟气余热分布在冶金、化工、建材、机械、电力等行业，某些工业窑炉的高温烟气余热甚至高达炉窑本身燃料消耗量的30%～60%。它们的温度高，数量多，回收容易，约占余热资源总量的50 %。

（2）高温产品和炉渣的余热（约占余热资源总量的4%～6%）

工业上许多生产要经过高温加热过程，经高温加热过程生产出来的产品如金属的冶炼、熔化和加工，煤的汽化和炼焦，石油炼制以及烧制水泥、砖瓦、陶瓷、耐火材料和熔化玻璃等，它们最后出来的产品及其炉渣废料都具有很高的温度，达几百至1000℃以上，通常产品又都要冷却后才能使用，在冷却时散发的显热就是余热。

（3）冷却介质的余热（约占余热资源总量的15%～23%）

为保护高温生产设备，或生产工艺的需要，都需要大量的冷却介质。常用的介质是水、空气和油。它们的温度受设备要求的限制，通常较低，如电厂汽轮机冷凝器的冷却水，不能超过 25～30℃，内燃动力机械的冷却水大约为 50～60℃；温度最高的是冶金炉和窑炉冷却水，也不过 80～90℃。因此，对这部分低温余热的利用比较困难，需要较大的设备投资，如利用热泵或低沸点工质动力设备等。不过这部分余热量还是相当多的，约占余热资源总量的 15%～23%。如冶金炉的冷却介质余热占燃料消耗量的 10%～25%，高炉占 2%～3%，凝汽式发电厂各种冷却介质带走的热量约占其燃料消耗量的 50%。

（4）可燃废气、废液和废料的余热（约占余热资源总量的 8%）

生产过程的排气、排液和排渣中，往往含有可燃成分。这种余热约占余热资源总量的 8%。

（5）废汽、废水余热（约占余热资源的 10%～16%）

这是一种低品位蒸汽及凝结水余热，凡是使用蒸汽和热水的企业都有这种余热，这部分包括蒸汽动力机械的排汽（其余热占用汽热量的 70%～80%）和各种用汽设备的排汽，在化工、食品等工业中由蒸发、浓缩等过程产生的二次蒸汽，还有蒸汽的凝结水、锅炉的排污水以及各种生产和生活的废热水。废水的余热约占余热资源的 10%～16%。

（6）化学反应余热（占余热总量的 10%以下）

这种余热主要存在于化工行业，是一种不用燃料而产生的热能，它占余热总量的 10%以下。例如硫酸制造过程中利用焚硫炉或硫铁矿石沸腾炉产生的化学反应热，使炉内温度为 850～1000℃，可用于余热锅炉产生蒸汽，约可回收 60%。

由上述可知，余热的来源各异，不同工业行业的余热性质和数量相差很大。据估计，冶金部门总余热资源占其燃料消耗量的 50%以上，机械、化工、玻璃搪瓷、造纸等企业占 25%以上。

2. 按余热资源的温度品位来分

工业余热按照温度品位，一般分为 600℃以上的高温余热，300～600℃的中高温余热；温度 200～650℃的为中温余热；温度低于 200℃的烟气与温度低于 100℃的液体为低温余热范围（见表 7-1）。

高温、中温及低温余热的来源及其温度状况　　表 7-1

高温余热		中温余热		低温余热	
来源	温度(℃)	来源	温度(℃)	来源	温度(℃)
熔炼用反射炉	1000～1300	工业锅炉排烟	230～480	生产过程中的蒸汽凝结水	55～90
精炼用反射炉	650～1650	燃气轮机排气	370～540	轴承冷却水	30～90
沸腾焙烧炉	850～1000	往复式发动机排气	320～600	成型模冷却水	25～90
钢锭加热炉	930～1035	热处理炉排烟	420～650	内燃机冷却水	66～120
水泥窑(干法)	620～735	干燥、烘干炉排烟	230～600	泵冷却水	25～90
玻璃熔窑	980～1540	催化裂化装置	430～650	空调和制冷用冷凝器	32～45
垃圾焚烧炉	845～1100	退火炉冷却系统	430～650	生产过程中热流体或热固体	30～230

7.1.3　可应用工业余热的热泵及系统

余热温度范围广，能量载体形式多样，又由于所处环境和工艺流程不同及场地固有条件的限制，设备形式多样。目前我国回收利用的余热主要来自高温成品及烟气的显热和生产过程中排放的蒸汽及可燃气等高温热能，相关的余热回收技术都已经比较成熟，如余热锅炉、余热发电、干熄焦技术、TRT 发电技术、省煤器等技术设备，而低温余热含有大量的热能，有关调查报告显示，冷却水余温在 50℃以下，直接利用的范围不广泛而且效率非常低。

而这一温度段，非常适合热泵系统的使用工况，利用热泵余热回收技术将冷却水中蕴含的热能回收利用用于建筑供热，以工业冷却水、废水等为热源的热泵供暖系统将是城市集中供热以及工业建筑供暖的有效补充。

热泵技术是一种制热装置，发挥高质能量电能、机械能或高温热能在质量上的优势，用较少的高质能将大量可再生的地下、空气及水中蕴藏的能量或工业生产排放的低温烟气、废水、废气等携带的能量回收升温后进行利用的一种高效节能技术。

根据热力学第二定律，如果以机械功为补偿条件，热量也可以从低温物体转移到高温物体中去，这种靠补偿或消耗机械功，迫使热量从低温物体流向高温物体的机械装置，称为“热泵”。热泵虽然消耗机械功或电能，但它运行时，不是直接将机械功（或电能）转变为热能来利用，而是借助于消耗机械功从大气等热能或室内余热连同热泵本身所消耗的机械功一起对低位热源供热，从而有效地把难以直接应用的低品位热能利用起来，达到节能的目的。

在工业余热低温余热回收领域，由于大部分可回收的为工业废水、冷却水等低温热源，因此主要可以应用的是余热源水源热泵和吸收式热泵两大类。

1. 余热源水源热泵

余热源水源热泵是指主要是以低温工业余热废水（如工业冷却水、含油污水、钢铁冲渣水等）作为提取和储存能量的冷热源，借助热泵机组系统内部制冷剂的物态循环变化，消耗少量的电能，从而达到制冷供暖效果的一种创新技术。与其他热源相比，余热源水源热泵的技术关键和难点在于热泵机组的防堵塞、防污染、防腐蚀以及如何与工业生产工艺结合等方面。

余热源水源热泵的主要工作原理是借助工业余热水水源热泵压缩机系统，消耗少量电能，在冬季把存于水中的低位热能“提取”出来，为用户供热，夏季则把室内的热量“提取”出来，释放到水中，从而降低室温，达到制冷的效果。其能量流动是利用热泵机组所消耗能量（电能）吸取的全部热能（即电能＋吸收的热能）一起排输至高温热源，而起所消耗能量作用的是使介质压缩至高温高压状态，从而达到吸收低温热源中热能的作用。

余热源水源热泵系统由通过水源水管路和冷热水管路的水源系统、热泵系统、末端系统等部分相连接组成。根据工业余热水是否直接进热泵机组蒸发器或者冷凝器，可以将该系统分为直接利用和间接利用两种方式。直接利用方式是指将工业余热水中的热量通过热泵回收后输送到供暖空调建筑物；间接利用方式是指工业余热水先通过热交换器进行热交换后，再把工业余热水中的热量通过热泵进行回收输送到供暖空调建筑物。

2. 吸收式热泵

吸收式热泵主要适用于有余热废热的场合，如电厂、钢铁厂和炼油厂等；或燃料充足的地方，如油、天然气等。

吸收式热泵从结构上说具有单效系统和双效系统，其中双效循环系统的性能系数较高。单效吸收式热泵装置由蒸发吸收器、发生冷凝器、溶液热交换器组成（见图 7-1）。双效形式是在单效形式的基础上另增加了一个发生器。随着技术的不断进步，三效型机组也已开发成功。

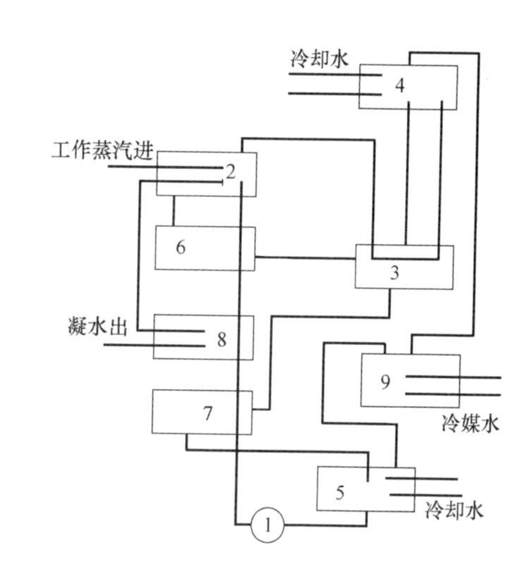

图 7-1　吸收式热泵流程示意图

1—溶液循环泵；2—高压发生器；3—低压发生器；4—冷凝器；5—吸收器；6—高温溶液热交换器；7—低温溶液热交换器；8—凝水热交换器；9—蒸发器

根据机组应用目的和工作方式的不同，吸收式热泵有增热型和升温型两种，两者在操作方式和使用上存在一些差异。

增热型（AHP）属于第一类吸收式热泵（见图 7-2）：此类热泵需要采用高温热源驱动，目的在于回收低温热量，提高能源利用率。蒸发器、吸收器处于低压区，温度最高点在再生器。冷却水经由吸收器和冷凝器被吸收热和冷凝热加热，然后成为满足要求的热水。机组的输出热量等于从低温热源回收的废热热量和驱动运行用补偿热量之和，输出热量始终大于所消耗的高品位热量。

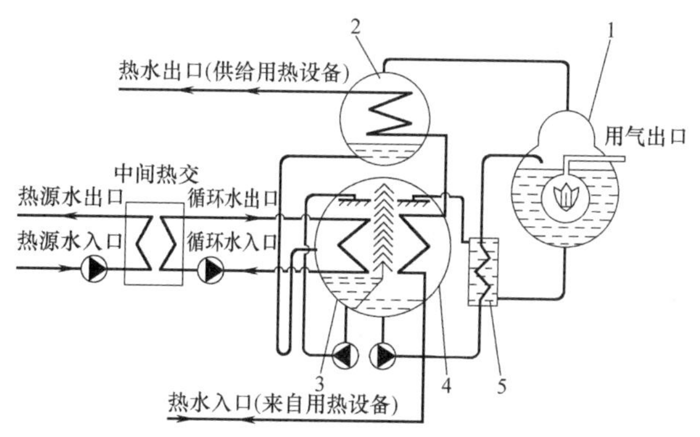

图 7-2　AHP 增热型吸收式热泵流程图

1—发生器；2—冷凝器；3—蒸发器；4—吸收器；5—热交换器

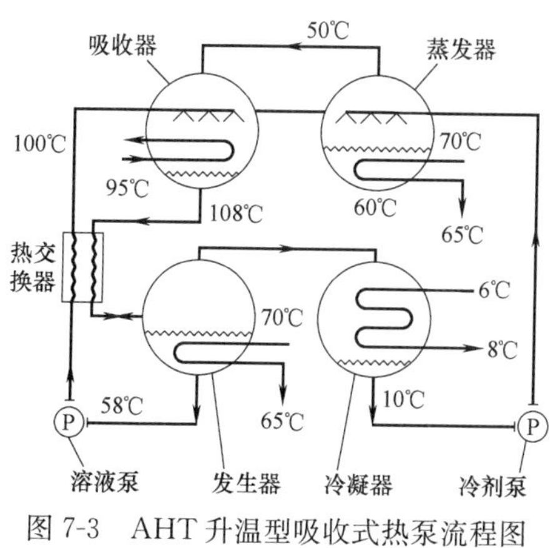

图 7-3　AHT 升温型吸收式热泵流程图

升温型（AHT）即第二类吸收式热泵（见图 7-3）：是利用中低温废热驱动，目的在于将部分废热能量转移到更高温位加以利用。蒸发吸收器处于高压，温度最高点在吸收器。只需废热驱动，可回收近 50%的废热。如图 7-3 所示，冷剂水在蒸发器中吸收低温余热而成为冷剂蒸汽，然后进入吸收器被来自发生器的溴化锂溶液吸收，吸收过程释放出的热量把流过吸收器的水加热，从而达到所需要的热水。吸收了冷剂蒸汽的溴化锂稀溶液经热交换器和节流阀进入发生器，被中低温的废热水（或汽）加热升温至沸腾，再次产生冷剂蒸汽，然后进入冷凝器被冷却水冷凝成冷剂水，这样可以继续循环工作。

两类吸收式热泵的特点如表 7-2 所示。

两类 LiBr-H_2O 吸收式热泵的特点 **表 7-2**

类型	驱动热源	回收热源	输出形式	最高输出温度（℃）	性能系数 *COP*
AHP	燃料或高温蒸汽	20～60℃冷流体	冷剂和低温热水或低压蒸汽	60～100	1.7
AHT	无	60～100℃中低温废热	低温热水或低压蒸汽	100～150	0.48

若将二者结合起来，形成增热升温型热泵 HPT，可同时满足对热水和蒸汽的需求。

7.2 工业余热源热泵建筑应用

7.2.1 低温工业余热资源分布及节能潜力

我国工业余热的资源很丰富，利用的潜力很大，分布也很广，不少余热温度较高且载热体流量稳定，具有较好的利用条件。主要集中在热电、钢铁、石油石化、化工、纺织等行业。主要来源如热电行业的冷却水、炼炉的冲渣水、石油行业的含油污水以及化工纺织行业的冷却水等。

1. 热电行业

电力是国民经济发展的动力之源，电力企业既是二次能源的生产大户，同时又是一次能源的消耗大户，在节能减排方面肩负着十分艰巨的任务。火电厂具有丰富的余热资源，燃料燃烧后，其总发热量中只有 35%左右转变为电能，而 60%以上的能量主要通过烟气和循环冷却水散失到环境中，白白浪费掉了。

火力发电厂的冷凝热通过冷却塔或空冷岛排入大气，造成巨大的热损失，是火力发电厂能源使用效率低下的主要原因，不仅造成能量和水（或电）的浪费，同时也严重污染了大气。冷凝热排向大气，是我国乃至世界普遍存在的问题。火力发电厂各项损失参考值如表 7-3 所示，其中汽轮机排汽热损失巨大。

火力发电厂各项损失参考值 **表 7-3**

电厂初参数	电厂初参数			
	中压(%)	高压(%)	超高压(%)	超临界压力(%)
锅炉热损失	11	10	9	8
管道热损失	1	1	0.5	0.5
汽轮机机械损失	1	0.5	0.5	0.5
发电机损失	1	0.5	0.5	0.5
汽轮机排汽热损失	61.5	57.5	52.5	50.5

根据国家大气环境治理要求，政府严格控制邻近城区燃煤电厂的建设，在热电厂“上大压小”的政策下既有小热电厂都要关闭，大容量、高参数抽凝机组（单机容量在

300MW 以上）将成为我国北方集中供热的主导热源形式。但是，即便是大容量、高参数的发电机组，为保证汽轮机正常运行，必须在低压段提供大于安全运行要求的流量，供热季节仍排放大量冷凝热，这部分蒸汽在冷凝器冷却，热量从冷却塔排出，该热量占汽轮机额定抽汽供热量的 20%～50%，凝汽循环冷却水的温度冬季约为 20～35℃。我国目前北方城市有 26 亿 m^2 的建筑由热电联产方式供热，按平均 $80W/m^2$ 耗热量计算，总供热量有 208000MW，排掉的余热按总供热量的 35%计算，有 72800MW，到 2020 年热电联产供热面积将扩展到 50 亿 m^2，排掉的余热将有 140000MW，这些都是热泵可以利用的资源。

在电厂废热中，循环水带走的热量占到绝大多数。对于冷却循环水，火电厂一般采用直流或混流供水，经过凝汽器的换热后一般温度会升高 8～10℃，如直接排入水体，影响水质和水生物，如果经过冷却塔直接冷却采用闭式循环的话，大量的水分通过冷却塔蒸发掉了，不仅造成能源的浪费，还给环境造成了热污染。这部分的热量非常巨大，如果能够将这部分低温的热量回收利用，可以提高电厂的能源利用效率。

以 1000MW 汽轮机组为例，循环水量约为 $40m^3/s$（见表 7-4），循环水出口温度约为 20～35℃，超过环境温度为 8～13℃，该温升所蕴含的热量约 1.2×10^6～1.9×10^6 kJ/s，年运行时间为 5000h，该热量折合标准煤约为 70 万～114 万 t/a。

2000～2005 年我国火电厂用水量与全国用水量比较（亿 m^3） **表 7-4**

年份	全国总用水量	全国工业总用水量	火电用水量	火电耗水量
2000 年	5497	1139	455	45
2001 年	5567	1142	470	47
2002 年	5497	1150	509	49
2003 年	5320	1177	521	53
2004 年	5548	1248	597	58
2005 年	5578	1278	635	63

据相关部门公布，2009 年我国热电联产装机容量已经达到 1 亿 kW，占火电装机容量的近 1/5，规模已经位居世界第二位。受热电联产机组工作循环决定，即使在冬季最大供热工况下，也必须有占电厂总能耗 10%～30%的热量由循环水通过冷却塔排放到环境中，造成巨大的浪费。据初步估算，整个热电行业每年可节约标准煤 1.2 亿 t。

2. 石油行业

国家统计局、发展改革委；国家能源局公布的公报显示，2010 年上半年，中国能源消费同比增长 11.2%，国内生产总值增长 11.1%，单位 GDP 能耗同比上升 0.09%，其中石油石化能耗大幅上升 11.35%，石油石化行业均面临巨大的节能减排压力。

根据由中石油工程节能技术研发中心等单位起草的《石油企业余热资源量测试与计算规范》SYT6767—2009，根据载体形式将余热资源分为七大类：

（1）烟气余热：生产系统中耗用燃料的工业炉、发动机等的烟气余热。

（2）炉渣余热：锅炉、加热炉产生的炉渣废料的余热。

（3）产品余热：生产过程中产生的中间及最后产品的余热。

（4）冷却介质余热：生产过程中各种工业炉、动力、电气、机械等装置排出的冷却介质的余热。

（5）可燃废气余热：企业生产过程中产生的可燃废气余热。

（6）凝结水余热：企业用汽过程中产生的凝结水的余热。

（7）油田采出水余热：油井采出液分离出的污水的余热。

工业领域内水的主要用途之一是作为冷却介质，通常水冷却系统分为直流冷却水系统和循环冷却水系统。随着水资源的日益短缺及环保方面的要求，同时考虑到操作费用，直流冷却水系统的使用逐渐减少。

在油田的采油生产过程中，由于全国各油田基本都采用注水开发方式，即注入的高压水驱动原油使其从油井中开采出来。但经过一定时间的注水后，注入水将随原油被带出，随着开发时间的延长，采出原油的含水率不断上升。

目前大庆油田、胜利油田等综合含水率已高达 90%以上。油田原油在外输或外运之前要求必须将水脱出，合格原油允许含水率为 0.5%以下。脱出的水中主要污染物为原油，此污水又是在油田开发过程中产生的，因此称为油田含油污水。这些含油污水在经过各类含油污水处理站处理到相应回注指标后，通过注水站回注储层在回注前的水温通常在 30℃～35℃，蕴含着大量的低温能量。水源热泵、吸收式热泵可利用的余热资源主要是油田采出水余热资源。

由于水量很大，即使提取 3～5℃的温差，其中所含有的能量也是非常惊人的。油田在开采过程中要进行油水分离，产生大量含油污水，这些含油污水的温度往往较高。以大庆油田为例，目前，大庆油田日产含油污水量达到 $121.5\times10^4 m^3/d$，99%以上均处理合格后回注油田。以胜利油田为例，目前其采油污水站 52 个，外排污水量 $72m^3/d$，污水水温在 50℃～60℃之间。其中在 60℃的水站有 14 个，外排水量约 26 万 m^3/d，是一笔很可观的可利用余热资源。

据统计，我国油田含油污水日产量为 190 万 m^3，这是一笔很可观又可利用的余热资源，油田含油污水的余热回收潜力巨大。以胜利油田为例，如果利用热泵将胜利油田含油污水温度下降 20℃，达到 30℃排放，则每年可以节约原油 35 万 t，相当于胜利油田 1%的原油产量。全国油田每天 190 万 m^2 的含油污水，按照 10℃温差回收余热，冬季按 120d 计算，仅冬季即可回收余热 2652000MW。

与此同时，在生产工艺中原油的脱水和运输都需要加热，尤其通过管道外输的原油，由于其黏度较高，必须加热降黏后才可以运输。目前油田普遍采用燃油燃气水套炉对外输原油进行加热，原油加热的温度范围为 40～80℃。采用溴化锂吸收式热泵回收油田污水余热制取中温热水，代替原油或燃气加热炉，可节约大量能源。

截至 2005 年，中石油油田加热炉在用数量为 18460 台套，每年能耗折合成原油约 170 万 t。据测算，即使仅把中石油旗下 30%具备条件的油田目前的加热炉换成吸收式余热回收系统，就需要 5538 台 250 万大卡/h 的吸收式热泵，按每台设备节油 550 万 t 计算，每年将节油 30 万 t。相当于节约标准煤 426 万 t。

3. 石化行业

据《中国石油和化工行业节能进展报告》数据显示，2000～2009 年，全国工业能源消耗量平均每年递增 9.91%，石化工业能源消耗量平均递增 7.72%。2009 年石化行业能源消耗量为 47192.5 万 tce，比 2000 年下降了 4.47 个百分点，但是仍占全国能源消耗总量的 15.2%，占工业能源消耗量的 1/5。

另据国家统计局统计，2006年原油加工每吨产品消耗76.91kg标油（国外最好水平已经达到53.2kg标油/t），节能潜力巨大。回收利用石油化工各种工艺中广泛存在的余热资源可以有效提高石化行业综合能效，例如催化裂化装置气分工艺中的余热水、延迟焦化装置中的余热水等。

4. 化工行业之氮肥行业

中国是世界上最大的化肥生产和消费国，但吨氨能耗与国际先进水平相差了600～700kgce。国内化工行业的高耗能产业中，合成氨耗能占总量的40%，单位能耗比国际先进水平高31.2%。在国家发展改革委确定的全国1008家重点能耗企业中，氮肥企业占165家。国内年产合成氨30万t以上的大型氮肥企业有27家，年产合成氨8万～30万t的中型氮肥企业有50余家。如果这些企业全部采用吸收式热回收系统，预计每年可以节电9.6亿kW/h，节约标准煤12万t。

合成氨以及尿素合成过程都是放热反应，会产生大量的废热，目前行业内已采用余热锅炉和热交换器回收了部分高温废热，部分中低温余热由于热品位较低而没有得到有效利用。如：尿素一吸冷却器的热脱盐水以及尿素加热段和蒸发分离段产生的蒸汽凝水。如果利用吸收式热泵系统回收系统余热，制取低温冷水，用于半水煤气冷却、氨分离以及碳吸收液冷却等工艺，将极大提高生产效率，节约大量的电能。

5. 化工行业之氯碱行业

氯碱行业同样是石化行业的能源消耗大户，是国家重点控制的行业之一，也担负着节能减排的重任。目前，国内有氯碱生产企业240余家，其中同时生产聚氯乙烯和烧碱的企业有80家。氯碱企业的用电成本占烧碱生产成本的50%以上，占聚氯乙烯生产成本的40%～50%。

在电石法氯碱生产工艺中，氯化氢合成反应以及氯乙烯转换工艺都是放热反应，为维持生产工艺过程的连续化，需要采用85～95℃的循环水将反应热不断带走，这部分循环水的热量可以回收利用。

6. 纺织行业

我国是全球最大的纺织服装生产、出口国，2009年我国纤维加工总量达3700万t，纺织品服装出口占全球比例为32.71%。据中国纺织经济研究中心的统计数据，目前中国纺织工业总能耗占全国工业总能耗的4.3%。随着纺织工业快速增长和企业规模的不断扩大，以及国家及地方政府对节能减排提出更严格的标准，纺织行业的节能减排整体形势依然严峻。

纺织工业生产工艺中广泛存在的不同介质的余热，例如在印染生产过程存在大量的低温污水，而染色工艺却需要大量的高温热水；染色过程存在大量的酯化蒸汽，而涤纶聚酯喷丝工艺却存在大量的冷需求。因此，纺织工业也是吸收式热泵潜在的市场之一。

7. 钢铁行业

钢铁工业是我国能源消耗、污染物排放的大户，同时也是节能减排潜力最大的行业之一。钢铁行业能耗约为全国工业总能耗的15%，其中余热量占到钢铁行业能源消耗量的37%左右。我国大型钢企余热利用率仅为30%～50%，远低于日本90%的水平，因此节能空间巨大。

8. 生化行业

近年来随着石油价格持续攀升，可再生能源受到越来越多的国家的重视，美国、巴西走在世界前列，两国燃料乙二醇产量占全世界的 69%。我国从 20 世纪 80 年代起考虑用可再生物质生产能源产品，根据《生物燃料乙醇以及车用乙醇汽油“十一五”发展专项规划》，到 2010 年，我国将以薯类、甜高粱等非粮原料为主生产 522 万 t 燃料乙醇，到 2020 年，我国燃料乙醇年产量可达 1000 万 t。但我国生产 1t 乙醇需要消耗 12t 水，而美国则为 1.8t；我国生产 1t 乙醇需要 3.3t 玉米，而美国用 1t 玉米可生产 2.8t 乙醇。因此我国目前燃料乙醇生产成本高，效率低，能源消耗严重。

在乙醇生产工艺中，乙醇蒸馏塔塔顶会产生大量的 82～85℃的乙醇蒸气，该蒸气需要被冷却到常温 25℃，大量的冷凝热被冷却水带走，没有得到充分利用。

7.2.2 低温工业余热源热泵应用技术

1. 热电行业热泵建筑应用

根据目前火力发电厂循环水系统的布置方式以及余热源水源热泵、吸收式热泵系统的特点，在热电行业主要应用方式之一热电联产，其供热方式主要分两种，即汽轮机的背压供热和抽气供热。

背压供热汽轮机排汽压力需高于大气压力，如不考虑动力装置及管路的热损失，理论上其热能利用率可达 100%，但由于热、电负荷相互制约等原因，在我国应用较少。抽气供热是热电联产领域主要的供热方式，

（1）背压式热电循环

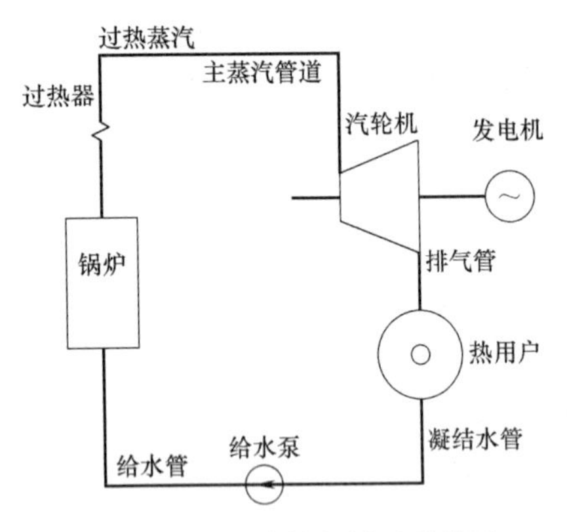

图 7-4 背压式热电循环示意图

排气压力为 0.13MPa 左右（排气温度高于 106.1℃）的汽轮机称为背压式汽轮机。这种汽轮机的排气压力、温度能够满足生产生活的供热要求，因此不设凝汽器，如图 7-4 所示，汽轮机的排汽用供热管道全部送到热用户处作为热用户的热源，放热后的冷凝水部分或全部流回电厂，再用给水泵送入锅炉。从理论上，热电循环没有凝汽器的放热损失，蒸汽的热量利用率为 100%，但是由于供热管道的散热、漏气等原因，热能利用率只有 65%～70%。

背压式热电循环的缺点是：由于汽轮机的排气全部送往热用户，取消了凝汽器，因此，发电完全受供热的牵制，以热定电，当热用户的耗汽量减小时，发电机的发电量将被迫减小。

（2）调节抽汽式热电循环

图 7-5 所示为调节抽汽式热力循环热力设备示意图，汽轮机高压缸排出的蒸汽压力为 0.35MPa 左右（排汽温度高于 138℃），仍具有较高压力和温度高压缸排出的蒸汽分两路：一路蒸汽通过供热管道送到热用户处作为热用户的热源，放热后的蒸汽引回热电厂热力系统，再送入低压回热加热器对冷凝水进行加热；另一路蒸汽经调节阀送入低压缸继续做功，低压缸排出的乏汽由凝汽器冷却成冷凝水。由于高压缸排出的蒸汽还需到低压缸做

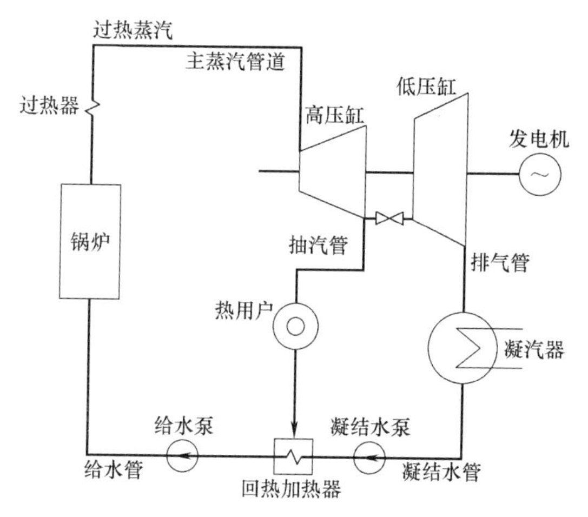

图 7-5　调节抽汽式热力循环热力设备示意图

功，因此高压缸的排气压力不能太低。由于这种循环仍存在凝汽器的放热损失，因此其循环效率比背压式热电循环低，但是比基本朗肯循环高。

调节阀的调节方法：当热负荷用汽量增大而电负荷不变时，开大汽轮机的总供热阀，蒸汽供应量增加，同时关小调节阀，则高压缸的输出功率增大，低压缸的输出功率减小，汽轮机的总输出功率不变，增加的蒸汽供应量全送往热用户；当电负荷增大而热用户的用汽量不变时，开大汽轮机的总供汽阀，蒸汽供应量增加，同时开大调节阀，则高压缸的输出功率增大，低压缸的输出功率也增大，汽轮机总的输出功率增大，增加的蒸汽供应量全送往低压缸，热用户的供汽量不变。

调节抽汽热电循环的优点：供热和供电相互不受影响，因此，在实际的热电厂中被广泛应用。

上面几种热电联供的方法都是在供热管网回水回到热电厂后，直接由汽轮机抽汽加热达到系统要求的适合温度，在能源的利用上比单纯的锅炉房供热有绝对的优势，但是仍然没有看到电厂丰富的余热资源，仍然造成能源的浪费以及对环境的污染。

吸收式热泵机组针对热电厂生产中产生的大量低温余热资源，是以热能为驱动热源，高参数的汽轮机抽汽正好可以作为吸收式热泵的驱动热源，回收循环水余热或汽轮机乏汽热量，回收的余热即为节约的能源，相应地减少了汽轮机抽汽。在供暖的初末期，机组以低温模式运行；在供暖中期，机组以高温模式运行，提高了设备和资源的利用率。

根据目前火力发电厂循环水系统的布置方式以及吸收式热泵系统的特点可知，电厂利用吸收式热泵提取余热的方式主要是循环水系统与吸收式热泵的结合方式。

热电厂生产中产生大量的低温循环冷却水，通过冷却塔排向外界，这部分低位热能含量巨大，却只高于环境温度 10℃左右，在实际生产中很难直接再利用，往往直接排放到环境中，不仅造成环境的热污染，而且浪费能源。据统计，循环冷却水带走的热量约占热电厂总能耗的 60%。

以 200MW 的凝汽式电厂为例：200MW 凝汽式电厂的冷却循环水采用直流供水系统时，每 1000MW 需水量 35～40m^3/s，循环供水时每 1000MW 仅需 0.6～1m^3/s。采用循环供水时，因存在蒸发、风吹、排污及泄露等而导致水量的损失，其补充水量一般为凝汽器冷却水量的4%～6%。

供热方案根据热电厂输送热能方式可分为有换热器和直供两种（见图7-6和图7-7）。

可在热电厂规模不变的情况下，使用吸收式热泵回收冷却水余热，可大大提高冬季热源的供热能力；同时，该供热方式的设计供/回水温度一般为130℃/70℃、110℃/70℃、120℃/60℃等，若能将热网供回水温差提高至100℃以上，则热网的供热输送能力可提高约1倍。

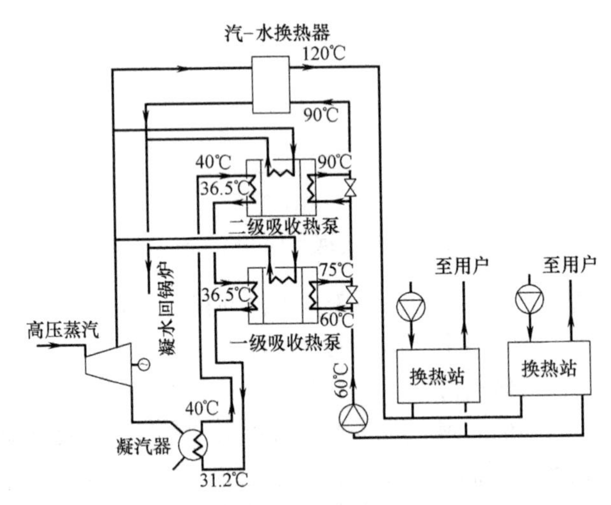

图7-6　有换热站吸收式热泵余热利用系统图

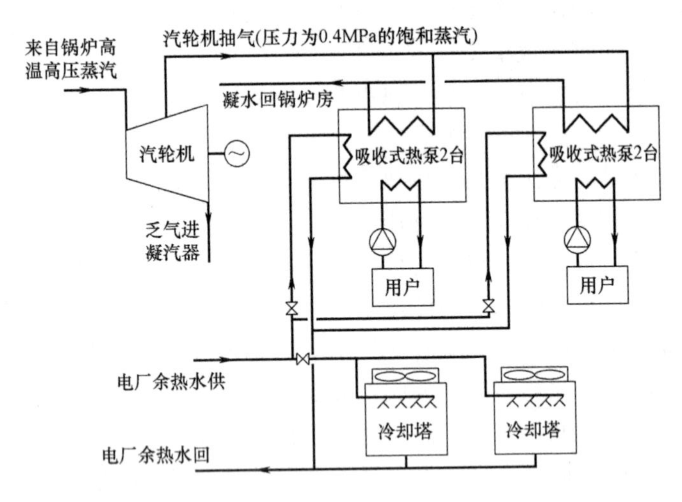

图7-7　热网直供（无换热站）吸收式热泵余热利用系统图

2. 石油行业热泵建筑应用

为满足油田生产生活的要求，配套建设了一系列与油田生产相关的辅助配套设施，包括各类水源、供电、医疗、配套设备制造、办公及居住区等，这些设施的供热每年同样需要消耗大量的能源。

从目前油田用热的燃料结构看，与油田生产直接相关的加热设施主要以天然气为燃料；部分距离天然气气源较远的，加热设施一般以原油或渣油作为燃料；油田矿区集中的居住区供暖主要以集中供热以及大型区域燃煤锅炉房为主，部分调峰锅炉房以渣油作为燃料；其他油田配套单位零散的小型锅炉房主要以渣油、天然气及煤作为燃料。图 7-8 所示为油田注采工艺示意图，可以从该工艺流程中考虑各种因素来选取合适的取水点。

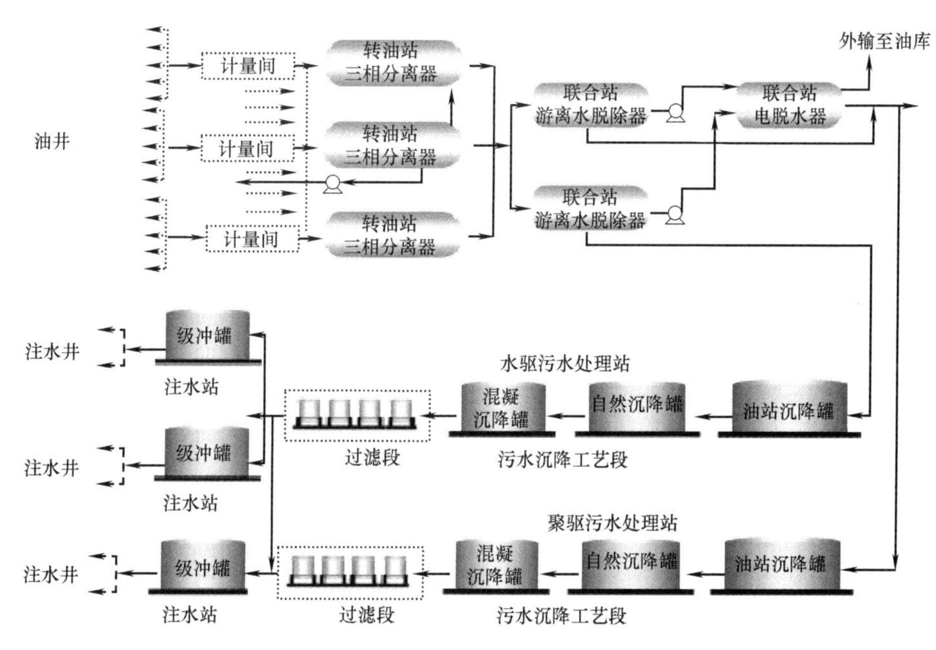

图 7-8　油田注采工艺示意图

（1）取水点的选择

1）根据油田开采深度、开采状况的不同，含油污水的温度也不尽相同，我国大部分油田未处理的原水水温一般在在 40～50℃之间，采油污水是从地层随原油一起被开采出来的，该水经过了原油收集及初加工的整个过程，因此污水中杂质种类及性质和地质条件、注入水性质、原油集输条件以及脱水工艺等因素有关。

2）在含油污水量满足需要的前提下，低温热源距用热点的距离最远应控制在 5km 以内，否则污水输送的电耗量较大，效益降低。

由于油田区域内的许多用热点与含油污水水源点各自独立布置，其间的距离不同，同时各用热点分散，热负荷较小。根据各用热点的负荷、污水管线的投资、含油污水增压泵的电耗等几个方面来确定含油污水水源点与用热点间的合理距离。

3）油田水驱及聚驱含油污水分普通处理和深度处理两个阶段，而后一个阶段是利用上一个阶段的出水作为原水，而污水深度处理工艺也是需要一定温度的，温度过低将造成过滤系统运行存在问题。因此，针对普通处理的水驱及聚驱含油污水热能回收仅考虑在相应注水站实施，不能从污水站出水或普通处理滤后水管网直接引水。而深度处理污水由于现阶段后续无进一步处理的要求。因此，可以从污水深度处理站及三元污水处理站出口、管网及相应注水站就近引水。同时，为尽可能避免对水系统运行产生影响，应优先考虑从注水站引水。

因此，可以从污水深度处理站及三元污水处理站出口、管网及相应注水站就近引水；同时，为尽可能避免对水系统运行产生影响，应优先考虑从注水站引水。

因此，对饮水点的选择要综合考虑污水水质、引水点与用热点的距离以及污水利用工艺条件综合因素来确定。

（2）余热利用高温热源条件

从目前油田用热的燃料结构看，与油田生产直接相关的加热设施主要以天然气作为燃料，部分距离天然气气源较远的加热设施一般以原油或渣油作为燃料。

（3）针对用热需求方案的选取

1）对第一类用热需求，即井口采出液掺热水、对油水混合液加热、对成品原油加热需求，对原油加热温度要求在 50～80℃，利用高温热源作驱动，提取低温含油水中的热量，满足以上用热需求。

油田生产加热设施主要集中在转油站、部分放水站及脱水站，其中转油站加热设施约占油田生产总加热设施的 75%以上。由于放水站及脱水站加热设施所占比例较小，且受处理工艺及站内平面位置等限制，进行热泵技术改造难度较大；同时，放水站及脱水站一般辖井较多，事故状态时对油田生产的影响范围也较大，因此一般不考虑对该部分油田的加热设施进行热泵技术改造。

2）对第二类用热需求，即油田所配套的家属区、办公区等供暖，冬季供水温度一般为 60℃左右，对低温热源的水量需求过大，且距离油田生产区域较远，从总体系统关系的角度看，应控制污水管道的投资不高于热泵机组本体的投资。据大庆石油学院等计算，水源点与用户的最佳距离确定如下：

热负荷≤0.35MW，含油污水水源点间的距离≤0.5km；

热负荷 0.35～0.7MW，含油污水水源点间的距离≤1.0km；

热负荷 0.7～2.8MW，含油污水水源点间的距离≤2.0km；

热负荷 2.8～4.0MW，含油污水水源点间的距离≤3.0km；

热负荷≥4.2MW，含油污水水源点间的距离≤5.0km。

本章参考文献

[1] 陆军，谢冬梅，李新刚，等. 电厂余热资源的有效利用 [J]. 节能环保，2006，28 (4)：32-34.

[2] 李新国．中高温热泵及其用压缩式制冷机的研究 [D]．天津：天津大学研究生院．1989.

[3] 陈春霞．钢铁生产过程余热资源的回收与利用 [D]. 沈阳：东北大学，2008.

[4] 康丹凤，王占中，王克. 钢铁企业余能资源的利用 [J]，冶金能源，2002. 9，21 (5)：39-42.

[5] 闫向军. 油田采油污水余热在供暖系统中的应用 [J]. 区域供热，2000，(5).

[6] 吴业正，等. 制冷原理及设备 [M]. 西安：西安交通大学出版社，1987.

[7] 戴永庆，等. 溴化锂吸收式制冷技术及应用 [M]. 北京：机械工业出版社，2000.

[8] 王治国，项新耀，李东明. 热泵余热回收技术在油田应用的研究 [J]. 流体机械，2003，3 (8).

[9] 赵雪峰，李涛. 油田应用热泵技术的工艺流程及运行实践 [J]. 石油机械，2003，31 (6).

[10] 邓寿禄，干强. 热泵系统应用于油田余热回收的探讨 [J]. 现代测量与实验室管理，2003 (1).

[11] 耿建安，李华玉. 油田热污水余热利用的可行性分析及尝试 [J]. 制冷与空调，2004，14 (2).

第8章 吸收式热泵系统区域供热

8.1 吸收式热泵系统

8.1.1 吸收式热泵的发展

吸收式热泵作为热泵重要的一枝，最早起源于吸收式制冷循环，可以说自1859～1862年凯利申请了一系列有关氨-水吸收式制冷机专利后，吸收式热泵便存在了应用的可能性。

1920年沃吞寇许正式提出了吸收式热泵的理论，1945年美国开利公司研制成功了溴化锂-水吸收式制冷机，它为第二类吸收式热泵打下了基础。1959年日本川崎重工研制出制冷量为689kW的单效溴冷机，1962年荏原制造所又研制出双效溴冷机。日本溴冷机无论在生产数量、性能指标、应用范围和新技术、新产品研制等方面，均超过了美国，成为世界上溴冷机研究与生产领先的国家，目前已致力于第三种吸收式热泵和溴化锂热电并供机组的研制工作。

我国研制吸收式制冷技术起步于20世纪60年代初期。20世纪60年代初船舶总公司704所、一机部通用机械研究所与高等院校以及设备制造厂通力合作，试制了两台样机。1966年上海一冷试制出了制冷量为1160kW全钢结构的单效溴化锂吸收式制冷机。20世纪60年代末期，许多单位都着手研制单效吸收式制冷机，这一研制工作持续到了20世纪70年代初期。

20世纪70年代初先后有上海、青岛、天津、北京、长沙等地棉纺厂为了适应生产的需要，各自设计与制造了单效吸收式制冷机。吸收式制冷机在这一时期虽然有了较大发展，但仍有许多问题尚待解决，如严重的腐蚀、冷量的衰减和机器的寿命等，限制了吸收式制冷机的进一步发展。

20世纪80年代初期开始研制双效溴化锂吸收式机组，并于1982年由开封通用机械厂生产出制冷量为1744kW的双效吸收式机组。双效机组的热力系数可提高到1.1以上，使吸收式制冷技术迈上新的台阶。

1991年我国在限制氟利昂（CFC）生产与使用的《蒙特利尔议定书》上签了字，这对进一步发展吸收式机组创造了良好条件。大专院校、科研院所和制造厂家共同协力，加紧改进与提高双效溴化锂吸收式制冷机的加工技术和性能水平，另一方面也竞相研制新型的多种吸收式机组。

至21世纪初，我国对资源节约、环境保护、能源的综合利用等方面的要求逐步提高，各地加紧开展节能减排工作。在我国特殊的能源结构形势下，吸收式热泵又得到了重视，其节能作用日益凸显，之前致力于溴化锂吸收式制冷机的生产企业开始研发、生产多种类型的吸收式热泵。

热泵的发展受制于能源价格与技术条件，作为一种废热利用型供热设备，吸收式热泵在供暖中的应用日趋广泛，因为它没有像锅炉那样对环境的污染，而同时又具备显著的节能效果，因此在大城市的区域集中供暖工程中，吸收式热泵的应用已引起了人们的广泛关注。

8.1.2 吸收式热泵的分类

吸收式热泵是一种以热能为动力，利用溴化锂溶液的吸收特性来实现将热量从低温热源向高温热源的转移的大型热泵机组。根据不同的工作原理，吸收式热泵可以分为多种类别。

（1）从功能来分类，吸收式热泵分为第一类吸收式热泵和第二类吸收式热泵。

第一类吸收式热泵（Type Ⅰ Absorption Heat Pump，Heat Amplifier），也称增热型热泵，是以消耗高温热能作为代价，通过向系统输入高温热能，进而从低温热源中回收热能，提高其品位，以中温位的热能供给用户。

第二类吸收式热泵（Type Ⅱ Absorption Heat Pump）或称为热变换器（Heat Transformer），也称升温型热泵，是靠输入中温热能（通常是废热）驱动机组运行，将其中一部分热能的温位提高，即吸收过程放出的热量，送至用户，而另一部分热能则排放到环境中。

（2）从驱动能源来分类，吸收式热泵分为蒸汽型、热水型、直燃型、余热型、复合型等。

（3）从循环工质来分类，吸收式热泵分为氨-水热泵、水-溴化锂热泵。在大多数领域，应用最多的为溴化锂吸收式热泵。

（4）从能源利用方式来分类，吸收式热泵分为单效型、双效型、多效型。

单效型热泵来源于单效型溴冷机，指驱动能源在机组中被直接利用一次，其制热效率为1.6～1.8；双效型热泵来源于双效型溴冷机，驱动能源在机组中被利用两次，其制热效率为2.2～2.5；多效型热泵的驱动能源在机组中被利用三次及以上，其制热效率更高。驱动能源被利用的次数越多，最后一级发生器的温度越低，制热温度受限，因此目前利用最广泛的机型为单效型吸收式热泵。

8.1.3 吸收式热泵的原理及结构

1. 溴化锂水溶液的物理性质

在吸收式热泵中，水作为制冷剂用来产生冷效应，溴化锂溶液作为吸收剂，用来吸收产生冷效应后的冷剂蒸汽。因此，水和溴化锂溶液组成吸收式机组中的工质对。

溴化锂（LiBr）为白色立方晶系结晶或粒状粉末，极易溶于水。常压下，水的沸点是100℃，而溴化锂的沸点为1265℃。吸收式热泵应用的溴化锂，一般以水溶液的形式供应。性状为无色透明液体；浓度不低于50%；水溶液pH值在8以上。

溴化锂水溶液的水蒸气分压力很低，它比同温度下纯水的饱和蒸汽压力低得多，因而有强烈的吸湿性。在溴化锂水溶液与蒸汽之间的动平衡中，溴化锂溶液中溴化锂分子对水分子的吸引力比水分子之间的吸引力强，也因为在单位液体容积内溴化锂分子的存在而使水分子的数目减少，所以在相同温度的条件下，液面上单位蒸汽容积内水分子的数目比纯水表面上水分子数目少。也就是说，溴化锂水溶液具有吸收温度比它低的水蒸气的能力，这一点正是溴化锂吸收式机组的机理之一。

20℃时溴化锂溶解至饱和时量为 111.2g，即溴化锂的溶解度为 111.2g。溶解度的大小与溶质和溶剂的特性的关，还于温度有关，一般随温度的升高而增大，当温度降低时，溶解度减小，溶液中会有溴化锂的晶体析出而出现结晶现象。这一点在吸收式热泵中是非常重要的，运行中必须注意结晶现象，否则常会由此影响吸收式热泵的正常运行。

2. 第一类吸收式热泵

第一类吸收式热泵是利用少量的高温热源，产生大量的中温有用热能，即利用高温热能驱动，把低温热源的热能提高到中温，从而提高了热能的利用效率。

第一类吸收式热泵主要由发生器、冷凝器、蒸发器、吸收器、溶液热交换器、凝水热交换器、溶液泵和冷媒泵、真空系统等部件组成，以水为制冷剂，以溴化锂溶液为吸收剂。水在常压下 100℃沸腾、蒸发，在 5mmHg 真空状态下 4℃时蒸发，蒸发和液化时均伴随大量潜热的吸收和释放；溴化锂溶液在温度越低、浓度越高时吸收能力越强，而在被加热时，也极易释放出水蒸气。溴化锂吸收式热泵就是利用此原理（见图 8-1）。

发生器：在负压的环境下，溴化锂溶液被驱动热源加热释放出冷剂蒸汽而浓缩，冷剂蒸汽携带着驱动热源的热量进入冷凝器。

冷凝器：冷剂蒸汽在冷凝器中被换热管内的热水冷凝，变为液态，并将驱动热源热量以潜热的形式释放给热水，热水被第二次加热。

蒸发器：液态冷剂从冷凝器中进入蒸发器水盘，在冷媒泵的作用下，水从真空环境的蒸发器上部滴淋，并不断汽化吸热，吸收换热管内余热水的热量，冷剂变为携带余热的冷剂蒸汽。

吸收器：在蒸发器内产生的低压冷剂蒸汽经挡液板进入吸收器，从发生器过来的浓溴化锂溶液在吸收器顶部滴淋，并不断吸收低压冷剂蒸汽，并将潜热和显热释放给换热管内的热水，热水被第一次加热。

发生器：在吸收器内吸收冷剂蒸气后的溴化锂浓溶液变为稀溶液，由溶液泵打入发生器，稀溶液重新被驱动热源加热，如此循环。

溶液热交换器：为合理分配温度，浓溶液和稀溶液进行一次热交换，以提高效率。

图 8-2 展示了一台制热量为 30MW 的第一类单效型吸收式热泵的外形。热泵的各个部件呈上下布置，上部为发生器、冷凝器，下部为蒸发器、吸收器。各部件在结构形式上均类似管壳式换热器，但外形各异、不拘泥于形式、数量、以满足热力性能、结构性能为原则。除四大部件外，吸收式热泵附带连接配管、自动抽气装置、真空泵、溶液泵、冷煤泵和电控盘。

对于双效或多效型吸收式热泵，其发生器有两个或多个。以双效型吸收式热泵为例，发生器分为高压发生器和低压发生器。高压发生器内热源为驱动热源，低压发生器内热源为高压发生器内的一次冷剂蒸汽，实现了对驱动热源的二次利用。

单效型第一类吸收式热泵的 *COP* 值为 1.6～1.8，双效型为 2.2～2.5，相对于常规热源设备，吸收式热泵的节能率达到 37.5～58.3%，节能效果显著。第一类吸收式热泵应用条件和适用范围宽泛，已逐渐成为市场上最为常用的产品。

3. 第二类吸收式热泵

第二类吸收式热泵是在不供给其他高温热源的条件下靠输入的中温热能（废热）驱动

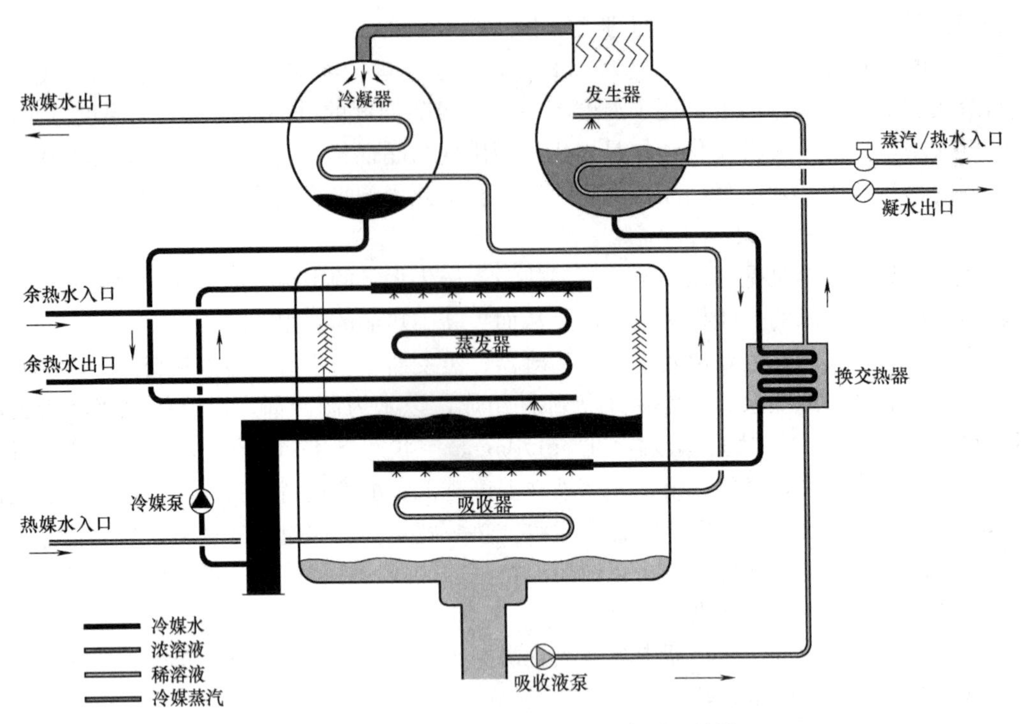

图 8-1　第一类吸收式热泵原理示意图（单效）

图 8-2　吸收式热泵

系统运行，将其中一部分热能品位提高，成为高温热水或蒸汽送至用户，另一部分则排放至环境。

第二类吸收式热泵的循环正好与溴化锂吸收一类热泵的机内循环相反，能有效地利用热水或蒸汽在吸收器内产生的热量，不需要外界提供高温热源，但需要较低温度的冷却水。第二类热泵也是由发生器、冷凝器、蒸发器、吸收器和热交换器等主要部件及抽气装置、屏蔽泵（溶液泵和冷却泵）等辅助部分组成。抽气装置抽出热泵内不凝性气体，并保持热泵内一直处于高真空状态。

第二类吸收式热泵的工作流程为：溴化锂溶液先进入发生器，受到发生器管内外界提供的废热蒸汽（热水）的加热，产生低压冷剂蒸汽，溴化锂溶液浓度提高，成为浓溶液，由泵打入到吸收器；产生的冷剂蒸汽在冷凝器中被冷却成冷剂液体，由泵打入到蒸发器，蒸发器内冷剂液体通过喷淋装置，吸收了传热管内外界提供的废热蒸汽（热水）的热量蒸发成高压冷剂蒸汽进入吸收器，该冷剂蒸汽被溴化锂浓溶液吸收，成为溴化锂稀溶液，同时产生吸收热，加热了应用热水（见图 8-3）。

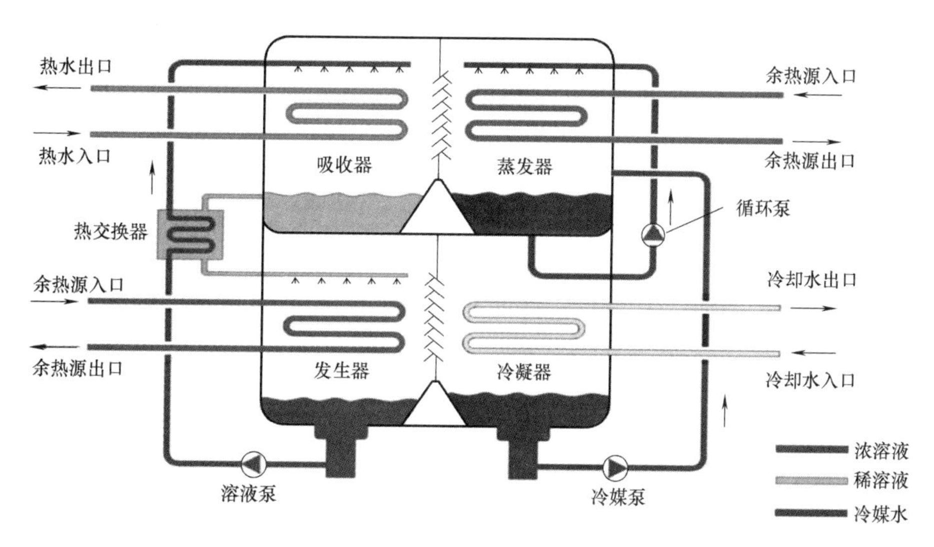

图 8-3　第二类吸收式热泵原理示意图

第二类吸收式热泵的 *COP* 值在 0.35～0.5 之间。由于溴化锂吸收式二类热泵用的是 60～100℃的废热，冷却水在 10～40℃时，输出的热水或蒸汽的温度可在 100～150℃，因此具有变废为宝的节能效果。

由于溴化锂溶液的特殊性质，在利用废热蒸汽时，并不是所有 60～100℃范围内的蒸汽或热水都能输出 100～150℃的热水或蒸汽，它与冷却水的温度有关，更重要的是与溴化锂溶液的浓度有关（浓度太高容易结晶），也与溴化锂溶液的放汽范围有关。

8.1.4　吸收式热泵的特点

吸收式热泵的原理及结构决定其具备如下特点：

（1）吸收式热泵是一种个性化定制产品。吸收式热泵制造商根据用户的具体情况设计热泵参数，包括场地限制、余热源条件、驱动热源条件、热源要求等，并综合这些条件设计出适合用户的产品。

（2）吸收式热泵的应用条件和适用范围宽泛。吸收式热泵的驱动热源可以是蒸汽、燃气、燃油、热水、太阳能、烟气或是这些能源的组合，并可适应不同品味的同类热源；余热源可以是循环水、地热水、城市污水、工业污水或乏汽等，并可适用不同的温度、温差。

（3）吸收式热泵的主要部件为换热部件，易损转动部件极少，故障率低，维护简便，机组寿命较长，正常使用寿命为 15～25 年。

（4）工作介质为溴化锂水溶液，性质稳定，为非消耗品，无需补充。溴化锂在有氧环境中对金属的腐蚀能力剧增，因此必须做好停运期间的真空保持；溴化锂容易发生结晶，因此无论运行或是停运，均需做好防结晶工作。

（5）不受机械结构的限制，易于实现紧凑化、大型化，目前吸收式热泵单机制热量范围为 1～100MW。

（6）能效系数 *COP* 值稳定。影响系 *COP* 值的因素很多，主要有循环倍率、发生温度、吸收温度、操作压力、蒸发温度、冷凝温度、稀溶液温度、放汽范围等。但界外条件变化时，*COP* 值变化幅度较小，而制热量变化幅度较大。对于吸收式热泵而言，驱动热源品位越高，应用热水进口温度越低，余热源出口温度越高，吸收式热泵的效率越高。

8.1.5 吸收式热泵的应用

1. 吸收式热泵的应用背景

近年来，随着社会的日益发展与进步，国家对资源节约、环境保护、能源的综合利用等方面的要求逐步提高。继“十一五”期间单位 GDP 能耗下降 20％的要求，“十二五”要求单位能耗下降 16％，政府工作报告和“十二五”规划纲要确立的“十二五”主要目标中，节能减排目标是：非化石能源占一次能源消费比重达到 11.4％。单位国内生产总值能源消耗降低 16％，单位国内生产总值二氧化碳排放降低 17％。主要污染物排放总量显著减少，化学需氧量、二氧化硫排放分别减少 8％，氨氮、氮氧化物排放分别减少 10％。这一目标的难度不是降低了而是增加了，因此必须进一步加强节能减排工作。

在相当长的时期内，我国以化石能源为主的能源结构难以改变，依靠新能源改变我国能源结构将是一个长期过程。面对资源和环境的挑战，我国必须坚持节能减排优先的原则，加快对高耗能、高耗材、高排放、低效能产业的技术改造。

目前，我国 70％以上的能源都用于工业，主要是电力、化工、钢铁、有色、水泥、各种窑炉这六大产业，而这些高能耗产业的实际用热效率在 15％～45％之间，也就是 55％～85％的能源最终是在某一温度下以余热的形式排掉，为了排热，还要大量用水，工业排热是工业耗水的主要原因之一。据测算，工业排热大多处在 30～50℃的温度水平，所以这对室外温度在 30℃左右的夏季，这些热量无任何价值，但对于外温位于 0℃以下的冬季，这些热量具有足够的品位，而且如果这些热量的 10％能够被收集来用于民用建筑取暖，则可以满足 50％以上的北方城镇民用建筑供暖的热源。因此，在当前提倡节能低碳的生活号召下，如何有效利用能源、提高供热效率已成为行业主流发展导向。而吸收式热泵既可制冷又可供热，实现了一机多用，低位热能在全年得到了很好的利用，所以近年来得到广泛的重视和使用，将是今后制冷、供热中的一种主导方式（见图 8-4）。特别是在电力紧张、余热地热资源丰富的地区具有独特的优势。清华大学教授、中国工程院院士江亿表示：“吸收式热泵是余热利用的有效手段，可以对提高系统或过程的节能率发挥重要作用。发展吸收式热泵，能更好地推进供热节能。”

2. 吸收式热泵的应用条件

要应用吸收式热泵，现场条件必须满足三要素的适用范围，即驱动热源、余热源和应用热源。三大要素相互支持，也相互制约，一般来说，其适用范围如下：

（1）驱动热源

燃气、燃油是高品位的驱动热源，但受燃烧器及发生器结构形式的限制，直燃型吸收式热泵的单机制热能力一般为 1～20MW；驱动蒸汽的压力范围为 0.1～0.8MPa · g，过

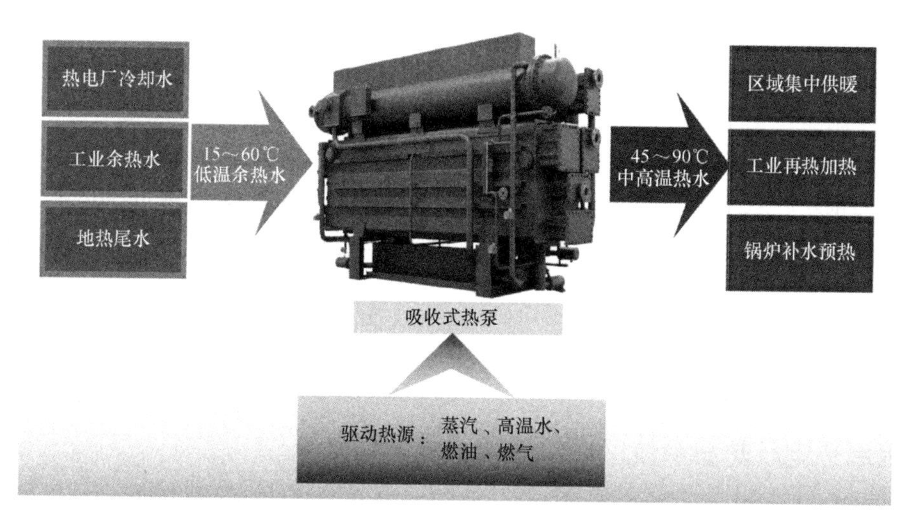

图 8-4　吸收式热泵原理图

热度一般不超过 20℃，因此过热度较高的蒸汽需要降温后才能进入热泵发生器；热水驱动的温度一般要求＞80℃；驱动烟气温度范围为 300℃以上，且成分洁净，粉尘、SO_x、NO_x含量满足要求；其他类型需视实际情况具体确定。

（2）余热源

以水为余热源时，余热水温度适用范围为 10～60℃，温降幅度为 3～40℃；以乏汽为余热源时，乏汽温度适用范围为 15～60℃，以利用潜热为主。

（3）应用热源

应用热源的主要介质为水，吸收式热泵最高可将应用热源水加热至 95℃。但应用热源水的入口温度越高，升温幅度越低，反之，升温幅度越高。

吸收式热泵针对不同的水质，可选用不同的换热管材质，包括铜管、钢管、奥氏体不锈钢管、铁素体不锈钢管、双相不锈钢管等。但如余热水（汽）存在严重结垢或腐蚀情况，须采用换热的方式，不能直接进入热泵。

（4）三要素的关系

三要素中，驱动热源主要影响发生器的冷剂蒸汽温度和溴化锂溶液的浓度，因此驱动热源决定了应用热源的出口温度上限；余热源主要影响蒸发器内冷剂蒸汽的压力，余热源出口温度越低，冷剂蒸汽压力越低，在吸收器内越难被吸收，因此余热源出口温度限制着应用热源入口温度。

综上，三要素的关系可简单地概括为：驱动热源的品位味影响应用热源出口温度上限，余热源的品位影响应用热源入口温度上限。在设计机组时，必须同时考虑三要素的条件要求，才能设计出成本合理、满足要求的热泵产品。

3. 吸收式热泵的应用场合

满足吸收式热泵三要素的场合在民用领域中较少，而在工业领域中普遍存在。

民用领域中，适用吸收式热泵的场合主要为地热尾水再利用项目，充分挖掘地热水的热量，将地热尾水降低至 10℃以下，最大限度地利用地热能。

工业领域中，适用吸收式热泵的场合主要包括水冷热电厂、空冷热电厂、油田行业、石化行业、化工行业、钢铁行业、焦化行业、纺织行业、建材行业、食品加工行业等，这些行业都存在驱动热源、余热源和应用热源，也都是亟待节能减排的高能耗行业。

在工业用能还主要依赖化石类燃料的今天，大量的中低温工业废热常常得不到有效的回收和利用，许多场合应用工业吸收式热泵在提高能源利用率、降低温室气体排放量等方面可以起到很好的效果。吸收式热泵有潜在的庞大市场需求，是一种很有发展潜力的技术。由于我国能源利用率低，所以产生的余热（废热）量大面广，在热电厂、钢铁、油田、化工等行业尤为突出。而吸收式热泵则是一种利用低品位热源，实现将热量从低温热源向高温热源泵送的循环系统，是回收利用低温位热能的有效装置，具有节约能源、保护环境的双重作用。

8.2 水冷热电厂热泵系统区域供热

8.2.1 热电厂的能源现状

电力行业在节能减排和应对气候变化中起着举足轻重的作用，电力行业在能源转换过程中排放的二氧化碳约占全国排放总量的50%，是二氧化碳减排的关键部门之一（见图8-5）。同时，电力行业也是实现全社会、各行各业减排的重要桥梁。

图8-5　热电厂

在电力行业中占主导地位的火力发电，平均能源效率仅36%，冬季热电联供时可达到60%～70%，但仍有大量低品位能源需要通过冷却塔排入大气中，造成能源浪费。这些冷却循环水温度一般在20～30℃之间，对于冬季大气环境而言，这样的余热仍存在利用价值。

另一方面，随着城市发展和居民生活水平的不断提高，城市的供暖需求也将持续增加，而许多热电厂的供热能力已经达到极限。未来几年，新建建筑日益增加，随之带来的供暖需求和热电厂的供热能力之间的矛盾也将会日趋突出。如新建大型热电厂，将面临用地、投资、建设周期长的困难，供暖能耗在城市总耗能中的占比必然提高，同时为城市环境所制约。

利用吸收式热泵实现区域集中供暖成为解决余热无法利用而供暖缺口扩大这一矛盾的

突破口，将回收的低品位余热用于区域集中供暖，并减少了冷却塔飘水损失，是一项一举多得的重大举措。国家发展改革委推出的《国家重点节能推广目录（第一、二批）》和北京市发布的《2010年节水节能技术推荐目录》都将“基于吸收式换热的热电联产集中供热技术”收录其中。

8.2.2 水冷热电厂的热泵系统三要素

承担区域供热的水冷热电厂天然具备应用吸收式热泵的三要素。

水冷热电厂中，驱动热源即为供暖抽汽。一般地，供暖抽汽取自汽轮机抽汽，压力范围为0.2～0.5MPa.g，温度范围为220～330℃，完全满足吸收式热泵对驱动热源的要求。

余热源即为凝汽器冷却循环水。根据机组容量不同，冬季冷却循环水水量范围为2000～16000t/h，上塔温度大多为20～25℃，冷却温差为6～9℃，蕴含大量余热资源。

应用热源即为城市区域集中供暖。一般地，集中供暖一次网设计供/回水温度为70℃/130℃，而实际运行过程中，一次网回水温度范围为50～65℃，供水温度为95～120℃，较大的温差范围为吸收式热泵留出了足够的发挥空间。

8.2.3 水冷热电厂热泵系统工艺流程

我国热电联产主要工艺方式有两种，以汽轮发电机组选用的不同方式来划分，分别是背压式汽轮机组和抽凝式汽轮机组，其中后者为我国300MW级热电联产机组的主要形式。在水冷抽凝热电联立工艺中，汽轮机中压缸在适当的级后（一般为五段）开孔抽取已经部分做功发电后的全适参数蒸汽，输送至热网加热器（汽水换热器）加热热网回水，蒸汽冷凝为水后由疏水泵输送至除氧器。热网回水加热至要求温度后输送至各二级站（水-水换热器）。图8-6为传统供暖工艺示意图。

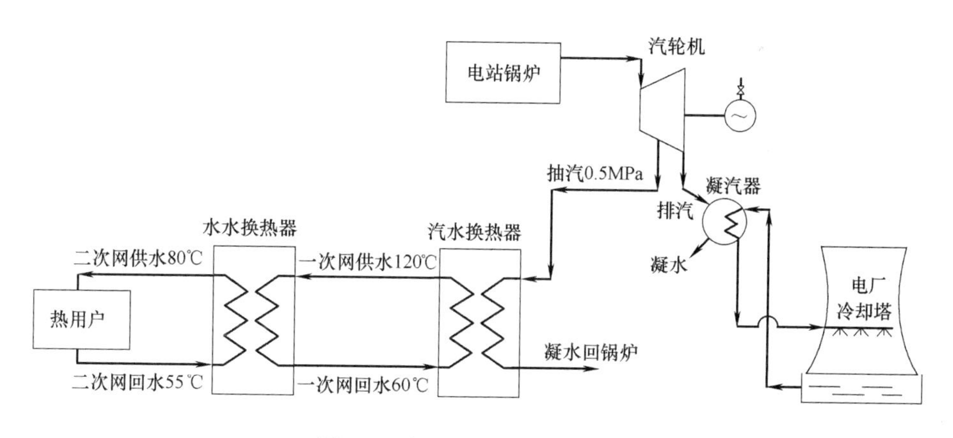

图8-6 水冷热电厂传统供暖工艺

在吸收式热泵供暖系统中，供暖抽汽进入吸收式热泵发生器，疏水返回原工艺之中，由于吸收了余热的热量，向外供出同样的热量，所使用的供暖抽汽量降低，或是使用相同的供暖抽汽量，向外供出的热量增加。

根据供热需求，如吸收式热泵系统可以吸收全部余热，那么冷却循环水全部进入吸收式热泵蒸发器，释放余热后，直接回凝汽器；如吸收式热泵系统只能吸收部分余热，那么冷却循环水可以部分或全部进入吸收式热泵蒸发器，释放余热后，部分或者全部仍继续上塔，视供热需求情况具体设计。

热网回水首先进入吸收式热泵中，被加热后再由热网循环泵送入原热网加热器，升至一定温度后供向一次网。如在供暖季初末期，吸收式热泵足以承担负荷要求，则热网回水无需再进入原热网加热器。

图 8-7 为吸收式热泵供暖系统工艺示意图。

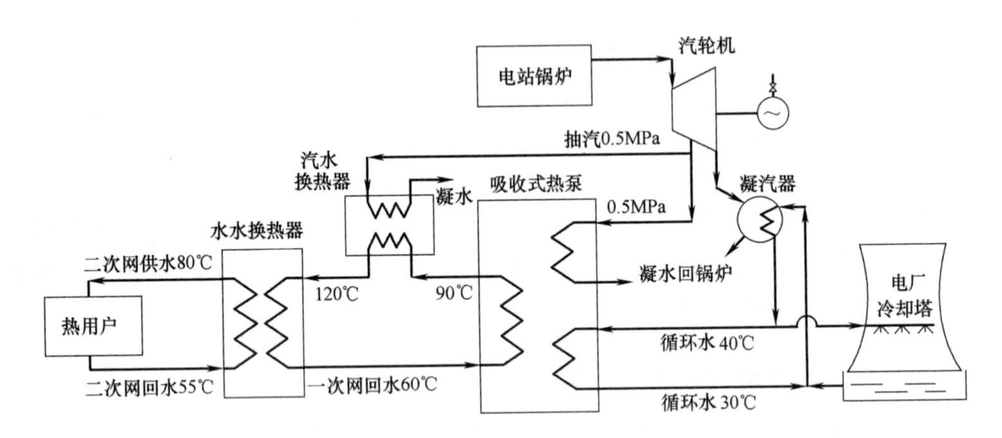

图 8-7　水冷热电厂吸收式热泵供暖工艺

8.2.4　水冷热电厂热泵系统应用要点

在工程项目中，各个热电厂的情况各不相同，必须针对各电厂的实际情况来设计吸收式热泵系统。一般来说，在水冷热电厂应用吸收式热泵有如下要点：

(1) 建设吸收式热泵系统的目的

对于承担区域集中供暖的热电厂来说，建设吸收式热泵系统的目的有两个：一是节能，减少供暖抽汽量，从而增加发电量；二是扩产，增加对外供热面积，增加供暖收益。对热电厂而言，两种方式的吸收式热泵系统是相同的，但第二种方式所带来的效益是最大的，因此吸收式热泵更适宜于供暖能力饱和、供暖压力日增的热电厂。

(2) 冷却循环水温度较低

受气候影响，冬季水冷热电厂循环水温度一般在 20～25℃甚至更低。如以该温度进入吸收式热泵蒸发器，则出水温度在 15～20℃，这就要求热网回水温度在 40～50℃之间，否则吸收式热泵很难实现余热提取。而实际工况中，热网回水温度一般在 50～65℃，是无法变更的。因此，要应用吸收式热泵，往往需要调整冷却循环水温度，使冷却循环水温度满足热网回水的要求。

由此带来两个问题：一是调整冷却循环水温度后造成凝汽器真空度降低，汽轮机发电效率下降；二是若吸收式热泵只能回收部分冷却循环水余热，另一部分较高温度的循环水就成为无形的损失。

因此，在设计吸收式热泵系统时，还需结合吸收式热泵的承载（供暖负荷的）量，合理调节冷却循环水温度、温差，降低负面影响，做到节能效益最大化。

(3) 部分负荷

吸收式热泵在区域集中供暖系统中，承载的往往是低温段的负荷。热网回水回到热电厂后，首先由吸收式热泵加热，然后由原热网加热器加热。吸收式热泵承担基础负荷，原热网加热器承担尖峰负荷，因此吸收式热泵在全供暖季内，基本处于满负荷运行状态，这对吸收式热泵是有益的。

但必须指出，吸收式热泵系统在投入初末期或故障时，不能按额定工况吸收冷却循环水余热，会造成冷却水温度循环水温度持续上升，危机汽轮机组运行安全。因此必须做好吸收式热泵部分负荷工况的应对措施，及时切换或启用原冷却塔系统。

8.2.5 水冷热电厂热泵系统经济性评估

吸收式热泵机组应用于水冷热电厂实施余热利用供热，可取消大量的供暖小锅炉，对改善城市的空气环境质量具有积极意义。可以有效回收电厂冷却循环水排放到大气中的余热，提高了能源利用率，产生一定的经济效益，同时减少了污染物排放，是节能减排项目。

吸收式热泵供热作为一项节能项目，最重要经济性指标之一是静态投资回收期。

$$静态投资回收期=\frac{项目总投资-一次性收益}{节能效益-运行成本-发电损失}$$

其中：

项目总投资＝建筑工程费＋设备费＋安装工程费＋预备费＋财务成本＋其他费用；

一次性收益＝政策性补贴＋国家奖励＋配套费收入；

节能效益＝余热回收量×余热价格＋减少飘水量×循环水价格＋增发电量×上网电价；

运行成本＝新增电耗＋新增人力＋新增维护费用；

发电损失：提高排汽背压造成发电量下降。

对于不同的吸收式热泵余热利用供热项目，可根据实际情况调整上述计算公式中的内容。

以余热回收量为例，由于项目建设目的不同，余热价格必然有较大的差距。若项目建设目的以节能为主，那么余热价格可以由蒸汽价格折算出来；若项目目的以扩产为主，那么余热价格可以由供热价格折算出来。

以发电损失为例，这个损失是动态的，无法直接计算或计量，因此需要采用理论推导或经验数据来计算。合理的吸收式热泵项目，发电损失不应超过直接节能效益的20%。

经济性评估需要针对具体项目计算，但总体来讲，吸收式热泵项目的静态投资回收期在3～6年，属于优质节能项目。

8.3 空冷热电厂热泵系统区域供热

8.3.1 空冷热电厂热泵系统三要素

空冷热电厂主要建设于我国西北部，用以应对相对短缺的水资源。与水冷热电厂相似，承担集中供热的空冷热电厂天然具备应用吸收式热泵的三要素。

空冷热电厂中，驱动热源和应用热源与水冷热电厂相同，不同的是余热源。

空冷热电厂中余热源为汽轮机乏汽。常规系统中，汽轮机乏汽与空气进行直接或间接式换热，排汽压力范围为10～15kPa，温度范围为45～53℃。与水冷热电厂不同的是，空冷热电厂的余热存在的形式以潜热为主，可以保持换热中温度不变，是最为理想的余热源。

8.3.2 空冷热电厂热泵系统工艺流程

空冷热电厂吸收式热泵供暖系统的工艺流程与水冷热电厂类似。

驱动热源：供暖抽汽进入吸收式热泵发生器，疏水返回原凝水工艺之中；

余热源：根据热泵系统的设计参数，一定量的汽轮机乏汽直接进入吸收式热泵蒸发器，乏汽在蒸发器管内冷凝，凝水与空冷岛乏汽凝水汇合返回至原疏水系统，此时热泵蒸发器起到了与原空冷冷凝系统相同的作用。

应用热源：热网回水首先进入吸收式热泵中，被加热后再由热网循环泵送入原热网加热器，升至一定温度后供向一次网，如在供暖季初末期，吸收式热泵足以承担负荷要求，则热网回水无需再进入原热网加热器。图8-8为吸收式热泵供暖系统工艺示意图。

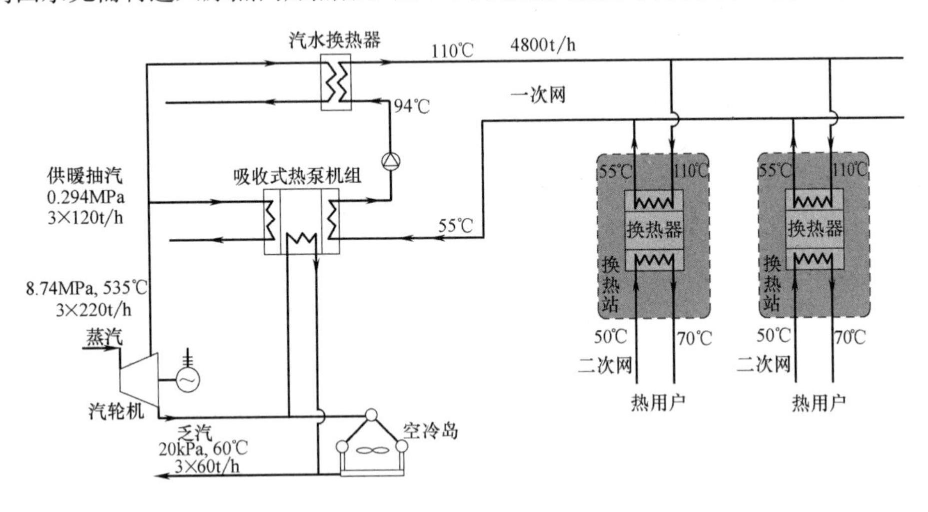

图8-8 空冷热电厂吸收式热泵供暖工艺

8.3.3 空冷热电厂热泵系统应用要点

汽轮机乏汽直接进入吸收式热泵蒸发器，热泵直接参与到了主机的热循环之中，而热泵冷却循环水的间接式对安全性的要求更高，因此在空冷热电厂应用吸收式热泵必须考虑几个要点：

（1）空冷塔防冻

为保证空冷塔运行安全，防止空冷塔结冻，空冷塔有最小乏汽流量的要求，或者完全停运。乏汽管道直径根据汽机容量不同，一般在DN3500～DN5500，这种大直径蒸汽阀门无法保证100%的气密性，因此即使完全关断阀门，停运空冷塔，也无法保证空冷塔的运行安全。一般采取的措施是为空冷塔保留最小乏汽流量。一方面防止空冷塔结冻，影响设备安全，另一方面保持空冷塔运行，作为吸收式热泵的备用冷源。

（2）乏汽温度

汽轮机乏汽的压力范围一般为10～15kPa，温度范围为45～53℃。与水冷热电厂不同的是，余热存在的形式以潜热为主，在回收乏汽的余热时，可以保持换热温度不变，因此余热源出口温度为45～53℃。该温度范围满足55～65℃的热网回水对余热源出口温度的要求，因此空冷热电厂一般不存在调整余热源温度的问题，也不会对真空度产生影响。

8.3.4 空冷热电厂热泵系统经济性评估

由于空冷热电厂与水冷热电厂的区别仅在于冷端排热方式的不同，驱动热源同样采用原供热抽汽用蒸汽，在不改变一次热网供热条件下，空冷热电厂热泵系统经济性评估方法与水冷热电厂相同，可参照上述水冷电厂热泵系统经济性评估计算。

8.4 工业企业热泵系统区域供热

8.4.1 工业企业的余热现状

1. 工业余热现状

当前，我国能源利用仍然存在着利用率低、经济效益差、生态环境压力大的主要问题，节能减排，提高能源综合利用率，是解决我国能源问题的根本途径，处于优先发展的地位。

实现节能减排、提高能源利用率的目标主要依靠工业领域。我国工业领域能源消耗量约占全国能源消耗总量的70％，主要工业产品单位能耗平均比国际先进水平高出30％左右。除了生产工艺相对落后、产业结构不合理的因素外，工业余热利用率低是造成能耗高的重要原因，我国能源利用率仅为33％左右，比发达国家低约10％，至少50％的工业耗能以各种形式的余热被直接废弃，为了排热，还要大量用水用电，工业排热同时也是工业耗水耗电的主要原因之一。因此，在工业领域，特别是在高耗能行业中开展节能减排工作，是完成“十二五”节能减排目标的关键，而回收这些行业中的余热就成为节能减排的主要手段。因此从另一角度看，我国工业余热资源丰富，广泛存在于工业各行业生产过程中，余热资源约占其燃料消耗总量的17％～67％，其中可回收率达60％，余热利用率提升空间大，节能潜力巨大。工业余热回收利用被认为是一种“新能源”，近年来成为推进我国节能减排工作的重要内容。

2. 工业余热资源特点

余热资源属于二次能源，是一次能源或可燃物料转换后的产物，或是燃料燃烧过程中释放的热量在完成某一工艺过程后剩下的热量。按照温度品位，工业余热一般分为600℃以上的高温余热，300～600℃的中温余热和300℃以下的低温余热三种；按照来源，工业余热又可分为：烟气余热、冷却介质余热、废汽废水余热、化学反应热、高温产品和炉渣余热以及可燃废气、废料余热。

余热资源来源广泛、温度范围广、存在形式多样，从利用角度看，余热资源一般具有以下共同点：由于工艺生产过程中存在周期性、间断性或生产波动，导致余热量不稳定；

余热介质性质恶劣，如烟气中含尘量大或含有腐蚀性物质；余热利用装置受场地等固有条件限制。

因此工业余热资源利用系统或设备运行环境相对恶劣，要求有稳定的运行范围，能适应多变的工艺要求，设备部件可靠性高，初期投入成本高。从经济性出发，需要结合工艺生产进行系统整体的设计布置，以提高余热利用系统设备的效率。

3. 工业余热结构

我国能源结构以化石能源为主，燃烧是利用石化能源的主要方式，因此烟气余热是工业余热的主要组成部分。图 8-9 为我国工业余热结构示意图。

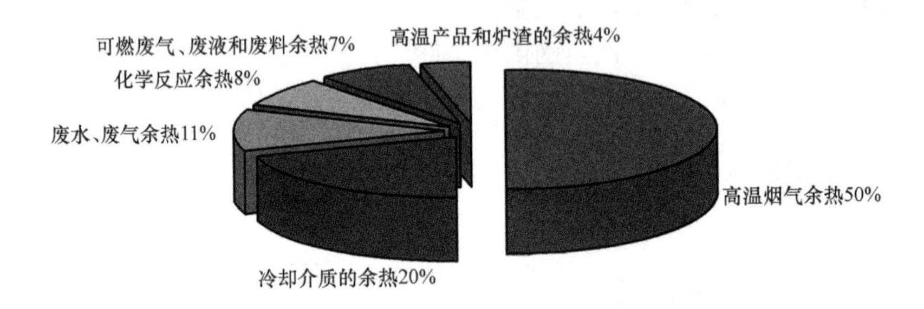

图 8-9　我国工业余热结构示意图

其中，高温烟气余热占总余热量的 50%，是工业余热的主要构成部分，其次为冷却介质余热，占总余热量的 20%，在实际情况中，99%以上的冷却介质为循环水。因此，要提高我国工业余热的利用水平，改善我国能源利用方式，首先从高温烟气余热和冷却介质余热入手。

烟气余热的特点是温度高、热容小。使用吸收式热泵回收烟气余热，有两种方式：一是烟气作为驱动热源，二是烟气作为余热源。高温烟气可通过直接换热的形式回收，低温烟气所需要的换热面积很大，均不适合使用吸收式热泵回收。

冷却介质余热的特点是温度低，热容大，是吸收式热泵回收余热的主要对象。在工业企业中，吸收式热泵已经形成多种多样的利用形式，为我国工业余热回收作出突出贡献。

8.4.2　石油企业热泵系统

在石油领域，原油的采出、处理和输送的过程中，都伴随着传质和传热，因此就一定会有热需求和热排放。而吸收式热泵作为一种热能设备，正好可以在石油领域中发挥巨大的节能作用。

吸收式热泵三要素同时具备的场合集中在原油集中处理站（联合站）中（见图8-10）。

（1）驱动热源：联合站中燃气、燃油资源丰富，也是联合站运转的主要能源。

（2）余热源：原油采出液含水率为 85%～92%，经三相分离后，原油与水分离，分离出的水称为油田污水。油田污水的温度范围为 45～50℃，经过滤、加药处理后温度范围为 35～45℃。这些油田污水含有少量原油、悬浮物等，由注水泵回灌地层。根据联合站规模的不同，油田污水回灌量为 2000～10000t/d，水量稳定，且蕴含大量余热，是理想的余热源。

（3）应用热源：原油的分离和输送均需要加热，因此联合站内往往安装多台加热炉。

这些加热炉包括直燃型（燃气或燃油）热水炉、蒸汽炉或原油加热炉，以热水炉为主，生产 60～80℃热水，用以原油伴热或站内供暖。

因此，石油企业中，数量庞大的联合站普遍存在着吸收式热泵的三要素。在油田企业应用吸收式热泵，取代原有燃气或燃油热水锅炉，有利于降低生产能耗，提高产能。

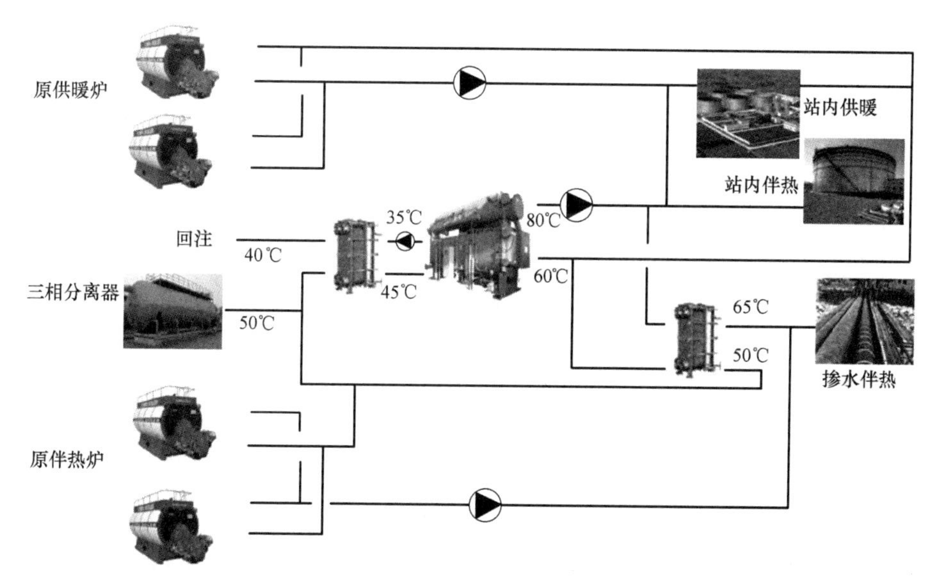

图 8-10　油田企业吸收式热泵系统工艺流程图

在石油企业应用吸收式热泵需注意以下要点：

（1）污水水质较差，不宜直接进入热泵设备，需设置换热装置，并定期手动或自动清洗。

（2）必须保证污水流量稳定。若联合站内反冲洗工艺需使用污水，则污水流量变化较大，应做好应对流量突变的措施。

（3）燃料为燃油时，燃油黏度较大，应配备合适的燃烧器。

（4）吸收式热泵设备属精密设备（高真空），必须放置于室内，并设有相应防冻措施。

（5）原有设备和管线不废置，停用作为备用，保障系统稳定运行。

8.4.3　石化企业热泵系统

在石化企业的作业流程中，原理处理、化学反应和产品精制是三个主要的环节。石油化工是一个非常庞大的领域，不同原料、不同工艺、不同产品使得化工产生了许多分支。这里不能够将所有的化工工艺一一列举，以几例说明吸收式热泵在化工企业中可发挥的节能作用。

石化企业中吸收式热泵三要素普遍存在，但能否将其合理的组合在一起是能否应用吸收式热泵的关键。

（1）驱动热源：石化企业存在大量燃油、蒸汽和电能，是能源品种最丰富的场合之一。其中蒸汽是相对廉价的能源。

（2）余热源：石化企业主要包括三种余热：

高温热水：化学反应相关的工艺所排出的废水、冷却水，往往温度较高，直接排放或由冷却塔冷却。

高温烟气：电炉、催化裂解等工艺产生大量高温烟气，大部分已回收利用。

冷却循环水：化学反应相关的工艺排出的中低温热量，一般由冷却循环水带走，释放到大气中。循环水温度一般可达30～40℃。

(3) 应用热源：除厂区、生活区的供暖外，工艺上常减压蒸馏、裂化反应、聚合反应、重整反应等需要大量高品位热，一般为高中压蒸汽。

石化企业的能源结构复杂，种类丰富，第一类和第二类吸收式热泵均能够合理应用(见图8-11和图8-12)。

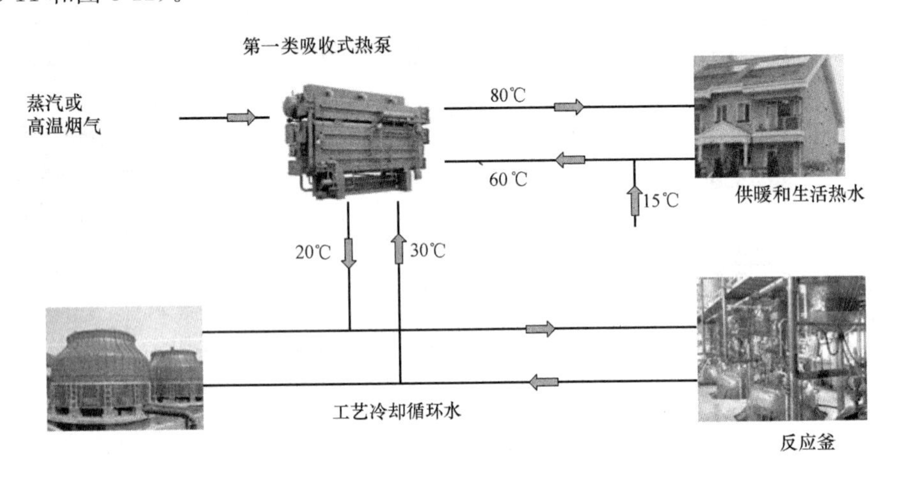

图8-11　石化企业第一类吸收式热泵系统工艺流程图

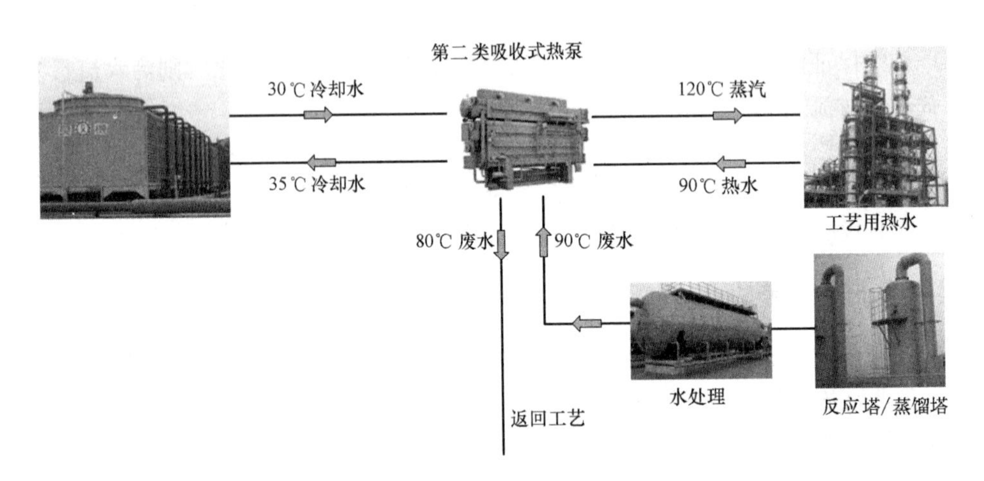

图8-12　石化企业第二类吸收式热泵系统工艺流程图

在石化企业应用吸收式热泵需注意以下要点：

(1) 尽量选择应用热源为工艺热水的项目，可实现全年运行，经济效益更好。

(2) 第二类吸收式热泵可实现管内蒸发，生产0.5MPa以下饱和蒸汽，但无法生产过热蒸汽。

8.4.4 钢铁企业热泵系统

钢铁企业基本流程包括炼焦、炼铁、炼钢、连铸、轧钢等，在各个工艺均需要消耗大量能源。钢厂占地面积往往较大，厂区及周边生活区供暖面积可达几十万平方米（见图8-13），因此钢厂往往自备供暖系统。

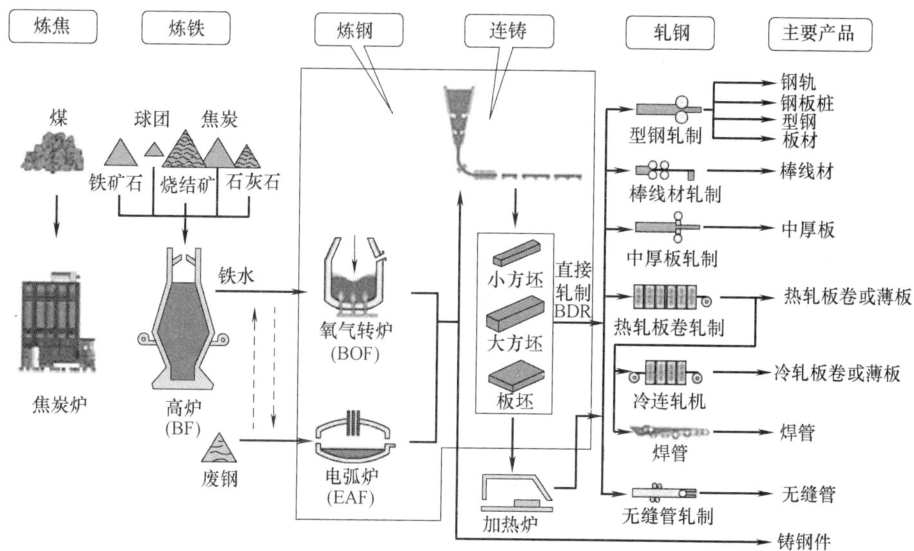

图 8-13 钢铁企业生产工艺流程图

钢铁企业热源分布广泛，主要包括：

（1）驱动热源：自备电厂、烟气余热锅炉、汽化冷却装置产生的低压蒸汽。

（2）余热源：钢铁企业的冷却水，有浊环水和净环水两种。浊环水，主要是烟气和产品的洗涤用水，如转炉烟气、高炉煤气、熄焦、连铸坯的冷却、冲渣等。净环水主要是各种设备和烟气、产品的间接冷却水，净环水水质较好。

(3) 应用热源：厂区及生活区建筑物供热供冷、生活热水、生产工艺加热。

在钢铁企业应用吸收式热泵需注意以下要点（见图 8-14）：

(1) 钢铁企业生产线为订单式，且是非连续性的，因此单一工艺的余热源也是非连续性的。但整个厂区随时有工艺在运行，余热源连续存在，因此可以连接若干个水质、品质相似的余热源，互为备用，以保证余热源稳定。

(2) 钢铁企业余热源相对丰富，其中浊环水水质较差，但温度较高，净环水水质较好，但温度较低。应根据输出热源的要求和驱动热源的条件，合理选择使用余热循环水。

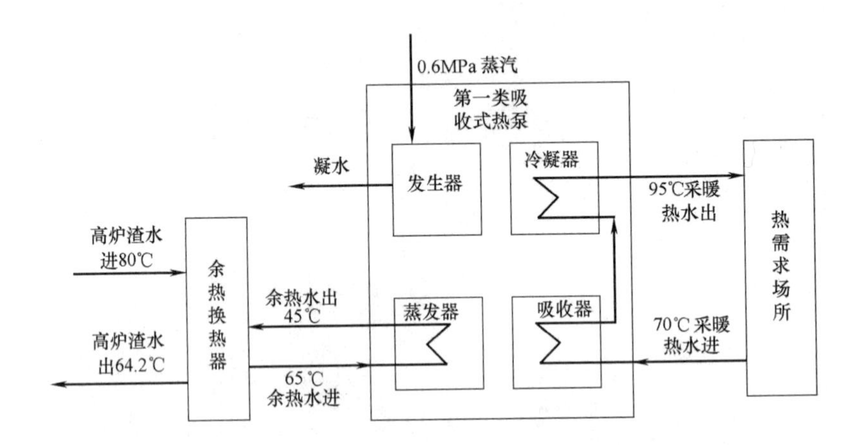

图 8-14 钢铁企业吸收式热泵工艺流程图

8.5 地热尾水热泵系统区域供热

8.5.1 地热尾水的余热现状

1. 地热水的开发与利用

地热是指贮存在地球内部的可再生热能，一般集中分布在构造板块边缘一带，起源于地球的熔融岩浆和放射性物质的衰变。由于地热能是储存在地下的，因此不会受到任何天气状况的影响，并且地热资源同时具有其他可再生能源的所有特点，随时可以采用，不带有害物质。

我国地热资源的利用历史悠久，但真正大规模勘查和开发利用始于 20 世纪 70 年初期，尤其是 20 世纪 90 年代以来，在市场经济需求的推动下，地热资源的开发利用得到更加蓬勃的发展。随着社会经济发展、科学技术进步和人们对地热资源认识的提高，出现了地热资源开发利用的热潮，平均每年以 12%的速度增长，截至 2005 年底，全国每年直接利用的地热提供资源量已达 44570 万 m^3，居世界第一位。我国地热资源开发利用在供暖、供热水、医疗保健、洗浴、娱乐、温室、种植、养殖及工业应用等方面均达到一定规模，其中供暖占 18%，医疗洗浴与娱乐健身占 65.2%，种植与养殖占 9.1%，其他占 7.7%，初步形成了有我国特色的地热产业。但目前我国地热开发利用仍处于初级阶段，地热在能源结构中占的比例还不足 0.5%。

要加强地热水的开发利用，有四个要点。

第一，加强前期地质论证工作，提高钻井成功率。

第二，发展地热资源的直接利用和梯级利用。如前所述，我国中西部的大部分地区地热资源丰富，类型齐全，分布广泛，且多为中低温。在我国中西部的一些地热区，地热供暖后尾水的温度多在30～40℃之间，尚未充分利用就被大量排出，说明资源浪费的现象是较为普遍的。

第三，发展高温地热资源的非电利用。

第四，合理开采，有效保护，实现地热资源的可持续开发。地热资源是可再生的能源资源，同时又是有限的资源，其补给的过程是极其缓慢的。

其中，地热直接供暖是利用地热资源的重要方式之一。受传统供暖工艺的影响，目前地热区普遍存在回灌温度高、地热资源利用率低的难题，吸收式热泵为解决这一难题提供了可靠的技术路线。

2. 地热尾水余热的特点

地热资源按温度可分为高温、中温和低温三类。温度大于150℃的地热以蒸汽形式存在，叫高温地热；90～150℃的地热以水和蒸汽的混合物等形式存在，叫中温地热；温度大于25℃、小于90℃的地热以温水（25～40℃）、温热水（40～60℃）、热水（60～90℃）等形式存在，叫低温地热。高温地热一般存在于地质活动性强的全球板块的边界，即火山、地震、岩浆侵入多发地区。中低温地热田广泛分布在板块的内部，我国华北、京津地区的地热田多属于中低温地热田。

城市集中的华北、京津地区地热田为中低温地热田，一般打井深度为700～1500m，单井水量80～120t/h，品位以温热水（40～60℃）为主。

地热井水矿化度较高，易于结垢，不宜直接进入热泵，一般采用板式换热器，以换热的形式释放热量。

8.5.2 地热尾水热泵系统

使用吸收式热泵降低地热尾水温度是合理有效的方法。地热供暖一般以社区为主，建设独立地热站、热源站，以直供或间供的形式向周边小区供暖。

传统地热水供暖系统中，地热水仅被利用一次，回灌温度为30～45℃。在地热尾水热泵系统中，地热水分三级利用，回灌温度可降低至8～10℃，极大地提高了地热尾水利用率。

地热尾水热泵系统由三级板换组、A组热泵（对外输出）、B组热泵（对外输出）、双效型热泵（内部循环）组成。主要工艺流程为（见图8-15）：供暖回水分两路，第一路进入板换直接与地热水换热，然后进入A组热泵，升温至要求温度，第二路直接进入B组热泵，升温至要求温度，两路汇合供出；地热水第一级与第一路供暖回水换热，第二级作为B组热泵的余热源，第三级作为双效热泵的余热源，最终降低至回灌（地热水均通过板换向热泵释放热量）；双效热泵余热端为第三级地热水，输出端为A组热泵的余热端。

该类型的地热尾水热泵系统中，双效热泵起到了提高地热尾水品位的作用，该双效热泵也可用压缩式水源热泵代替。无论使用哪种热泵，该热泵的输入能源将成为A组热泵的余热源，因此，该热泵的输入能源量越低，整个系统的热效率越高，换句话说，该热泵的体量越小，效率越高，整个系统的热效率越高。

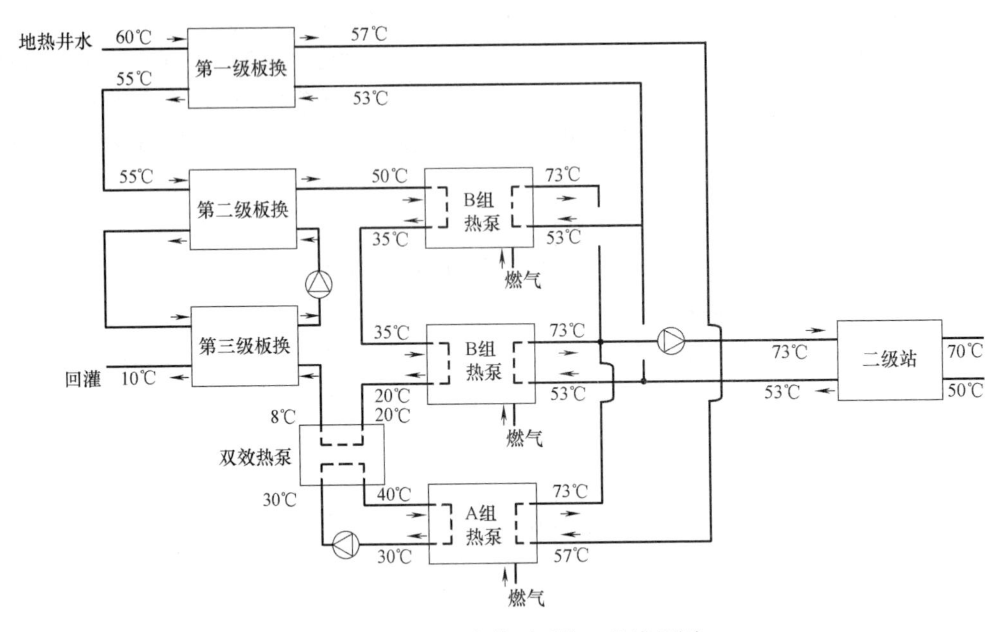

图 8-15　地热尾水热泵系统工艺流程图

本章参考文献

[1]　李刚. 氨吸收式水源热泵系统及蓄热与结霜问题的研究［D］，大连：大连理工大学，2004.

[2]　康艳兵，张建国，张扬. 我国热电联产集中供热的发展现状、问题与建议［J］，中国能源，2008.

[3]　钟晓辉，勾昱君. 吸收式热泵技术及应用［M］. 北京：冶金工业出版社，2014.